高等学校公共数学规划教材

高等数学与初等数学衔接教程

主　编　朱文莉
副主编　胡　进　李　豪
王彦锋　胡先全
张紫莎

本书资源使用说明

北京邮电大学出版社
·北京·

内 容 简 介

《高等数学与初等数学衔接教程》是大学数学学习的预修教材，它能很好地帮助学生解决从初等数学到高等数学的衔接学习问题。本书共六章，内容包括映射与函数、初等函数、数学推理与二项式定理、曲线的极坐标方程与参数方程、复数简介、行列式。本书积极推进数字化建设，配套了数字化资源，包括微视频等，有助于促进学生进行碎片化的深度自主学习。

本书可作为普通高等学校、高等职业技术学院学生学习高等数学课程前的衔接教材，也可作为少数民族院校大一第一学期的数学教学用书以及少数民族预科班的数学教学用书，还可作为普通高等学校、高等职业技术学院讲授高等数学课程时同步使用的教学参考用书，以及强基计划、中学数学竞赛参考用书。

图书在版编目(CIP)数据

高等数学与初等数学衔接教程 / 朱文莉主编. 北京 ：北京邮电大学出版社，2025. -- ISBN 978-7-5635-7470-4

Ⅰ. O13

中国国家版本馆 CIP 数据核字第 20256XN889 号

策划编辑：张保林　　**责任编辑**：张保林　　**封面设计**：义和文创

Gaodeng Shuxue yu Chudeng Shuxue Xianjie Jiaocheng

出版发行：北京邮电大学出版社
社　　址：北京市海淀区西土城路 10 号(100876)
电话传真：010-82333010　62282185(发行部)　010-82333009　62283578(传真)
网　　址：www. buptpress3. com
电子信箱：buptpress3@163. com
经　　销：各地新华书店
印　　刷：北京厚诚则铭印刷科技有限公司
开　　本：787 mm×1 092 mm　1/16
印　　张：11
字　　数：271 千字
版　　次：2025 年 4 月第 1 版
印　　次：2025 年 4 月第 1 次印刷

ISBN 978-7-5635-7470-4　　定价：38. 00 元

前　言

高等数学是大学阶段重要的基础理论课程，其学时长、内容多且概念抽象难懂，一般在大一开设，面向的是刚进入大学的新生。自推进高等学校考试招生改革以来，各地区的高考制度及要求与内容都有了重大变革，例如，删去了数学归纳法的相关知识，极坐标系和参数方程不再列为考试内容，省略了反函数与反三角函数、三角变换公式、函数的复合运算以及行列式等内容的讲解。此外，大多数中学生把精力都放在解题技巧的训练上，而少有人去了解为什么要这么做。这就导致部分学生对所学的抽象数学知识也是知其然而不知其所以然，更没有主动探索和创新的能力和兴趣。那么他们在面对以数学思维培养和专业融合训练为主的大学数学课程教学新模式时自然就会难以接受了，面对浩瀚的课程资源更是无法独立地开展自主学习。于是，高等数学便成为部分大一新生学习路上的拦路虎，高等数学课程也成为大学补考率极高的课程之一。那么，我们应该如何把学习高等数学需要的而被中学阶段忽视的部分教学内容和学习模式完整地呈现给大一新生，破解中学生知识储备和地区要求差异难题，帮助大一新生顺利完成角色转换，切实做好中学数学和高等数学的衔接教学呢？

面对高考制度及要求与内容的重大变革，编者认为高校各专业所有学生都需要建立一条大中数学在知识获取、思维模式、实践探索等方面的衔接通道。为持续推进和深化"大中衔接教育"的高等教育改革，编者聚焦当前高等数学教育中存在的上述问题，编写了《高等数学与初等数学衔接教程》一书，着力于大学数学和中学数学的有效衔接，旨在通过对中学数学知识的复习、延伸和扩充，让大一新生在进入大学数学学习时有充足的知识储备，全面提高人才培养质量，服务于国家教育事业发展。

本书在第一章首先给出集合与映射的概念，在此基础上再给出函数、复合函数以及反函数的概念；作为反函数求解的应用，给出了反三角函数的定义与性质。在第二章的基本初等函数部分分别介绍了幂运算等式（包括二项式展开式）、指数运算等式、对数运算等式以及三角恒等变换公式，为了让学生更好地掌握三角恒等变换公式，将其严格证明放在了第五章欧拉公式和棣莫弗公式之后；为了使不等式内容的引入显得自然、贴切，本书利用不等式与函数之间的内在联系，用函数的观点把它们统一起来，特意将其编写在第二章初等函数内容之后。为了消除学生在整个大学阶段对数学的抽象理论的理解及证明的畏惧心理，在第三章从逻辑学的角度对数学概念、数学命题、数学条件、数学推理、数学证明进行了详细讲解与应用举例；作为数学归纳法的一个应用，本书还严格证明了排列组合数计算公式与二项式定理；并且在各章节及其习题中都特别注意以数学知识为载体，适当拓展数学推理的相关应用，以培养学生的缜密思维。极坐标与参数方程是高等数学重要且易出错的知识点，本书在第四章给予了详细的介绍。为了增进对复数运算的直观理解，在第五章介绍了复数运算的几何意义。为助力大学数学学习，在第六章给出了二阶、三阶行列式的对角线法则以及 n 阶行列式的拉普拉斯展开式法则。

为了激发学生对数学的兴趣，本书在习题配置形式方面尽量多样化，在内容方面尽量丰富化，例如，有选择题、填空题、计算题、解答题、证明题以及应用题等题型。有的习题是封闭型的，有的习题是半开放型或全开放型的。半开放型的习题可帮助学生获得综合性的知识与技能，可以检验学生的拓展思维空间、发散与灵活的创造性思维能力的情况，使其从知识的“消费者”转向“生产者”；而全开放型的习题可帮助学生产生解决这个问题的许多可能的方法，并能依据自己的标准选择最好的结论，同时将切实的生活经历融入课堂，提升学生的学习积极性、体验感。

本书在内容取舍上比较注重数学与实际应用的有机结合，以期学生在掌握基本概念、原理和方法的基础上，对其实际的应用有所了解，从而为开启自主学习模式和培养创新能力打下良好的基础。通过编者多年的教学实践，我们认为用 24～36 学时可以讲授完本书内容，当然也可依据具体情况酌情增减。

本书积极推进数字化建设，配套了数字化资源，包括微视频等，有助于促进学生进行碎片化的深度自主学习。

本书的编写工作由朱文莉、胡进、李豪、王彦锋、胡先全、张紫莎完成。其中，函数在经济学中的应用案例由张紫莎提供，函数在医药学中的应用案例由王彦锋提供，各章习题由胡先全、李豪推算和录入，第六章由胡进编写，其余各部分内容均由朱文莉编写。王彦锋、胡先全、张紫莎对初稿进行了仔细阅读及校对，提出了许多宝贵的建议。全书由朱文莉负责选稿和统稿。

最后向关心和支持本书出版的各学校、北京邮电大学出版社及张保林老师表示衷心的感谢！由于编者水平有限，书中难免有不妥之处，敬请广大读者批评与指正。

朱文莉于成都
2024 年 5 月

目　　录

第一章

映射与函数

映射反映的是两个集合间的对应关系，当这两个集合均为数集时，映射就称为函数. 函数是对现实世界中各种变量之间的相互依存关系的一种抽象，它是高等数学研究的基本对象.

高等数学中所讨论的函数都是在实数集合上进行的，所以本章将从集合的基本概念出发，介绍集合的运算与性质、映射与函数、函数的简单性态、函数的不同表现形式以及函数的求逆与复合运算.

1.1　集合

1.1.1　集合的概念

集合是现代数学中的基本概念之一，也是函数概念的基础.

那么什么是集合呢？下面给出集合的定义.

定义 1　**集合**是指具有某种特定性质的对象的总体，通常用大写英文字母 $A,B,C,\cdots$ 表示. 集合中的每个对象叫作这个集合的**元素**，通常用小写英文字母 $a,b,c,\cdots$ 表示.

若对象 a 是集合 A 中的元素，则称元素 a 属于集合 A，记作 $a \in A$；否则，称元素 a 不属于集合 A，记作 $a \notin A$.

不含任何元素的集合称为**空集**，记作 $\varnothing$；由有限个元素组成的集合称为**有限集**；由无限个元素组成的集合称为**无限集**；元素是数的集合称为**数集**.

常用的数集有：自然数集 $\mathbf{N}$、正整数集 $\mathbf{N}_+$、整数集 $\mathbf{Z}$、有理数集 $\mathbf{Q}$、实数集 $\mathbf{R}$、正实数集 $\mathbf{R}_+$、复数集 $\mathbf{C}$.

集合的主要表示方法有列举法和描述法.

把集合中所有的元素一一列举出来的表示方法称为**列举法**. 例如，若将由元素 0,1,2,3,4,5,6,7,8,9 组成的集合记作 A，则有

$$A = \{0,1,2,3,4,5,6,7,8,9\}.$$

用集合中元素所具有的共同特性来描述集合的方法称为**描述法**，可用 $\{x \mid p(x), x \in \mathbf{R}\}$ 这样的形式来表示所有满足命题 $p(x)$ 的实数 x 组成的集合. 例如，$\{(x,y) \mid x^2 + y^2 = 1\}$ 表示单位圆周 $x^2 + y^2 = 1$ 上的点组成的集合. 前述集合 A 也可以用描述法表示，即

$$A = \{n \mid n \text{ 是小于 10 的非负整数}\}.$$

定义 2　对于两个集合 A,B，如果集合 A 中的任意一个元素都是集合 B 中的元素，则称集合 A 是集合 B 的**子集**，记作 $A \subseteq B$，读作“A 包含于 B”.

如果集合 A,B 满足 $A \subseteq B$ 且 $B \subseteq A$，则称集合 A 与集合 B **相等**，记作 $A = B$.

如果集合 A,B 满足 $A \subseteq B$，且集合 B 中至少有一个元素不属于集合 A，则称集合 A 是集合 B 的一个**真子集**，记作 $A \subsetneq B$.

例如，对于集合 $A = \{1,8,9\}$ 和集合 $B = \{1,3,5,8,9\}$，集合 A 是集合 B 的子集，并且是一个真子集.

注　空集是任何集合的有限子集. 若无特别说明，今后涉及的集合是指非空集合.

1.1.2 集合的运算与性质

下面给出并集、交集、差集、补集和直积运算的定义.

定义 3 设 A,B 是两个集合,由属于集合 A 或属于集合 B 的所有元素组成的集合,称为集合 A 与集合 B 的**并集**,记作 $A\cup B$,即

$$A\cup B=\{x|x\in A \text{ 或 } x\in B\}.$$

由既属于集合 A 又属于集合 B 的所有元素组成的集合,称为集合 A 与集合 B 的**交集**,记作 $A\cap B$,即

$$A\cap B=\{x|x\in A \text{ 且 } x\in B\}.$$

由所有属于集合 A 而不属于集合 B 的元素组成的集合,称为集合 A 与集合 B 的**差集**,记作 $A\backslash B$[见图 1.1.1(a) 阴影部分],即

$$A\backslash B=\{x|x\in A \text{ 且 } x\notin B\}.$$

例如, $\{8,9,10\}\cup\{7,8,9\}=\{7,8,9,10\}$, $\{8,9,10\}\cap\{7,8,9\}=\{8,9\}$,$\{8,9,10\}\backslash\{7,8,9\}=\{10\}$.

在研究具体问题时,若考虑的集合总是某个特定集合的子集,则称该特定集合为**全集**,记作 U. 对于集合 $A\subseteq U$,由全集 U 中不属于集合 A 的所有元素组成的集合,称为集合 A 相对于全集 U 的**补集**,简称集合 A 的**补集**(**或余集**),记作 $\complement_U A$[见图 1.1.1(b) 阴影部分],即

$$\complement_U A=\{x|x\in U \text{ 且 } x\notin A\}.$$

例如,设集合 $U=\mathbf{R}$,集合 $A=\{x|x\leqslant 1\}$,则集合 A 的补集是 $\complement_U A=\{x|x>1\}$;集合 $\{x|x^2+3=0,x\in\mathbf{R}\}$ 就是空集,是集合 $\mathbf{R}$ 的补集.

图 1.1.1

注 集合 A 的补集还常记作 A^c 或 $\widetilde{A}$.

集合的并、交、补运算具有下列性质.

(1) 交换律:$A\cap B=B\cap A$,$A\cup B=B\cup A$.

(2) 结合律:$A\cap(B\cap C)=(A\cap B)\cap C$,$A\cup(B\cup C)=(A\cup B)\cup C$.

(3) 分配律:$A\cap(B\cup C)=(A\cap B)\cup(A\cap C)$,$A\cup(B\cap C)=(A\cup B)\cap(A\cup C)$.

(4) 德摩根(De Morgan)律(对偶律):$\complement_U(A\cap B)=(\complement_U A)\cup(\complement_U B)$,$\complement_U(A\cup B)=(\complement_U A)\cap(\complement_U B)$.

以上性质的证明留给读者自行完成.

定义 4　设 A,B 是任意两个集合，在集合 A 中任取一个元素 x，在集合 B 中任取一个元素 y，组成一个有序对 (x,y)，所有这样的有序对组成的集合称为集合 A 和集合 B 的**直积**(或**笛卡儿积**)，记作 $A\times B$，即

$$A\times B=\{(x,y)\mid x\in A,y\in B\}.$$

例如，设 $A=\{0,1\}$，$B=\{1,3\}$，则 $A\times B=\{(0,1),(0,3),(1,1),(1,3)\}$，$B\times A=\{(1,0),(1,1),(3,0),(3,1)\}$.

更一般地，如果 $A_i(i=1,2,\cdots,n)$ 为集合，则称

$$\prod_{i=1}^{n}A_i=A_1\times A_2\times\cdots\times A_n=\{(x_1,x_2,\cdots,x_n)\mid x_i\in A_i,i=1,2,\cdots,n\}$$

为 $\{A_i\}$ 的有限直积. 当所有 A_i 相等时，上式可简记为 A_i^n.

1.1.3　区间与邻域

1. 区间

区间是高等数学中常用的一类特殊数集.

定义 5　**区间**是指介于两个实数之间的全体实数构成的集合，包括开区间、闭区间和半开半闭区间，其记号分别如下(其中 $a,b\in\mathbf{R}$，且 $a<b$).

(1) 开区间：$(a,b)=\{x\mid a<x<b\}$.

(2) 闭区间：$[a,b]=\{x\mid a\leqslant x\leqslant b\}$.

(3) 半开半闭区间：$(a,b]=\{x\mid a<x\leqslant b\}$，$[a,b)=\{x\mid a\leqslant x<b\}$.

特别地，(a,a)，$(a,a]$，$[a,a)$ 均为空集，而 $[a,a]=\{a\}$ 为单元素集.

当 a,b 为有限实数，且区间不为空集时，a,b 分别称为区间的**左**、**右端点**，数 $b-a$ 称为区间的**长度**，此时将区间 (a,b)，$[a,b]$，$[a,b)$，$(a,b]$ 都称为**有限区间**，它们在数轴上都对应线段. 若将区间的左端点 a 延伸为 $-\infty$，或右端点 b 延伸为 $+\infty$，则对应的区间称为**无限区间**，即 $(-\infty,b)$，$(-\infty,b]$，$(a,+\infty)$，$[a,+\infty)$，$(-\infty,+\infty)=\mathbf{R}$. 其中 $\mathbf{R}$ 在几何上对应整个实数轴.

注　$-\infty$，$+\infty$ 以及 ∞ 只是一种符号而不表示数值，分别读作“负无穷大”“正无穷大”“无穷大”，它们不能参与四则运算.

上述给出的都是通用的区间记号，其中圆括号表示“排除”，方括号表示“包括”. 在不需要辨明所讨论区间是否包含端点，以及是有限区间还是无限区间的情形下，常用大写字母 I 表示任意一个区间.

例 1　两个闭区间的直积表示 xOy 平面上的矩形区域，记作

$$[a,b]\times[c,d]=\{(x,y)\mid x\in[a,b],y\in[c,d]\}.$$

实数集 $\mathbf{R}$ 和 $\mathbf{R}$ 的直积记作

$$\mathbf{R}^2=\mathbf{R}\times\mathbf{R}=\{(x,y)\mid x\in\mathbf{R},y\in\mathbf{R}\},$$

表示 xOy 平面上全体点的集合；$\mathbf{R}^3=\mathbf{R}\times\mathbf{R}\times\mathbf{R}=\{(x,y,z)\mid x\in\mathbf{R},y\in\mathbf{R},z\in\mathbf{R}\}$ 表示三维空间直角坐标系 $Oxyz$ 中全体点的集合；$\mathbf{R}^n=\mathbf{R}\times\mathbf{R}\times\cdots\times\mathbf{R}=\{(x_1,x_2,\cdots,x_n)\mid x_i\in\mathbf{R},i=1,2,\cdots,n\}$ 表示 n 维空间直角坐标系中全体点的集合.

2. 邻域

邻域也是高等数学中经常用到的数集.

定义6 设$a,\delta\in\mathbf{R}$,其中$\delta>0$,数集$\{x\mid |x-a|<\delta\}$称为点a的**δ邻域**,记作$U(a,\delta)$.点a称为该邻域的**中心**,δ称为该邻域的**半径**.

显然,邻域$U(a,\delta)$中所有的点x与a的距离$|x-a|$都小于δ,如图1.1.2(a)所示.由于

$$U(a,\delta)=\{x\mid a-\delta<x<a+\delta\},$$

所以邻域$U(a,\delta)$是一个以点a为中心,长度等于2δ的开区间$(a-\delta,a+\delta)$.

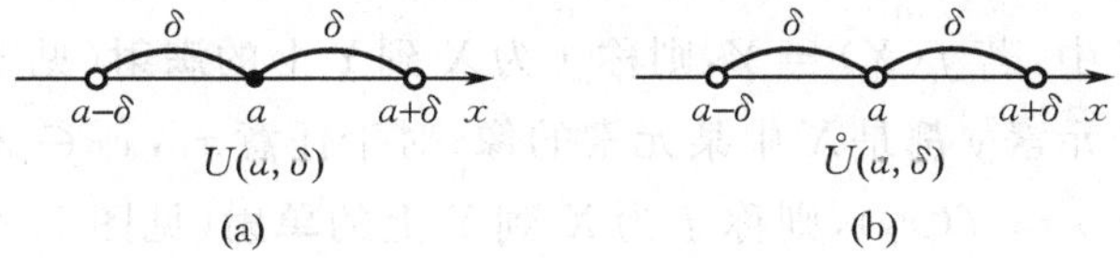

图 1.1.2

从邻域$U(a,\delta)$中去掉中心a而得的数集,称为点a的**去心δ邻域**,记作$\mathring{U}(a,\delta)$,如图1.1.2(b)所示.去心邻域用数集表示为

$$\mathring{U}(a,\delta)=\{x\mid 0<|x-a|<\delta\}=(a-\delta,a)\cup(a,a+\delta),$$

其中$0<|x-a|$表示$x\neq a$.

称开区间$(a-\delta,a)$为a的**左δ邻域**,开区间$(a,a+\delta)$为a的**右δ邻域**.

例 2 集合$\{x\mid |x-3|<1\}=(2,4)$表示点3的1邻域,集合$\{x\mid 0<|x-3|<1\}=(2,3)\cup(3,4)$表示点3的去心1邻域,其中$(2,3)$为3的左1邻域,$(3,4)$为3的右1邻域.

1.2 映射

1.2.1 映射的概念

两个集合中元素与元素之间的对应关系,包含"一对多""一对一""多对一"等依赖关系.例如,去某剧场看话剧,同场次的话剧票对应一个剧场,而且每张话剧票都对应一个座位号.从这个例子可以看到,话剧票与剧场、话剧票与座位号确定了两个对应关系.其中,话剧票与剧场的对应是"多对一"的关系,而话剧票和座位号的对应是"一对一"的关系,这种对应关系就是下面要研究的映射.

定义7 设X,Y是两个非空集合,如果存在一个法则f,使得对于X中的每个元素x,按法则f在Y中都有唯一的元素y与之对应,则称f为从X到Y的**映射**,记作

$$f:X\to Y,$$

其中，元素 y 称为元素 x（在映射 f 下）的**像**，记作 $f(x)$，即 $y=f(x)$；元素 x 称为元素 y（在映射 f 下）的一个**原像**. 集合 X 称为映射 f 的**定义域**，记作 D_f，即 $D_f=X$，而 X 中所有元素的像所组成的集合称为映射 f 的**值域**，记作 R_f 或 $f(X)$，即

$$R_f=f(X)=\{f(x)\mid x\in X\}.$$

需要注意以下几点.

(1) 映射必须具备三个要素：定义域、值域、对应法则.

(2) 元素 x 的像 y 是唯一的，但元素 y 的原像不一定是唯一的.

(3) 值域 R_f 是 Y 的一个子集，即 $R_f\subseteq Y$，但并不一定有 $R_f=Y$.

在定义 7 中，若 $f(X)=Y$，则称 f 为 X 到 Y 上的**满射**（见图 1.2.1），即 Y 中任意一个元素 y 都是 X 中某元素的像；对于任意 $x_1,x_2\in X$，若当 $x_1\neq x_2$ 时，有 $f(x_1)\neq f(x_2)$，则称 f 为 X 到 Y 上的**单射**（见图 1.2.2）；若 f 既是满射又是单射，则称 f 为**双射**或**一一映射**.

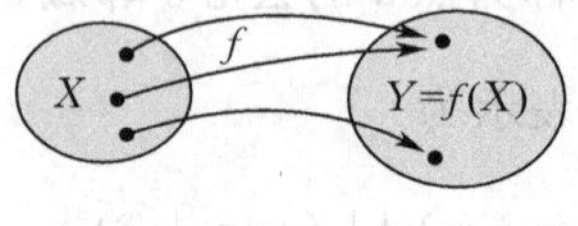

图 1.2.1

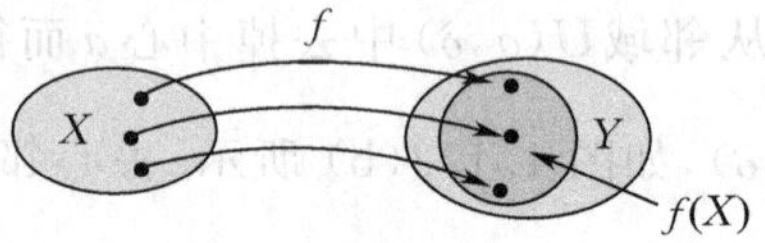

图 1.2.2

例如，前述的话剧票与剧场的对应是满射但非单射，话剧票和座位号的对应既是单射也是满射，因此是一一映射. 再如，设 $y=f(x)=x^2$，且 f：$\mathbf{R}\to\mathbf{R}$，则映射 f 既非单射又非满射.

1.2.2 逆映射与复合映射

定义 8 设 f 是从集合 X 到集合 Y 的一个单射，则由单射的定义，对于任意 $y\in R_f$，有唯一的 $x\in X$ 按照 $y=f(x)$ 与之对应. 根据映射的定义，对应关系

$$g:R_f\to X$$

构成了从 R_f 到 X 的一个映射，称这个映射 g 为 f 的**逆映射**，记作 $g=f^{-1}$，其定义域为 $D_{f^{-1}}=R_f$，值域为 $R_{f^{-1}}=X$.

显然，只要逆映射 f^{-1} 存在，它一定是 R_f 到 X 的一一映射.

例如，映射 $f:\mathbf{R}\to\mathbf{R}_+$，对于每一个 $x\in\mathbf{R}$，$f(x)=e^x$，显然 f 是单射，因此存在逆映射 $f^{-1}(y)=\ln y$，其定义域为 $D_{f^{-1}}=\mathbf{R}_+$，值域为 $R_{f^{-1}}=\mathbf{R}$，且 f^{-1} 是 $\mathbf{R}_+$ 到 $\mathbf{R}$ 的一一映射.

定义 9 设有两个映射

$$\varphi:X\to Y_1,\quad f:Y_2\to Z,$$

其中 $R_\varphi\subseteq Y_2=D_f$，若对于每一个 $x\in X$，$\varphi(x)\in R_\varphi$，存在唯一的 $z\in Z$，使得 $z=f[\varphi(x)]$，则称由映射 φ 和 f 构成的一个从 X 到 Z 的新映射为映

射 φ 和 f 的**复合映射**,记作 $f\circ\varphi$,即

$$f\circ\varphi: X\to Z,$$

$$(f\circ\varphi)(x)=f[\varphi(x)],\quad x\in D_{f\circ\varphi}=\{x\mid x\in X,\varphi(x)\in D_f\}.$$

显然,映射 φ 和 f 能否构成复合映射,关键看条件 $R_\varphi\subseteq D_f$ 是否成立,如果这个条件不成立,就不能构成复合映射.

例如,假设有两个映射:

$$f:\mathbf{R}\to(-\infty,-1],f(x)=-x^2-1$$

和

$$\varphi:[0,+\infty)\to[0,+\infty),\varphi(u)=\sqrt{u},$$

因为 $R_\varphi\subseteq D_f$,且 $f\circ\varphi=-u-1$,所以 $f\circ\varphi$ 有意义.但因为 $R_f\not\subseteq D_\varphi$,所以 $\varphi\circ f$ 没有意义.

1.3 函数的概念

映射反映的是两个集合间的对应关系,当这两个集合均为数集时,映射就称为函数.

定义 10 设 $D\subseteq\mathbf{R}$ 为非空数集,则称映射 $f:D\to\mathbf{R}$ 为定义在 D 上的**函数**,记作

$$y=f(x),\quad x\in D.\tag{1.3.1}$$

称(1.3.1)式中的变量 x 为**自变量**,变量 y 为**因变量**;称自变量 x 的取值范围 D 为函数 f 的**定义域**,也可记作 D_f.当自变量 x 取遍 D 的所有数值时,对应的函数值 $f(x)$ 的全体构成的集合称为函数 f 的**值域**,记作 R_f 或 $f(D)$,即

$$R_f=f(D)=\{y\mid y=f(x),x\in D\}.$$

为了便于理解,常常从几何角度直观地研究函数,下面给出函数图形的定义.

定义 11 在平面直角坐标系下,称点集 $\{(x,y)\mid y=f(x),x\in D\}$ 为函数 $y=f(x)$ 的**图形**.

函数的图形一般为平面上的一条曲线[常说曲线 $y=f(x)$],如图 1.3.1 所示.

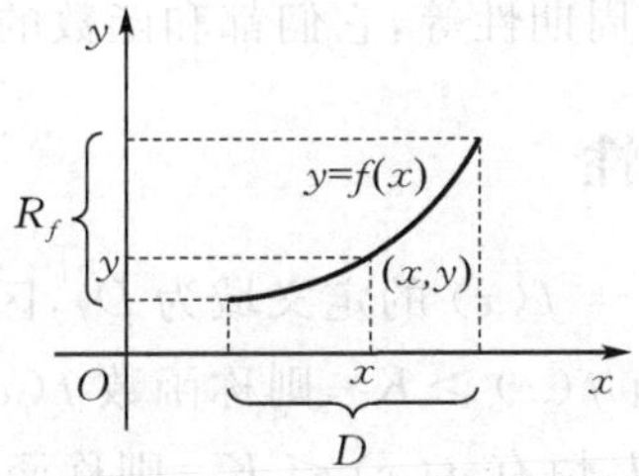

图 1.3.1

在高等数学的学习中,常常借助函数图形的直观性来理解抽象的概念和性质.

从函数的定义易知，确定一个函数的两个基本要素是定义域和对应法则. 如果两个函数的定义域相同，对应法则也相同，则不论用什么函数记号，都称这两个函数是相等的，或称它们是同一函数；否则，它们就是两个不同的函数. 例如，$y=\sqrt{x^2}$，$y=|x|$ 和 $s=\sqrt{t^2}$ 均为同一函数；但 $f(x)=\sqrt{(1-x)^2}=|1-x|$ 与 $\varphi(x)=1-x$ 却是不同的函数，这是因为当 $x>1$ 时，$f(x)\neq\varphi(x)$.

表示函数的主要方法有表格法、图形法、解析法(公式法)三种形式. 其中表格法一目了然，图形法(参见定义 11)形象、直观，解析法便于计算和推导. 本书主要运用解析法表示函数，即由一个解析表达式给出函数，其中的表达式总是涉及一定的数学运算，函数的定义域就是由那些能使有关的运算得以成立的实数构成的集合. 下面给出求函数定义域的一些原则.

(1) 偶次根式的函数，其根号下的值非负.

(2) 分式函数，分母的值不能为零.

(3) 有限个函数进行四则运算得到的新函数，其定义域为这有限个函数定义域的交集.

(4) 对数函数的真数值必须是正数.

(5) 对有实际背景的函数，应根据实际背景中的变量的实际意义确定函数的定义域.

例 求函数 $f(x)=\dfrac{1}{\ln(x-2)}+\sqrt{5-x}$ 的定义域.

解 要使函数 $f(x)$ 有意义，必须有

$$\begin{cases}x-2>0,\\5-x\geqslant 0,\\\ln(x-2)\neq 0,\end{cases}$$

即 $2<x\leqslant 5$ 且 $x\neq 3$，故函数 $f(x)$ 的定义域为 $D_f=(2,3)\cup(3,5]$.

1.4 函数的性质

为了解和研究函数的变化规律，需考察它的一些特殊属性，如函数的有界性、单调性、奇偶性、周期性等，它们都和函数的图形有关.

1.4.1 函数的有界性

定义 12 设函数 $y=f(x)$ 的定义域为 D_f，区间 $I\subseteq D_f$. 如果存在数 K_1，对于任意 $x\in I$，恒有 $f(x)\geqslant K_1$，则称函数 $f(x)$ 在 I 上有**下界**；如果存在数 K_2，对于任意 $x\in I$，恒有 $f(x)\leqslant K_2$，则称函数 $f(x)$ 在 I 上有**上界**.

如果函数 $f(x)$ 在 I 上既有上界又有下界，即存在 $K_1\leqslant K_2$，对于任意 $x\in I$，恒有

$$K_1\leqslant f(x)\leqslant K_2, \tag{1.4.1}$$

则称函数 $f(x)$ 在 I 上**有界**.

函数 $f(x)$ 在区间 I 上有界的几何意义是：函数 $f(x)$ 在 I 上对应的图形位于两条与 x 轴平行的直线 $y=K_1$ 和 $y=K_2$ 之间，如图 1.4.1 所示.

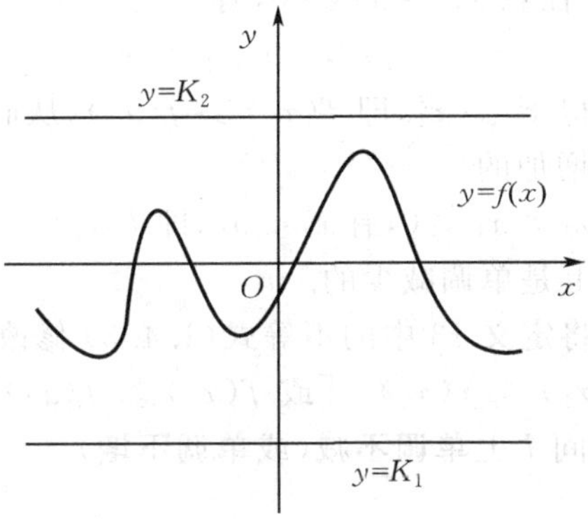

图 1.4.1

在定义 12 中，取 $M=\max\{|K_1|,|K_2|\}$，可以推得如下性质.

性质 函数 $f(x)$ 在区间 I 上有界的充要条件是存在正数 M，对于任意 $x\in I$，恒有

$$|f(x)|\leqslant M. \tag{1.4.2}$$

例如，因为对于任意 $x\in(-\infty,+\infty)$，有 $|\cos x|\leqslant 1$，所以 $f(x)=\cos x$ 在 $(-\infty,+\infty)$ 内是有界的.

如果性质中的 M 不存在，即对于任意正数 M，总存在 $x_0\in I$，使得 $|f(x_0)|>M$，则称函数 $f(x)$ 在 I 上**无界**.

例 1 判断函数 $f(x)=\sqrt{x}$ 在区间 $(0,+\infty)$ 内的有界性.

解 设 M 为任意正数，可取 $x_0=(M+1)^2$，则 $f(x_0)=M+1>M$. 因此，对于任意正数 M，总存在 $x_0=(M+1)^2\in(0,+\infty)$，使得

$$|f(x_0)|=M+1>M,$$

故 $f(x)=\sqrt{x}$ 在 $(0,+\infty)$ 内无界.

1.4.2 函数的单调性

定义 13 设函数 $y=f(x)$ 的定义域为 D_f，区间 $I\subseteq D_f$，如果对于 I 上任意两点 x_1 与 x_2，当 $x_1<x_2$ 时，恒有

$$f(x_1)<f(x_2)\quad [\text{或 } f(x_1)>f(x_2)], \tag{1.4.3}$$

则称函数 $f(x)$ 在 I 上**单调增加**(或**单调减少**)，也称 $f(x)$ 为**单调增加函数**(或**单调减少函数**).

单调增加函数和单调减少函数统称为**单调函数**. 对于有些非单调函数，可以将其定义域划分为若干个不相交的子区间，且函数在这些子区间上是单调的，则称这些区间为**单调区间**.

例 2 讨论函数 $f(x)=x^2$ 的单调性.

解 虽然 $-2\neq 2$，但 $f(-2)=f(2)=4$，则 $f(x)=x^2$ 在其定义域 $(-\infty,+\infty)$ 内不是单调的，但 $(-\infty,0)$，$[0,+\infty)$ 为函数 $f(x)=x^2$ 的单调区间. 事实上，对于任意 $x_1>x_2>0$，有

$$x_1^2>x_1x_2,\quad x_1x_2>x_2^2,$$

由不等式的传递性，得 $x_1^2>x_2^2$，即 $f(x_1)>f(x_2)$，从而 $f(x)=x^2$ 在区间 $[0,+\infty)$ 上是单调增加的.

同理，对于任意 $x_2<x_1<0$，有 $x_1^2<x_2^2$，即 $f(x_1)<f(x_2)$，从而 $f(x)=x^2$ 在区间 $(-\infty,0]$ 上是单调减少的.

需要说明的是，将定义 13 中的不等式(1.4.3) 修改为

$$f(x_1)\leqslant f(x_2)\quad [\text{或 } f(x_1)\geqslant f(x_2)],$$

则称函数 $f(x)$ 在区间 I 上**单调不减**(或**单调不增**).

1.4.3 函数的奇偶性

定义 14 设函数 $y=f(x)$ 的定义域 D_f 关于坐标原点对称，如果对于任意 $x\in D_f$，恒有 $f(-x)=-f(x)$，则称 $f(x)$ 为**奇函数**；如果对于任意 $x\in D_f$，恒有 $f(-x)=f(x)$，则称 $f(x)$ 为**偶函数**.

例如，因为 $f(-x)=\cos(-x)=\cos x=f(x)$，所以函数 $f(x)=\cos x$ 是偶函数；因为 $f(-x)=\sin(-x)=-\sin x=-f(x)$，所以函数 $f(x)=\sin x$ 是奇函数.

从几何上看，偶函数的图形关于 y 轴对称(见图 1.4.2)；奇函数的图形关于坐标原点对称，如果奇函数在 $x=0$ 处有定义，则 $f(0)=0$(见图 1.4.3).

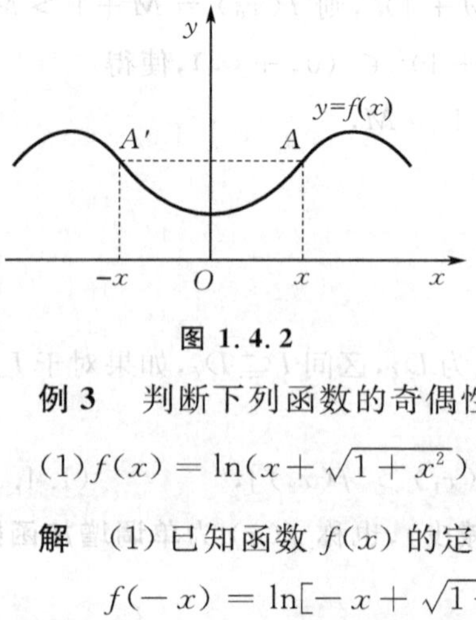

图 1.4.2

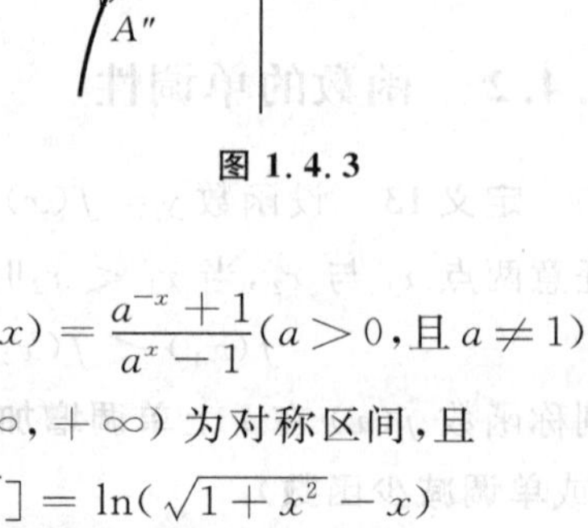

图 1.4.3

例 3 判断下列函数的奇偶性.

(1) $f(x)=\ln(x+\sqrt{1+x^2})$； (2) $f(x)=\dfrac{a^{-x}+1}{a^x-1}(a>0,\text{且 } a\neq 1)$.

解 (1) 已知函数 $f(x)$ 的定义域 $(-\infty,+\infty)$ 为对称区间，且

$$\begin{aligned}f(-x)&=\ln[-x+\sqrt{1+(-x)^2}]=\ln(\sqrt{1+x^2}-x)\\&=\ln\frac{(\sqrt{1+x^2}-x)(\sqrt{1+x^2}+x)}{\sqrt{1+x^2}+x}=\ln\frac{1}{\sqrt{1+x^2}+x}\\&=-f(x),\end{aligned}$$

所以 $f(x)$ 为奇函数.

(2) 虽然函数 $f(x)$ 的定义域 $(-\infty,0)\cup(0,+\infty)$ 为对称区间,但

$$f(-1)=\frac{a+1}{a^{-1}-1}=\frac{a(a+1)}{1-a},\quad f(1)=\frac{a^{-1}+1}{a-1}=\frac{a+1}{a(a-1)},$$

即 $f(-1)\neq f(1)$,$f(-1)\neq -f(1)$,所以 $f(x)$ 既不是奇函数也不是偶函数.

1.4.4　函数的周期性

定义 15　设函数 $y=f(x)$ 的定义域为 D_f,如果存在一个正数 T,使得对于任意 $x\in D_f$,恒有 $(x\pm T)\in D_f$,且使 $f(x\pm T)=f(x)$ 恒成立,则称 $f(x)$ 为**周期函数**,T 称为 $f(x)$ 的一个**周期**.

一般地,如果 T 是 $f(x)$ 的一个周期,则 nT 也是 $f(x)$ 的周期(n 为正整数),因此周期函数有无穷多个周期. 在周期函数 $f(x)$ 的所有周期中,若存在最小正数 T,则称 T 为 $f(x)$ 的**最小正周期**.

周期函数的周期通常指的是它的最小正周期. 例如,函数 $y=\sin x$ 与 $y=\cos x$ 都是以 2π 为周期的函数;函数 $y=\tan x$ 与 $y=\cot x$ 都是以 π 为周期的周期函数. 函数 $y=A\sin(\omega x+\varphi)+B$ 与 $y=A\cos(\omega x+\varphi)+B$ 的周期公式为 $T=\frac{2\pi}{|\omega|}$,函数 $y=A\tan(\omega x+\varphi)+B$ 与 $y=A\cot(\omega x+\varphi)+B$ 的周期公式为 $T=\frac{\pi}{|\omega|}$.

周期函数不一定有最小正周期. 例如,$f(x)=C$(C 是常数)是周期函数,但没有最小正周期.

1.5　复合函数与反函数

实际问题中,变量之间的关系是多样的,也是复杂的,但可以通过函数的运算,利用简单函数来讨论复杂函数. 函数的运算主要包括函数的四则运算、复合运算和反函数运算,其中函数的四则运算是大家已经熟知的了,因而本节只讨论函数的复合运算和反函数运算.

1.5.1　复合函数

1. 复合函数的定义

定义 16　复合函数是复合映射的一种特例. 当复合映射 $f\circ\varphi$ 中 f 和 φ 的定义域与值域均为数集时,复合映射 $f\circ\varphi$ 就称为由函数

$$u=\varphi(x),\quad x\in D_\varphi \tag{1.5.1}$$

和

$$y=f(u),\quad u\in D_f \tag{1.5.2}$$

构成的**复合函数**,记作

$$y=(f\circ\varphi)(x)=f[\varphi(x)],\quad x\in D_{f\circ\varphi}=\{x\mid x\in D_\varphi,\varphi(x)\in D_f\}.$$

复合函数的特征:当在 $D_{f\circ\varphi}$ 中给定 x 的一个值时,要计算 y 的值,需要先通过函数 $u=\varphi(x)$ 得到 u 的值,再通过函数 $y=f(u)$ 得到 y 的值,因此最后运算的是 $y=f(u)$. 于是,称函数 $y=f(u)$ 为**外层函数**,函数 $u=\varphi(x)$ 为**内层函数**,称其中的 u 为**中间变量**,x 为**自变量**.

注 在进行复合运算时,因为要将内层函数[(1.5.1) 式]代入外层函数[(1.5.2) 式],所以两个函数 $y=f(u)$,$u=\varphi(x)$ 复合必须满足条件 $R_\varphi\cap D_f\neq\varnothing$ {特别地,当 $R_\varphi\subseteq D_f$ 时,复合函数 $y=f[\varphi(x)]$ 的定义域为 D_φ},否则内层函数不能被代入外层函数,即这两个函数不能进行复合运算.

例如,对两个函数 $y=f(u)=\arcsin u(u\in[-1,1])$,$u=\varphi(x)=\cos x$ $(x\in\mathbf{R})$,可定义复合函数 $y=\arcsin(\cos x)$,$x\in\mathbf{R}$.

当上述外层函数不变,而内层函数被替换为 $u=1-x^2$ 时,就不能在内层函数的定义域 $\mathbf{R}$ 上定义复合函数了,但在 $[-\sqrt{2},\sqrt{2}]$ 上可定义复合函数

$$y=\arcsin(1-x^2),\quad x\in[-\sqrt{2},\sqrt{2}];$$

当内层函数被替换为 $u=2+x^2$ 时,因其值域为 $R_\varphi=[2,+\infty)$,显然,该内层函数的自变量 x 无论取何值,都有 $R_\varphi\cap D_f=\varnothing$,因此函数 $f(u)=\arcsin u$ 和函数 $u=2+x^2$ 不能复合.

2. 复合函数的复合与分解

在高等数学中,为了便于理解和运算,既需要将几个简单函数复合成一个函数,也需要把一个复合函数分解成几个简单函数.

1) 几个简单函数的复合

两个简单函数复合成一个函数的准则:只要内层函数 $u=\varphi(x)$ 的值域 R_φ 与外层函数 $y=f(u)$ 的定义域 D_f 满足 $R_\varphi\cap D_f\neq\varnothing$(特别地,$R_\varphi\subseteq D_f$),便可将内层函数直接代入外层函数,得到复合函数 $y=f[\varphi(x)]$,$x\in D_{f\circ\varphi}$.

例 1 设函数 $f(x)=\dfrac{x}{x^2-9}$,$\varphi(x)=\sqrt{x}$,求复合函数 $(f\circ\varphi)(x)$ 及其定义域.

解 函数 $\varphi(x)$ 的值域为 $R_\varphi=\mathbf{R}_+$,函数 $f(x)$ 的定义域为 $D_f=\{x\mid x\in\mathbf{R},x\neq\pm3\}$,$R_\varphi\cap D_f\neq\varnothing$,因此这两个函数可以构成复合函数 $f\circ\varphi$,即

$$(f\circ\varphi)(x)=f[\varphi(x)]=\frac{\sqrt{x}}{(\sqrt{x})^2-9}=\frac{\sqrt{x}}{x-9}.$$

由上式得复合函数 $f\circ\varphi$ 的定义域为 $[0,9)\cup(9,+\infty)$.

以上介绍的是两个函数构成的复合函数,还可以将复合函数的概念推广到有限多个函数构成的复合函数上去. 例如,设

$$f(u) = \ln u,\quad D_f = (0, +\infty),$$
$$u = \varphi(v) = \sqrt{3+v},\quad D_\varphi = [-3, +\infty),$$
$$v = \omega(x) = x^2,\quad D_\omega = (-\infty, +\infty),$$

则有 $(f \circ \varphi \circ \omega)(x) = \ln\sqrt{3+x^2}, D_{f\circ\varphi\circ\omega} = (-\infty, +\infty)$.

注 将几个简单函数复合成一个函数的方法是：从里层到外层，按顺序逐层（代入）复合.

2）复合函数分解成简单函数

在高等数学中，需要讨论复合函数的分析性质. 在解决这类问题时，与函数的复合相反，应先将这个复合函数分解成若干个简单函数.

将一个复合函数分解成几个简单函数的准则：由外层函数向内层函数逐层分解.

例如，因为函数 $y = \ln(1+\sqrt{e^x}), x \in (-\infty, +\infty)$ 最后进行的运算是对数运算，所以可以看成是由 $y = \ln u$ 和 $u = 1+v$ 复合而成的；而这里的 $v = \sqrt{e^x}$ 还可以看成是由 $v = \sqrt{w}$ 和 $w = e^x$ 复合而成的. 故函数 $y = \ln(1+\sqrt{e^x})$ 可以看成是由 $y = \ln u, u = 1+v, v = \sqrt{w}, w = e^x$ 四个简单函数复合而成的.

例 2 已知函数 $f(e^x) = 1+x$，求 $f(x), f(e^{2x})$.

解 令 $u = e^x$，则 $x = \ln u$，于是函数 $f(e^x) = 1+x$ 的表达式变为

$$f(u) = 1+\ln u.$$

若将上式中的变量 u 替换为变量 x 或指数函数 e^{2x}，则有

$$f(x) = 1+\ln x,\quad f(e^{2x}) = 1+\ln e^{2x} = 1+2x.$$

注 当用解析法表示函数时，给出具体解析式的函数称为**具体函数**；没有给出具体解析式，而只给出函数满足的特殊条件或体现函数特征的函数称为**抽象函数**，其一般形式为 $y = f(x), x \in D_f$，如例 2 中的 $f(e^{2x})$. 抽象函数表现形式的抽象性，使得这类问题成为函数内容的难点之一. 但许多抽象函数都是由特殊函数的抽象背景得到的，所以在数学学习中，要善于通过对函数的特征或满足的条件进行观察、分析、类比和联想，寻找其具体的函数模型，再由具体函数模型的图形和性质来解决抽象函数问题，这将有助于发展抽象思维能力.

1.5.2 反函数

反函数

在数学中，经常会用到一种非常重要的运算 —— 求一个函数的反函数. 例如，对数函数的反函数为指数函数，三角函数的反函数为反三角函数.

1. 反函数的概念

定义 17 设函数

$$y = f(x) \tag{1.5.3}$$

的定义域为 D_f，值域为 R_f，且 $f: D_f \to f(D_f) = R_f$ 是单射，则 f 存在逆映射

$f^{-1}: R_f \to D_f$，称此映射 f^{-1} 为函数 f 的**反函数**，f 称为**直接函数**.

由于函数 f 是单射，所以对于任意 $y \in f(D)$，存在唯一的 $x \in D$，使得 $f(x) = y$，于是有

$$x = f^{-1}(y). \tag{1.5.4}$$

可见，反函数 f^{-1} 的对应法则完全由函数 f 的对应法则所确定.(1.5.4) 式可由(1.5.3) 式解得，两者是同一关系的两种写法. 从函数的定义来看，它们的对应法则不同，所以是不同的函数，常称它们互为反函数，并把从(1.5.3) 式求解出(1.5.4) 式的过程称为**求逆运算**或**求反函数运算**.

习惯上，用 x 表示自变量，y 表示因变量，则常将 $y = f(x)$ 的反函数 $x = f^{-1}(y)$ 中的变量 x，y 互换，记作

$$y = f^{-1}(x), \quad x \in R_f, \tag{1.5.5}$$

并称(1.5.5) 式为直接函数 $y = f(x)$，$x \in D_f$ 的反函数.

由反函数的定义知，直接函数和反函数是互为反函数的，且反函数的定义域为直接函数的值域，反函数的值域为直接函数的定义域.

2. 反函数的性质

由反函数的定义可推得反函数的如下性质，其证明留给读者自行完成.

性质 1(几何性质)　函数 $y = f(x)$ 与其反函数 $x = f^{-1}(y)$ 的几何图形是同一条曲线，函数 $y = f(x)$ 的图形与其反函数 $y = f^{-1}(x)$ 的几何图形关于直线 $y = x$ 对称(见图 1.5.1).

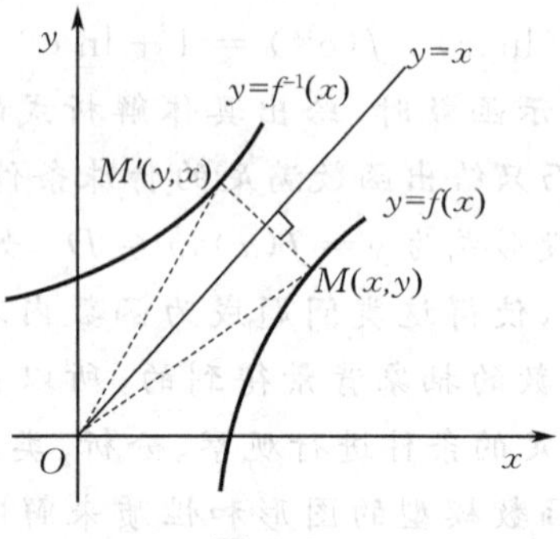

图 1.5.1

性质 2　若函数 $y = f(x)$ 在 D_f 上存在反函数 $y = f^{-1}(x)$，$x \in R_f$，则对于任意 $x \in D_f$，恒有 $f^{-1}[f(x)] = x$；对于任意 $x \in R_f$，恒有 $f[f^{-1}(x)] = x$.

反函数

由性质 2 可知，一个函数和其反函数的复合运算结果就是其自变量本身.

特别地，因为对数函数和指数函数互为反函数，所以

$$a^{\log_a x} = x \quad (a > 0 \text{ 且 } a \neq 1, x > 0). \tag{1.5.6}$$

当(1.5.6) 式中的 $a = \mathrm{e}$ 时，有

$$\mathrm{e}^{\ln x} = x \quad (x > 0). \tag{1.5.7}$$

利用(1.5.7)式可以简化某些函数的表达式,例如,

$$e^{-\frac{1}{2}\ln x} = e^{\ln x^{-\frac{1}{2}}} = \frac{1}{\sqrt{x}} \quad (x > 0).$$

性质 3(反函数存在定理)　若函数 $y = f(x)$ 在区间 I 上单调增加(或单调减少),则 f 必有反函数 f^{-1},且 f^{-1} 在其定义域 $f(I)$ 上与 f 具有相同的单调性.

性质 4　若奇函数 $y = f(x), x \in D_f$ 存在反函数,则其反函数 $y = f^{-1}(x), x \in R_f$ 也为奇函数.

例 3　判断函数 $f(x) = \frac{e^x - e^{-x}}{2}$ 的反函数的奇偶性及在 $(0, +\infty)$ 内的单调性.

解　因为对于任意 $x \in (-\infty, +\infty)$,有

$$f(-x) = \frac{e^{-x} - e^x}{2} = -\frac{e^x - e^{-x}}{2} = -f(x),$$

所以直接函数是奇函数.由性质 4 可知,其反函数也是奇函数.

下面来讨论直接函数在 $(0, +\infty)$ 内的单调性.

设 $x_1 < x_2$,且 $x_1, x_2 \in (0, +\infty)$,则有 $e^{x_1} < e^{x_2}$ 和 $e^{-x_1} > e^{-x_2}$,从而有

$$\begin{aligned} f(x_1) - f(x_2) &= \frac{e^{x_1} - e^{-x_1}}{2} - \frac{e^{x_2} - e^{-x_2}}{2} \\ &= \frac{(e^{x_1} - e^{x_2}) - (e^{-x_1} - e^{-x_2})}{2} < 0, \end{aligned}$$

所以直接函数在 $(0, +\infty)$ 内是单调增加函数.由性质 3 可知,直接函数的反函数在 $(0, +\infty)$ 内也是单调增加函数.

注　不是所有的函数在其定义域内都有反函数,但在其定义域的子区间上可能存在反函数.例如,函数 $y = x^2, x \in \mathbf{R}$ 没有反函数,但在 $(-\infty, 0]$ 或 $[0, +\infty)$ 上分别存在反函数 $y = -\sqrt{x}$ 及 $y = \sqrt{x}$.

单调是反函数存在的充分条件,而不是必要条件,即有反函数的函数不一定单调.例如,函数 $y = \frac{1}{x}$ 在其定义域内不是单调的,但有反函数 $y = \frac{1}{x}, x \neq 0$.

3. 反函数的求解

根据反函数的定义,求反函数的步骤有以下三步.

(1) 反解.将 $y = f(x)$ 看成关于 x 的方程,反解出 $x = f^{-1}(y)$.如果求出的 x 不唯一,则需根据条件中给定的 x 的范围取舍,只能保留一个 x 值.

(2) 交换.交换 x, y,得 $y = f^{-1}(x)$.

(3) 写出反函数的定义域.反函数的定义域就是直接函数的值域.

例 4　求函数 $y = x^2 - 1\left(x < -\frac{1}{2}\right)$ 的反函数.

解　因为 $x < -\frac{1}{2}$,所以 $x^2 - 1 > -\frac{3}{4}$.再由 $y = x^2 - 1$,得 $x^2 = y + 1$,

从而有 $x=-\sqrt{y+1}$. 最后互换 x,y,即得所求反函数为

$$y=-\sqrt{x+1}\quad\left(x>-\frac{3}{4}\right).$$

反三角函数

1.5.3　反三角函数

问题　在初等数学中,我们学习了三角函数,那么三角函数在其定义域内有反函数吗?

1. 反正弦函数

下面以正弦函数 $y=\sin x, x\in\mathbf{R}$ 为例,说明如何定义三角函数的反函数.

正弦函数 $y=\sin x$ 的定义域为 $\mathbf{R}$,值域为 $[-1,1]$,其几何图形如图 1.5.2 所示. 因为对于任意正弦值 $y\in[-1,1]$,都有无数个角值 $x\in(-\infty,+\infty)$ 与之对应,即正弦函数的自变量与因变量是多对一的,所以正弦函数在 $\mathbf{R}$ 内不存在反函数.

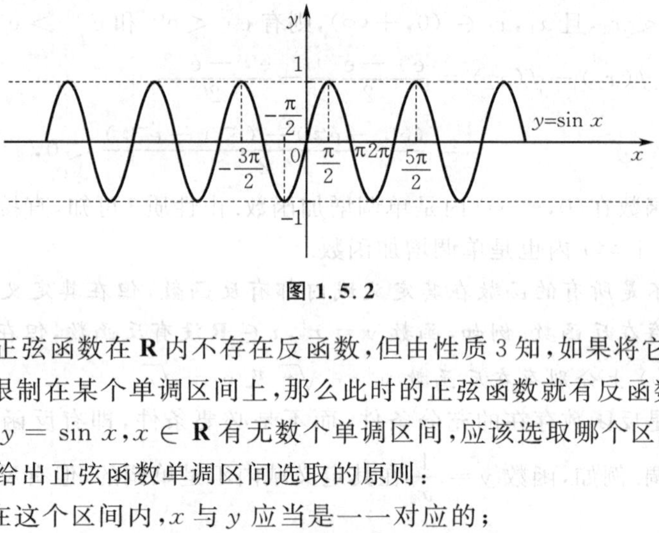

图 1.5.2

虽然正弦函数在 $\mathbf{R}$ 内不存在反函数,但由性质 3 知,如果将它的自变量 x 的取值限制在某个单调区间上,那么此时的正弦函数就有反函数了. 然而正弦函数 $y=\sin x, x\in\mathbf{R}$ 有无数个单调区间,应该选取哪个区间呢?

下面给出正弦函数单调区间选取的原则:

(1) 在这个区间内,x 与 y 应当是一一对应的;

(2) $y=\sin x$ 能取到 $[-1,1]$ 内的一切函数值.

根据上述原则,求正弦函数的反函数时,可以选取单调区间 $\left[-\frac{\pi}{2},\frac{\pi}{2}\right]$, $\left[\frac{\pi}{2},\frac{3\pi}{2}\right]$, $\left[-\frac{3\pi}{2},-\frac{\pi}{2}\right]$,… 中的某一个. 例如,区间 $\left[-\frac{\pi}{2},\frac{\pi}{2}\right]$ 不仅包含了所有锐角和零角,而且在该区间上正弦函数的图形关于原点对称,便于判断它的奇偶性,能够反映函数及其反函数的全貌,所以常常将正弦函数的自变量 x 的取值限制在区间 $\left[-\frac{\pi}{2},\frac{\pi}{2}\right]$ 上,并给出如下反正弦函数的定义.

定义 18　称函数 $y=\sin x, x\in\left[-\frac{\pi}{2},\frac{\pi}{2}\right]$ 的反函数为**反正弦函数**,记作

$$y = \arcsin x,\quad x \in [-1,1].$$

反正弦函数 $y = \arcsin x$ 的定义域为$[-1,1]$，值域为$\left[-\frac{\pi}{2},\frac{\pi}{2}\right]$.

由定义 18 易知：

(1) 记号 $\arcsin x$ 表示一个角值，且 $\arcsin x \in \left[-\frac{\pi}{2},\frac{\pi}{2}\right]$；

(2)$\arcsin x = \theta$ 等价于 $\sin \theta = x, \theta \in \left[-\frac{\pi}{2},\frac{\pi}{2}\right]$.

保留 $y = \sin x$ 在区间$\left[-\frac{\pi}{2},\frac{\pi}{2}\right]$上的一段曲线，并描绘出它关于直线 $y = x$ 对称的相应曲线，如图 1.5.3 所示，即可得到反正弦函数 $y = \arcsin x$，$x \in [-1,1]$的几何图形.

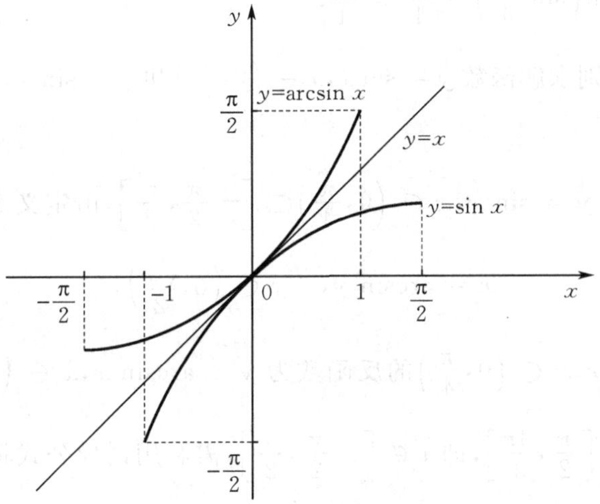

图 1.5.3

由反函数的性质 3 和性质 4，易推证反正弦函数 $y = \arcsin x$ 具有如下性质.

(1) 反正弦函数 $y = \arcsin x, x \in [-1,1]$是单调增加函数.

(2) 反正弦函数 $y = \arcsin x, x \in [-1,1]$是奇函数，即

$$\arcsin(-x) = -\arcsin x.$$

例 5　求下列反正弦函数的值.

(1)$\arcsin(-1)$；　　(2)$\arcsin \frac{\sqrt{2}}{2}$；　　(3)$\arcsin 0$.

解　(1) 因为 $\arcsin x = \theta$ 等价于 $\sin \theta = x, \theta \in \left[-\frac{\pi}{2},\frac{\pi}{2}\right]$，且 $\sin\left(-\frac{\pi}{2}\right) = -1$，所以 $\arcsin(-1) = -\frac{\pi}{2}$.

(2) 因为 $\sin \frac{\pi}{4} = \frac{\sqrt{2}}{2}$，所以 $\arcsin \frac{\sqrt{2}}{2} = \frac{\pi}{4}$.

(3) 因为 $\sin 0 = 0$，所以 $\arcsin 0 = 0$.

利用反函数的性质 2,易得反正弦函数满足:

$\sin(\arcsin x)=x, x\in[-1,1]$;　$\arcsin(\sin x)=x, x\in\left[-\frac{\pi}{2},\frac{\pi}{2}\right]$.

注　若 $x\notin[-1,1]$,记号 $\arcsin x$ 无意义. 例如,$\arcsin\sqrt{2}$ 和 $\arcsin(x^2+2)$ 均无意义.

等式 $\arcsin(\sin x)=x, x\in\left[-\frac{\pi}{2},\frac{\pi}{2}\right]$ 的左端 $\arcsin(\sin x)$ 表示的是 $\left[-\frac{\pi}{2},\frac{\pi}{2}\right]$ 中的一个角度,这个角的正弦值和 x 的正弦值相同,所以等式当且仅当 $x\in\left[-\frac{\pi}{2},\frac{\pi}{2}\right]$ 时才成立;否则,当 $x\notin\left[-\frac{\pi}{2},\frac{\pi}{2}\right]$ 时,等式不一定成立. 例如,$\arcsin\left(\sin\frac{3\pi}{4}\right)=\frac{\pi}{4}\neq\frac{3\pi}{4}$.

例 6　分别求解函数 $y=\sin x, x\in\left(0,\frac{\pi}{4}\right)$ 和 $y=\sin x, x\in\left[\frac{\pi}{2},\frac{3\pi}{4}\right]$ 的反函数.

解　因为 $y=\sin x, x\in\left(0,\frac{\pi}{4}\right)\subset\left[-\frac{\pi}{2},\frac{\pi}{2}\right]$,由定义 18,得

$$x=\arcsin y,\quad y\in\left(0,\frac{\sqrt{2}}{2}\right),$$

所以 $y=\sin x, x\in\left(0,\frac{\pi}{4}\right)$ 的反函数为 $y=\arcsin x, x\in\left(0,\frac{\sqrt{2}}{2}\right)$.

因为 $x\in\left[\frac{\pi}{2},\frac{3\pi}{4}\right]$,即 $x\notin\left[-\frac{\pi}{2},\frac{\pi}{2}\right]$,需利用诱导公式将 $y=\sin x$ 恒等变形,而 $(x-\pi)\in\left[-\frac{\pi}{2},-\frac{\pi}{4}\right]\subset\left[-\frac{\pi}{2},\frac{\pi}{2}\right]$,且 $\sin(x-\pi)=-\sin x=-y$,则由定义 18,可得

$$x-\pi=\arcsin(-y)=-\arcsin y,$$

即 $x=\pi-\arcsin y$,从而 $y=\sin x, x\in\left[\frac{\pi}{2},\frac{3\pi}{4}\right]$ 的反函数为

$$y=\pi-\arcsin x,\quad x\in\left[\frac{\sqrt{2}}{2},1\right].$$

2. 其他反三角函数

类似于反正弦函数,也可以定义反余弦函数、反正切函数、反余切函数、反正割函数和反余割函数.

1) 反余弦函数

定义 19　称函数 $y=\cos x, x\in[0,\pi]$ 的反函数为**反余弦函数**,记作

$$y=\arccos x,\quad x\in[-1,1].$$

反余弦函数 $y=\arccos x$ 的定义域为 $[-1,1]$,值域为 $[0,\pi]$,其几何图形如图 1.5.4 所示.

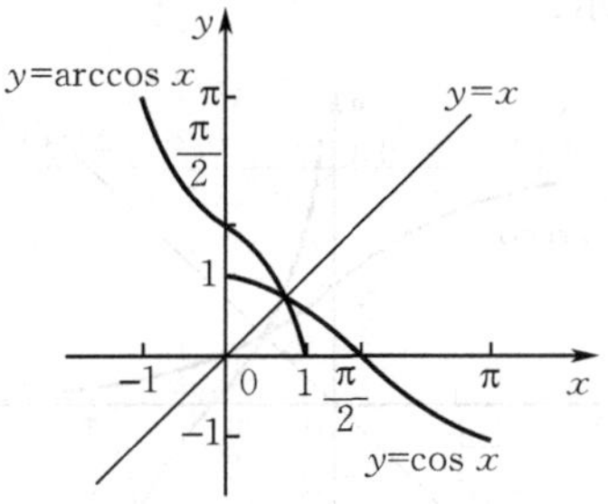

图 1.5.4

由反函数的性质易知,反余弦函数 $y=\arccos x$ 具有如下性质.

(1) 反余弦函数 $y=\arccos x, x\in[-1,1]$ 是单调减少函数.

(2) 反余弦函数 $y=\arccos x, x\in[-1,1]$是非奇非偶函数,且满足

$$\arccos(-x)=\pi-\arccos x.$$

2) 反正切函数

定义 20 称函数 $y=\tan x, x\in\left(-\frac{\pi}{2},\frac{\pi}{2}\right)$的反函数为**反正切函数**,记作

$$y=\arctan x,\quad x\in(-\infty,+\infty).$$

反正切函数 $y=\arctan x$ 的定义域为$(-\infty,+\infty)$,值域为$\left(-\frac{\pi}{2},\frac{\pi}{2}\right)$,其几何图形如图 1.5.5 所示.

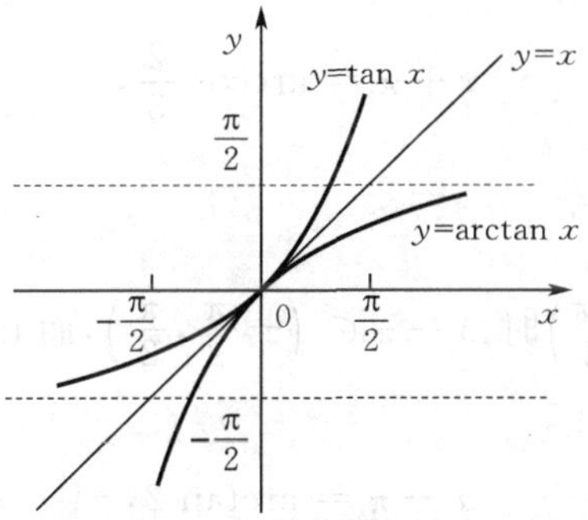

图 1.5.5

由反函数的性质易知,反正切函数 $y=\arctan x$ 具有如下性质.

(1) 反正切函数 $y=\arctan x, x\in(-\infty,+\infty)$ 是单调增加函数.

(2) 反正切函数 $y=\arctan x, x\in(-\infty,+\infty)$ 是奇函数,即

$$\arctan(-x)=-\arctan x.$$

3) 反余切函数

定义 21 称函数 $y=\cot x, x\in(0,\pi)$ 的反函数为**反余切函数**,记作

$$y=\operatorname{arccot} x,\quad x\in(-\infty,+\infty).$$

反余切函数 $y=\operatorname{arccot} x$ 的定义域为$(-\infty,+\infty)$,值域为$(0,\pi)$,其

几何图形如图 1.5.6 所示.

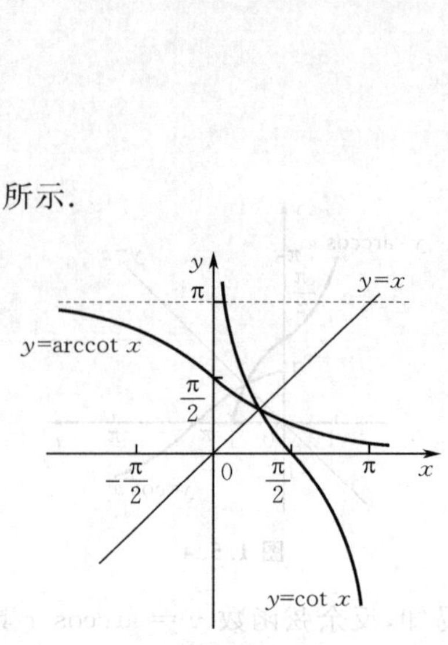

图 1.5.6

由反函数的性质易知,反余切函数 $y = \operatorname{arccot} x$ 具有如下性质.

(1) 反余切函数 $y = \operatorname{arccot} x, x \in (-\infty, +\infty)$ 是单调减少函数.

(2) 反余切函数 $y = \operatorname{arccot} x, x \in (-\infty, +\infty)$ 是非奇非偶函数,且满足

$$\operatorname{arccot}(-x) = \pi - \operatorname{arccot} x.$$

例 7 用反函数值的形式表示下列各式中的 x.

(1) $\cos x = -\frac{2}{3}, x \in [-\pi, 0]$; (2) $\tan x = -2, x \in \left(\frac{\pi}{2}, \frac{3\pi}{2}\right)$.

解 (1) 当 $x \in [-\pi, 0]$ 时, $x + \pi \in [0, \pi]$,而 $\cos(x+\pi) = -\cos x = \frac{2}{3}$,则

$$x + \pi = \arccos\frac{2}{3},$$

故 $x = -\pi + \arccos\frac{2}{3}$.

(2) 当 $x \in \left(\frac{\pi}{2}, \frac{3\pi}{2}\right)$ 时, $x - \pi \in \left(-\frac{\pi}{2}, \frac{\pi}{2}\right)$,而 $\tan(x-\pi) = -\tan x = 2$,则

$$x - \pi = \arctan 2,$$

故 $x = \pi + \arctan 2$.

注 函数 $y = \sec x, x \in \left[0, \frac{\pi}{2}\right) \cup \left(\frac{\pi}{2}, \pi\right]$ 的反函数为**反正割函数** $y = \operatorname{arcsec} x, x \in (-\infty, -1] \cup [1, +\infty)$;函数 $y = \csc x, x \in \left[-\frac{\pi}{2}, 0\right) \cup \left(0, \frac{\pi}{2}\right]$ 的反函数为**反余割函数** $y = \operatorname{arccsc} x, x \in (-\infty, -1] \cup [1, +\infty)$. 因为这两个函数不常用,读者只需简单地了解一下即可,本书在此也不作进一步的介绍.

为了提高解题效率,读者应该熟练掌握特殊角度的反三角函数值.

例 8 求 $\cos(\arctan\sqrt{3}-\arcsin 1)$ 的值.

解 因为 $\arctan\sqrt{3}=\frac{\pi}{3}$, $\arcsin 1=\frac{\pi}{2}$,所以

$$\cos(\arctan\sqrt{3}-\arcsin 1)=\cos\left(\frac{\pi}{3}-\frac{\pi}{2}\right)=\cos\left(-\frac{\pi}{6}\right)=\frac{\sqrt{3}}{2}.$$

读者可以自行证明以下关系式.

(1) 余角关系:

$$\arctan x+\operatorname{arccot} x=\frac{\pi}{2},\quad x\in(-\infty,+\infty);$$

$$\operatorname{arcsec} x+\operatorname{arccsc} x=\frac{\pi}{2},\quad x\in(-\infty,-1]\cup[1,+\infty).$$

(2) 三角函数关系:

$$\sin(\arccos x)=\cos(\arcsin x)=\sqrt{1-x^2},\quad x\in[-1,1];$$

$$\sin(\arctan x)=\frac{x}{\sqrt{1+x^2}},\quad x\in(-\infty,+\infty);$$

$$\sin(\operatorname{arccot} x)=\frac{1}{\sqrt{1+x^2}},\quad x\in(-\infty,+\infty).$$

1.6 隐函数与分段函数

1.6.1 显函数与隐函数

定义 22 形如 $y=f(x)$ 的函数称为**显函数**.

显函数表达方式的特征:可用只含自变量的表达式来表示因变量,如 $y=\mathrm{e}^{2x}$ 和 $x=\sin y$ 均为显函数.

称通过一个二元方程 $F(x,y)=0$ 来确定变量 y 与变量 x 之间关系的函数为**隐函数**,其中 $F(x,y)$ 为 x,y 的一个表达式.

隐函数表达方式的特征:① 变量 x 和 y 满足方程 $F(x,y)=0$;② 当 x(或 y) 在某区间 I 内任取一值时,由方程 $F(x,y)=0$ 总可确定出与之对应的唯一 y(或 x) 值. 此时可说方程 $F(x,y)=0$ 在该区间内就确定了一个隐函数 $y(x)$[或 $x(y)$].

把一个隐函数化成显函数,称为**隐函数的显化**. 例如,由方程 $xy+y-1=0$ 在 $(-\infty,-1)\cup(-1,+\infty)$ 内确定 y 是 x 的一个隐函数. 这是因为当自变量 x 在 $(-\infty,-1)\cup(-1,+\infty)$ 内取值时,依据方程 $xy+y-1=0$,变量 y 有唯一确定的值与之对应,并可从方程 $xy+y-1=0$ 中解出 $y=f(x)=\frac{1}{x+1}$,这就是隐函数的显化. 但隐函数的显化有时是困难的,甚至是不可能

的. 例如,三次方程 $x^3+y^3=6xy$ 可确定隐函数 $y(x)$,但要将其显化就会涉及三次方程的求根问题,这是非常困难的.

1.6.2　分段函数

分段函数在实际问题中随处可见. 例如,快递物件时所付的邮资与物件质量的函数关系,以及个人所得税税额与个人收入之间的函数关系,都不能用统一的一个数学表达式给出. 其中要用到的函数就是所谓的分段函数.

1. 分段函数的定义

观察函数

$$y=\begin{cases}-x, & x<0,\\ x, & x\geqslant 0\end{cases}\tag{1.6.1}$$

的表达式,它具有如下特点:

在它的定义域内,其对应关系不是用一个解析式给出的,而是将其定义域分成了两个不相交的子区间,且在不同的子区间内用不同的解析式来表示.

定义 23　若函数在其定义域的不同子集中用不同的解析式来表示,则称这样的函数为**分段函数**.

分段函数的**定义域**为所有不相交的子集的并集,分段函数的**值域**为所有不相交的子集上函数值的并集. 分段函数的**分界点**就是引起分段函数有不同解析式的那个点. 例如,分段函数(1.6.1)的定义域为

$$\{x|x\geqslant 0\}\cup\{x|x<0\}=(-\infty,+\infty),$$

值域为$[0,+\infty)$,分界点为 $x=0$. 此时,分界点左、右两侧的解析式不一样.

再如,函数

$$y=\begin{cases}\dfrac{x^2-1}{x-1}, & x\neq 1,\\ 3, & x=1\end{cases}$$

的定义域为 $\mathbf{R}$,分界点为 $x=1$. 此时,分界点左、右两侧的解析式一样,分界点处的函数值单独定义.

例 1　2018 年 10 月 1 日起,我国将居民个人所得税起征点调整为 5 000 元,假设扣除项目仅考虑三险一金、基本减除费用,则应纳税所得额 = 扣除三险一金后月收入 − 5 000,其中个人所得税税率如表 1.6.1 所示.

表 1.6.1

全月应纳税所得额	税率 /%	速算扣除数 / 元
不超过 3 000 元的	3	0
超过 3 000 元至 12 000 元的部分	10	210
超过 12 000 元至 25 000 元的部分	20	1 410
超过 25 000 元至 35 000 元的部分	25	2 660
超过 35 000 元至 55 000 元的部分	30	4 410
超过 55 000 元至 80 000 元的部分	35	7 160
超过 80 000 元的部分	45	15 160

个人所得税计算公式为

应纳个人所得税税额 = 应纳税所得额 × 适用税率 − 速算扣除数.

试写出扣除三险一金(三险一金指养老保险、失业保险、医疗保险和住房公积金)后月收入 x 与应纳个人所得税税额 y 之间的函数关系，并指明定义域.

解　按税法规定，当 $0 < x \leqslant 5\ 000$ 时，不必缴税，应纳税额为 $y = 0$.

当 $5\ 000 < x \leqslant 8\ 000$ 时，应纳 3% 的税，速算扣除数为 0，应纳税额为 $y = \frac{3}{100}(x - 5\ 000)$.

当 $8\ 000 < x \leqslant 17\ 000$ 时，应纳 10% 的税，速算扣除数为 210，应纳税额为 $y = \frac{1}{10}(x - 5\ 000) - 210$.

类似地，当 $17\ 000 < x \leqslant 30\ 000$ 时，应纳税额为 $y = \frac{1}{5}(x - 5\ 000) - 1\ 410$；

当 $30\ 000 < x \leqslant 40\ 000$ 时，应纳税额为 $y = \frac{1}{4}(x - 5\ 000) - 2\ 660$；

当 $40\ 000 < x \leqslant 60\ 000$ 时，应纳税额为 $y = \frac{3}{10}(x - 5\ 000) - 4\ 410$；

当 $60\ 000 < x \leqslant 85\ 000$ 时，应纳税额为 $y = \frac{7}{20}(x - 5\ 000) - 7\ 160$；

当 $x > 85\ 000$ 时，应纳税额为 $y = \frac{9}{20}(x - 5\ 000) - 15\ 160$.

综上所述，所求函数关系为

$$y=\begin{cases}0, & 0<x\leqslant 5\,000,\\ \dfrac{3}{100}(x-5\,000), & 5\,000<x\leqslant 8\,000,\\ \dfrac{1}{10}(x-5\,000)-210, & 8\,000<x\leqslant 17\,000,\\ \dfrac{1}{5}(x-5\,000)-1\,410, & 17\,000<x\leqslant 30\,000,\\ \dfrac{1}{4}(x-5\,000)-2\,660, & 30\,000<x\leqslant 40\,000,\\ \dfrac{3}{10}(x-5\,000)-4\,410, & 40\,000<x\leqslant 60\,000,\\ \dfrac{7}{20}(x-5\,000)-7\,160, & 60\,000<x\leqslant 85\,000,\\ \dfrac{9}{20}(x-5\,000)-15\,160, & x>85\,000.\end{cases}$$

所求函数的定义域为$(0,+\infty)$.

2. 常用的分段函数

下面列举四个常用的分段函数,即绝对值函数、符号函数、取整函数和狄利克雷函数.读者不仅要熟悉这些分段函数的定义域、对应法则、值域及几何图形,还要了解它们的单调性、有界性、奇偶性和周期性等性质.

1) 绝对值函数

我们知道绝对值的**几何定义**为:在数轴上,一个数x到原点的距离称为该数的绝对值,记作$|x|$.其**代数意义**为:正数和0的绝对值是它本身,负数的绝对值是它的相反数.称其代数解析式(1.6.1)为**绝对值函数**,即

$$y=|x|=\begin{cases}-x, & x<0,\\ x, & x\geqslant 0.\end{cases}$$

绝对值函数的定义域为实数集$(-\infty,+\infty)$,值域为非负实数集$[0,+\infty)$,如图1.6.1所示,其分界点$x=0$将第一、二象限的角平分线连在一起,并在原点形成了一个不光滑的尖点.正因为绝对值函数有这样一个特性,当我们在高等数学中研究函数的导数时,经常要用它来说明某些函数在分界点$x=0$处的导数不存在.

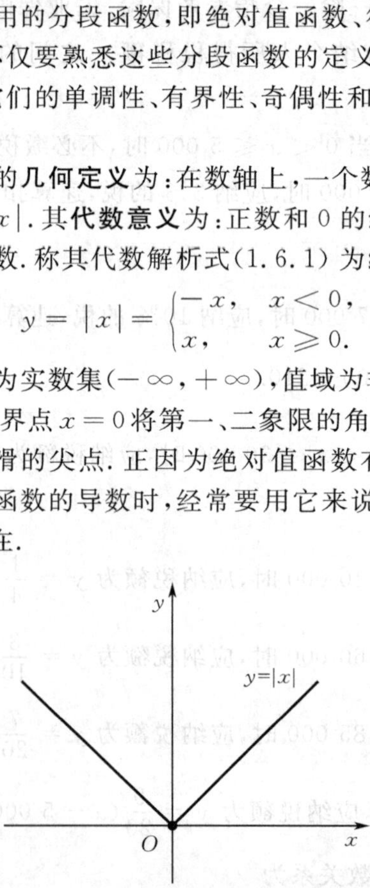

图 1.6.1

性质 1 绝对值函数在$(-\infty,+\infty)$内不是单调函数；当$x>0$时，绝对值函数是单调增加的；当$x<0$时，绝对值函数是单调减少的.

绝对值函数在$(-\infty,+\infty)$内是无界函数.

绝对值函数在$(-\infty,+\infty)$内是偶函数.

绝对值函数在$(-\infty,+\infty)$内是非周期函数.

2) 符号函数

符号函数

$$y=\operatorname{sgn}x=\begin{cases}-1, & x<0,\\ 0, & x=0,\\ 1, & x>0\end{cases}$$

是由伯努利(Bernoulli)提出的，其定义域为$(-\infty,+\infty)$，值域为$\{-1,0,1\}$，其几何图形如图 1.6.2 所示.

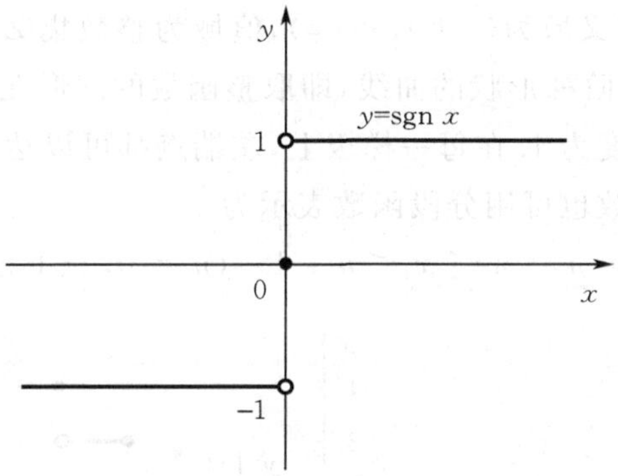

图 1.6.2

符号函数的特点：当x不变号时，函数值与自变量x的数值大小无关，只与x的正负号有关. 其分界点$x=0$将$x>0$和$x<0$所对应的两条水平射线断开，$x=0$是唯一的跳跃间断点，跳跃高度为 1.

性质 2 符号函数在$(-\infty,+\infty)$内是单调增加函数.

符号函数在$(-\infty,+\infty)$内是函数值介于-1与1间的有界函数.

符号函数在$(-\infty,+\infty)$内是奇函数.

符号函数在$(-\infty,+\infty)$内是非周期函数.

有些与符号有关的函数关系可借助符号函数来表示. 绝对值函数与符号函数具有如下关系：对于任何实数x，有

$$x=\operatorname{sgn}(x)\cdot|x| \quad 或 \quad |x|=\operatorname{sgn}(x)\cdot x,$$

这是因为

$$y=\operatorname{sgn}x=\begin{cases}1, & x>0,\\ 0, & x=0,\\ -1, & x<0\end{cases}=\begin{cases}\dfrac{x}{x}, & x>0,\\ 0, & x=0,\\ \dfrac{x}{-x}, & x<0.\end{cases}$$

所以当$x\neq 0$时，符号函数可等价地表示为

$$\operatorname{sgn} x = \frac{x}{|x|} = \frac{|x|}{x}.$$

在以后高等数学的学习中，我们将推知：**当 $x \neq 0$ 时，符号函数是绝对值函数的导数.**

符号函数既可用来说明某些概念间的关系，还可用于简化含有绝对值函数的积分计算以及某些微分方程的求解过程，同时在工程技术上也有着非常广泛的应用.

3）取整函数

设 x 为任一实数，称不超过 x 的最大整数为 x 的**取整函数**，记作

$$y = [x].$$

$[x]$的几何意义：$[x]$表示与 x 相邻的左边的整数点. 例如，$[3.1] = 3$，$[-1.4] = -2$.

取整函数的定义域为$(-\infty, +\infty)$，值域为整数集 $\mathbf{Z}$，其几何图形为如图 1.6.3 所示的呈阶梯形状的曲线，即取整函数的图形在 $x = n(n \in \mathbf{Z})$处发生跳跃，跳跃高度为 1. 在每一梯级上，左端点都可以达到，而右端点却达不到，所以取整函数也可用分段函数表示为

$$y = [x] = n, \quad n \leqslant x < n+1 \quad (n = 0, \pm 1, \pm 2, \cdots).$$

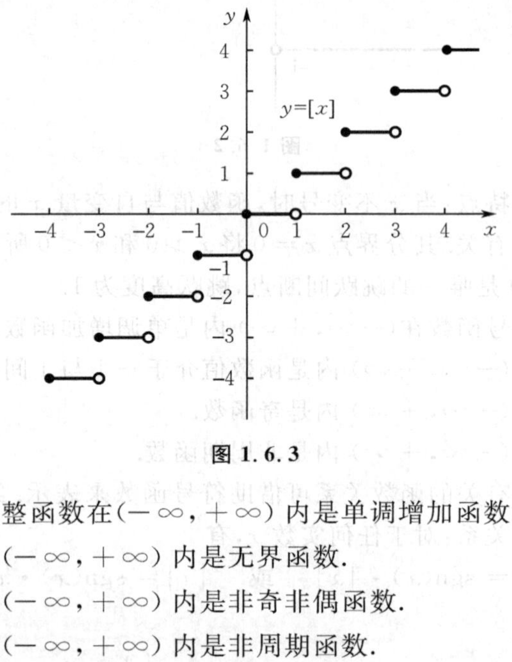

图 1.6.3

性质 3 取整函数在$(-\infty, +\infty)$内是单调增加函数.

取整函数在$(-\infty, +\infty)$内是无界函数.

取整函数在$(-\infty, +\infty)$内是非奇非偶函数.

取整函数在$(-\infty, +\infty)$内是非周期函数.

取整函数是一类将实数映射到相邻的整数上的函数，它与微积分有着紧密的联系，在科学和工程上也有着广泛的应用.

4）狄利克雷函数

狄利克雷(Dirichlet) 定义了如下函数(狄利克雷函数)：

$$D(x)=\begin{cases}1, & x\text{ 为有理数},\\ 0, & x\text{ 为无理数},\end{cases}$$

其定义域为$(-\infty,+\infty)$，值域为$\{0,1\}$.

例如，当 $x=-2,\frac{8}{7},\frac{4}{7}$ 时，$D(x)$ 为 1；当 $x=\sqrt{2},\pi,e$ 时，$D(x)$ 为 0.

虽然狄利克雷函数的图形画不出来，但可以对其进行直观的想象：有无数多个无理点稠密地分布在 x 轴上，也有无数多个有理点稠密地分布在直线 $y=1$ 上.

性质 4 狄利克雷函数在$(-\infty,+\infty)$内不是单调函数.

狄利克雷函数在$(-\infty,+\infty)$内是函数值介于 0 与 1 间的有界函数.

狄利克雷函数在$(-\infty,+\infty)$内是偶函数.

狄利克雷函数在$(-\infty,+\infty)$内是周期函数.

因为对于任意实数 x，$(x\pm$有理数$)$与 x 同为有理数或者同为无理数，所以任何正有理数都是狄利克雷函数的周期. 但因为不存在最小正有理数，所以狄利克雷函数在$(-\infty,+\infty)$内没有最小正周期.

狄利克雷函数看似有些“病态”，但它在数学上是一个特别的函数，它是说明函数在任意一点处极限不存在、不连续、不可导，以及函数在任何区间内都不可积的一个很好的例子.

以上给出了四个常用的分段函数，下面介绍一般的分段函数.

例 2 设函数

$$f(x)=\begin{cases}x+1, & x\leqslant 1,\\ x^3, & x>1.\end{cases}$$

(1) 求其定义域并作出函数图形，写出值域；

(2) 求函数值 $f(-1),f\left(\frac{1}{2}\right),f(3)$；

(3) 若 $f(a)=8$，求实数 a 的值.

解 (1) 函数的定义域

$$D_f=\{x\,|\,x\leqslant 1\}\cup\{x\,|\,x>1\}=(-\infty,+\infty).$$

按函数在定义域各子区间上的相应表达式分段作图，如图 1.6.4 所示，值域为 $R_f=(-\infty,+\infty)$.

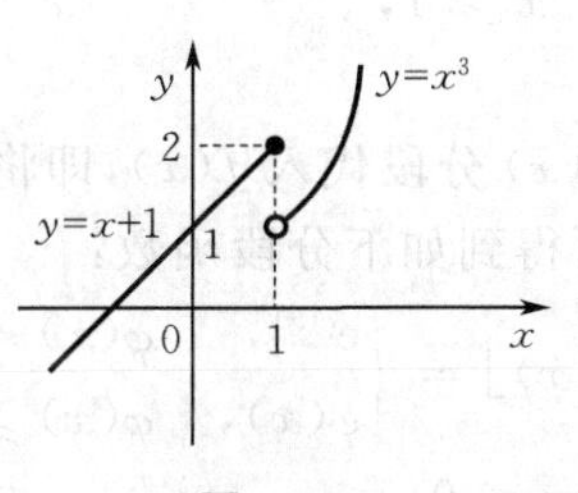

图 1.6.4

(2) 求分段函数的函数值时，首先应该考虑自变量取值所在的区间，然

后将自变量代入相应的表达式,故

$$f(-1)=-1+1=0,\quad f\left(\frac{1}{2}\right)=\frac{1}{2}+1=\frac{3}{2},\quad f(3)=3^3=27.$$

(3) 当 $x\leqslant 1$ 时,要使 $f(a)=a+1=8$,则需 $a=7$,不符合要求,舍去;当 $x>1$ 时,要使 $f(a)=a^3=8$,则需 $a=2$.

所以,当 $f(a)=8$ 时,有实数 $a=2$.

例 3　求函数 $y=f(x)=\begin{cases}-x, & -1\leqslant x\leqslant 0,\\ x+1, & 0<x\leqslant 1\end{cases}$ 的反函数 $f^{-1}(x)$.

解　如图 1.6.5 所示,函数在区间$[-1,1]$上不单调,但它存在反函数,下面进行求解.

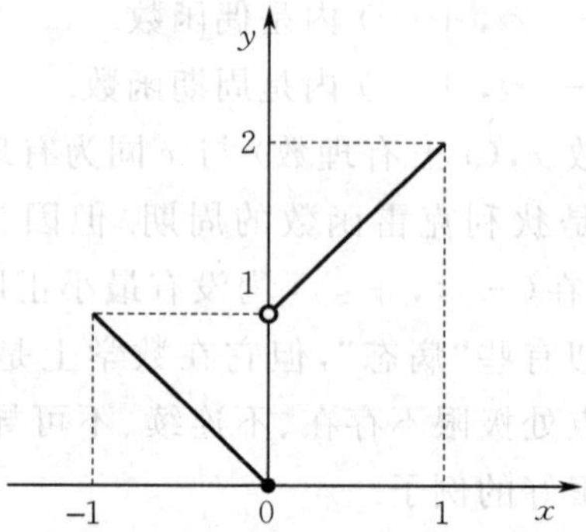

图 1.6.5

求分段函数的反函数,只需分别求出与各子区间相对应的函数的反函数及其自变量的取值范围,所以

$$x=f^{-1}(y)=\begin{cases}-y, & -1\leqslant -y\leqslant 0,\\ y-1, & 0<y-1\leqslant 1\end{cases}=\begin{cases}-y, & 0\leqslant y\leqslant 1,\\ y-1, & 1<y\leqslant 2.\end{cases}$$

将 x,y 互换,得所求反函数为

$$y=f^{-1}(x)=\begin{cases}-x, & 0\leqslant x\leqslant 1,\\ x-1, & 1<x\leqslant 2.\end{cases}$$

下面再来看看分段函数是如何复合的.

例 4　假设函数

$$f(x)=\begin{cases}e^x, & x<1,\\ x, & x\geqslant 1,\end{cases}\quad \varphi(x)=\begin{cases}x+2, & x<0,\\ x^2-1, & x\geqslant 0,\end{cases}$$

求 $f[\varphi(x)]$.

解　先将内层函数 $\varphi(x)$ 分段代入 $f(x)$,即将 $f(x)$ 中的自变量 x 用内层函数 $\varphi(x)$ 全部替换,可得到如下分段函数:

$$f[\varphi(x)]=\begin{cases}e^{\varphi(x)}, & \varphi(x)<1,\\ \varphi(x), & \varphi(x)\geqslant 1.\end{cases}$$

其中,$\varphi(x)=\begin{cases}x+2, & x<0,\\ x^2-1, & x\geqslant 0\end{cases}$ 是分为两段的分段函数,不能直接代入其表达式,需要结合其各分段表达式及相应定义域进行综合求解.

(1) 对函数 $f[\varphi(x)]$ 的第一段，要使 $\varphi(x)<1$，其自变量 x 有如下两种情形：

① 当 $x<0$ 时，$\varphi(x)=x+2<1$，即 $\begin{cases}x<0,\\x<-1,\end{cases}$ 解得 $x<-1$；

② 当 $x\geqslant 0$ 时，$\varphi(x)=x^2-1<1$，即 $\begin{cases}x\geqslant 0,\\x^2<2,\end{cases}$ 解得 $0\leqslant x<\sqrt{2}$.

(2) 对函数 $f[\varphi(x)]$ 的第二段，要使 $\varphi(x)\geqslant 1$，其自变量 x 有如下两种情形：

① 当 $x<0$ 时，$\varphi(x)=x+2\geqslant 1$，即 $\begin{cases}x<0,\\x\geqslant -1,\end{cases}$ 解得 $-1\leqslant x<0$；

② 当 $x\geqslant 0$ 时，$\varphi(x)=x^2-1\geqslant 1$，即 $\begin{cases}x\geqslant 0,\\x^2\geqslant 2,\end{cases}$ 解得 $x\geqslant\sqrt{2}$.

综上所述，$f[\varphi(x)]=\begin{cases}e^{x+2}, & x<-1,\\x+2, & -1\leqslant x<0,\\e^{x^2-1}, & 0\leqslant x<\sqrt{2},\\x^2-1, & x\geqslant\sqrt{2}.\end{cases}$

习题 1

1. 选择题.

(1) 图 1 中对应关系为 $f:A\to B$，则 f 是一个(　　).

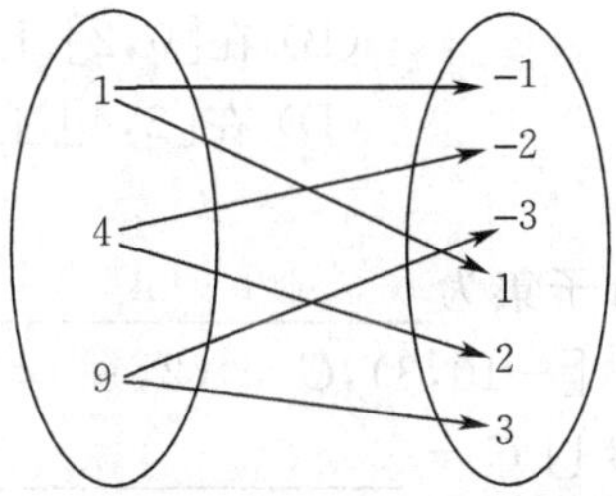

图 1

(A) 映射　　(B) 函数　　(C) 满射　　(D) 非满射

(2) 设 $f(x)$ 是以 $T(T>0)$ 为周期的函数，则 $f(ax)$ 是以(　　)为周期的函数.

(A) $\frac{T}{a}$　　(B) T　　(C) aT　　(D) nT

(3) 下列结论中，正确的是(　　).

(A) 对应法则相同但定义域不同的反函数是相同的

(B) 函数 $y=f(x-1)$ 与 $y=f^{-1}(x-1)$ 互为反函数

(C) 偶函数必无反函数，奇函数必有反函数

(D) 有反函数的函数不一定是其定义域上的单调函数

(4) 函数 $f(x)=x|x+a|+b$ 是奇函数的充要条件(将在 3.1 节介绍)是(　　).

(A)$ab=0$　(B)$a+b=0$　(C)$a^2+b^2=0$　(D)$a=b$

(5) 下列选项中,错误的是(　　).

(A)$\sin(\arcsin 1)=1$　(B)$\arcsin\frac{\sqrt{3}}{2}=\frac{\pi}{3}$

(C)$\arcsin\left(-\frac{1}{2}\right)=-\frac{\pi}{6}$　(D)$\arcsin\left(\sin\frac{5\pi}{6}\right)=\frac{5\pi}{6}$

(6) 狄利克雷函数 $D(x)=\begin{cases}1, & x\text{为有理数},\\0, & x\text{为无理数}\end{cases}$ 是(　　).

(A) 以实数为周期的周期函数　(B) 以有理数为周期的周期函数

(C) 以无理数为周期的周期函数　(D) 不是周期函数

(7) 下列选项中,正确的是(　　).

(A)$\operatorname{sgn}|x|=|\operatorname{sgn} x|$　(B)$\operatorname{sgn}|x|=\operatorname{sgn}[D(x)]$

(C)$D(\operatorname{sgn} x)=\operatorname{sgn}[D(x)]$　(D)$|\operatorname{sgn} x|=D(\operatorname{sgn} x)$

(8) 下列函数中,没有反函数的是(　　).

(A)$y=x^2-1,x<-\frac{1}{2}$　(B)$y=x^3+1,x\in\mathbf{R}$

(C)$y=\frac{x}{x-1},x\in\mathbf{R},x\neq 1$　(D)$y=\begin{cases}2x-2, & x\geqslant 2,\\-4x, & x<1\end{cases}$

(9) 设函数 $f(x)$ 在 $(-\infty,+\infty)$ 内单调增加,则下列函数中必定单调增加的是(　　).

(A)$f(x^2)$　(B)$f^2(x)$　(C)$\tan f(x)$　(D)$\arctan f(x)$

(10) 设函数 $f(x)=\begin{cases}1, & 0\leqslant x\leqslant 1,\\2, & 1<x\leqslant 2,\end{cases}$ 则 $g(x)=f(2x)+f(x-2)$(　　).

(A) 无意义　(B) 在$[0,2]$上有意义

(C) 在$[0,4]$上有意义　(D) 在$[2,4]$上有意义

2. 填空题.

(1) 集合 $A=\{1,2,3\}$ 的所有子集为________.

(2) 设 $A=(-\infty,-5)$,$B=[-10,3)$,$C=(2,+\infty)$,则 $A\cup B=$________,$A\cap B=$________,$A\cup B\cup C=$________,$A\backslash B=$________.

(3) 点 -1 的 2 邻域用区间表示为________.

(4) 函数 $y=\frac{1}{x}(x\neq 0)$ 的单调区间为________.

(5) 函数 $y=f(u)=\ln u,u\in(0,+\infty)$ 与函数 $u=\varphi(x)=-x^2,x\in\mathbf{R}$ 不能复合,是因为________.

(6) 当 k________时,函数 $f(x)=\frac{x+k}{kx^2+2kx+2}$ 的定义域是$(-\infty,+\infty)$.

(7) 函数 $y=3x^2-x^3$ 是________(填“奇”“偶”或“非奇非偶”)函数.

(8) 函数 $y=\cos(x-2)$________(填“是”或“不是”)周期函数,若是周期函数,其周期为________.

(9) 已知函数 $f(x)=\sin x$,$f[\varphi(x)]=1-x^2$,则 $\varphi(x)=$________,其定义域为________.

(10) 函数 $y=\sqrt[3]{\tan(\cos e^{2x})}$ 可以看作由________，________，________，________ 和________ 复合而成.

3. 设 $A=\{1,2,3,m\}$，$B=\{4,7,n^4,n^2+3n\}$，对应法则 $f:a\to b=pa+q$ 是从 A 到 B 的一一映射. 已知 m,n 均为正整数，且 1 的像是 4，7 的原像是 2，求 p,q,m,n 的值.

4. 求下列函数的定义域，并画出(3) ～ (6) 的函数图形.

(1) $y=\dfrac{1}{x}-\sqrt{1-x^2}$；　(2) $y=\dfrac{\lg(3-x)}{\sin x}+\sqrt{5+4x-x^2}$；

(3) $f(x)=\begin{cases}1, & x\neq 0,\\ 0, & x=0;\end{cases}$　(4) $f(x)=\begin{cases}x, & x>1,\\ 1-x, & |x|\leqslant 1;\end{cases}$

(5) $f(x)=\begin{cases}\sqrt{1-x^2}, & |x|\leqslant 1,\\ x-1, & 1<|x|<2;\end{cases}$　(6) $f(x)=\begin{cases}\sqrt{4-x^2}, & |x|<2,\\ x^2-1, & 2\leqslant |x|<4.\end{cases}$

5. 下列各题中的函数是否相同？为什么？

(1) $y=x$ 与 $y=\sqrt{x}$；　(2) $f(x)=x+\sqrt{2-x}$ 与 $g(u)=u+\sqrt{2-u}$；

(3) $f(x)=\dfrac{x^2-x}{x-1}$ 与 $g(x)=x$；　(4) $f(x)=\dfrac{|x|}{x}$ 与 $g(x)=\begin{cases}1, & x\geqslant 0,\\ -1, & x<0.\end{cases}$

6. 讨论下列函数在其指定区间内的有界性：

(1) $f(x)=\dfrac{x}{1+x^2}, x\in(-\infty,+\infty)$；(2) $f(x)=x\sin x, x\in(0,+\infty)$；

(3) $f(x)=\dfrac{1}{x}, x\in(-\infty,+\infty)$.

7. 试求下列函数在指定区间内的单调性.

(1) $y=\dfrac{x}{1-x}, x\in(-\infty,1)$；　(2) $y=x+\ln x, x\in(0,+\infty)$；

(3) $f(x)=\dfrac{ax}{x^2-1}(a\neq 0), x\in(-1,1)$.

8. 下列函数中，哪些是偶函数，哪些是奇函数，哪些既非偶函数又非奇函数？

(1) $y=\dfrac{a^x+a^{-x}}{2}$；　(2) $y=\ln\dfrac{1+x}{1-x}$；

(3) $y=\log_a(x+\sqrt{1+x^2})(a>0,\ a\neq 1)$；

(4) $f(x)=\begin{cases}1-x, & x<0,\\ 1+x, & x\geqslant 0;\end{cases}$

(5) $f(x)=F(x)\left(\dfrac{1}{a^x-1}+\dfrac{1}{2}\right)$，其中 $a>0, a\neq 1$，设函数 $F(x)$ 是奇函数.

9. 已知函数 $f(x)$ 在 $(-a,a)$ 内的奇偶性和 $f(x)$ 在 $(-a,0)$ 内的单调性，试说明 $f(x)$ 在 $(-a,0)$ 内的单调性.

10. 设下面所考虑的函数都是定义在区间 $(-a,a)$ 内的，证明：

(1) 两个偶函数的和是偶函数，两个奇函数的和是奇函数；

(2) 两个偶函数的乘积是偶函数，两个奇函数的乘积是偶函数，偶函数与奇函数的乘积是奇函数；

(3) 任意函数都可以写成一个奇函数与一个偶函数的和.

11. 下列函数中哪些是周期函数？对于周期函数，指出其周期.

(1) $y=\sin\frac{2}{3}x$； (2) $y=1+\sin\pi x$；

(3) $y=x\sin^2 x$； (4) $y=|\cos 3x|$；

(5) $y=\tan|x|$.

12. 讨论函数 $f(x)=xe^{\sin x}\cos x$ 在 $\mathbf{R}$ 上的有界性、单调性、周期性和奇偶性，并说明理由.

13. 下列各题中，哪些函数可以复合成函数 $f[g(x)]$，哪些函数不可以复合？并说明理由.

(1) $f(x)=\sqrt{x}$，$g(x)=\sin x-2$； (2) $f(x)=\sqrt{x}$，$g(x)=\ln\frac{1}{1+x^2}$；

(3) $f(x)=\ln(1-x)$，$g(x)=\sin x$； (4) $f(x)=x^2$，$g(x)=e^x$.

14. 求解下列各题中的函数.

(1) 设函数 $f(x^2+1)=x^4+1$，求 $f(e^x)$；

(2) 设函数 $f(x)$ 满足 $2f(x)+f(1-x)=e^x$，求 $f(x)$；

(3) 设函数 $f\left(\sin x+\frac{1}{\sin x}\right)=\csc^2 x-\cos^2 x$，求 $f(x)$；

(4) 设函数 $f(x)=\frac{x}{\sqrt{1+x^2}}$，求 $f_n(x)=\underbrace{f[f\cdots f(x)]}_{n}$，其中 n 为自然数；

(5) 设函数

$$f(x)=\begin{cases}1, & |x|<1,\\ 0, & |x|=1,\\ -1, & |x|>1,\end{cases}\quad g(x)=e^x,$$

求 $f[g(x)]$ 和 $g[f(x)]$.

15. 求解下列各题.

(1) 已知函数 $f(x)=2x+\ln x$，求 $f^{-1}(2)$；

(2) 已知函数 $f(x)=\frac{2^x}{2^x+1}$，求 $f^{-1}(x)$；

(3) 已知函数 $f_1(x)=(x-1)^2+1\ (x\leqslant 0)$，$f_2(x)=(x-1)^2+1\ (x>1)$，求 $f_1^{-1}(x)$，$f_2^{-1}(x)$；

(4) 若点(1,2)既在函数 $f(x)=\sqrt{ax+b}$ 的图形上，又在其反函数的图形上，求 $f^{-1}(4)$；

(5) 已知函数 $f(x)$ 的定义域为$[-1,1]$，值域为$[-3,3]$，其反函数为 $f^{-1}(x)$，求 $f^{-1}(3x-2)$ 的定义域和值域；

(6) 已知 $f(x)$ 与 $g(x)$ 互为反函数，求 $f\left[\frac{1}{2}g(3x)\right]$的反函数；

(7) 已知 $f(x)$ 是定义在 $\mathbf{R}$ 上的函数，它的反函数为 $f^{-1}(x)$. 若 $f^{-1}(x+a)$ 与 $f(x+a)$ 互为反函数且 $f(a)=a$（a 为非零常数），求 $f(2a)$ 的值；

(8) 设函数 $f(x)$ 是单调增加函数，$f^{-1}(x)$ 是其反函数，x_1 是方程 $f(x)+x=a$ 的根，x_2 是方程 $f^{-1}(x)+x=a$ 的根，求 x_1+x_2 的值；

(9) 求函数 $f(x)=\begin{cases}\frac{x}{2}, & -2<x<1,\\ x^2, & 1\leqslant x\leqslant 2,\\ 2^x, & 2<x\leqslant 4\end{cases}$ 的反函数；

(10) 求函数 $f(x)=\begin{cases}2x-1, & 0<x\leqslant 1,\\ 2-(x-2)^2, & 1<x\leqslant 2\end{cases}$ 的反函数.

16. 选择反函数的性质 1 ～ 4 中的一个性质进行证明.

17. 求解下列各题.

(1) 求函数 $y=\arcsin x+\arctan x$ 的定义域和值域；

(2) 计算 $\tan\left[\arccos\left(-\frac{\sqrt{2}}{2}\right)-\operatorname{arccot}\frac{\sqrt{3}}{3}\right]$；

(3) 已知 $\cos 2\alpha=\frac{7}{25}$，$\alpha\in\left[0,\frac{\pi}{2}\right]$；$\sin\beta=-\frac{5}{13}$，$\beta\in\left[\pi,\frac{3\pi}{2}\right]$，求 $\alpha+\beta$ 的值；

(4) 一个直角三角形三个内角的正弦值成等比数列，其最小内角为多少？

18. 证明下列各题.

(1) $\arccos(-x)=\pi-\arccos x, x\in[-1,1]$；

(2) $\arcsin x+\arccos x=\frac{\pi}{2}, x\in[-1,1]$；

(3) $\sin(\arccos x)=\sqrt{1-x^2}, x\in[-1,1]$；

(4) $\sin(\arctan x)=\frac{x}{\sqrt{1+x^2}}, x\in(-\infty,+\infty)$.

类比上述结论，还能给出更多关于反三角函数的关系式吗？

19. 判断下列表达式在给定范围内能否确定 y 是 x 的一个函数.

(1) $xy+y-1=0$ 在 $(-\infty,-1)\cup(-1,+\infty)$ 内；

(2) $x=y^2$ 在 $(-\infty,+\infty)$ 内.

20. 请列举 1 ～ 2 个生活中遇到的分段函数.

第二章

初 等 函 数

中学阶段学习的常值函数、幂函数、指数函数、对数函数、三角函数以及第一章学习的反三角函数统称为基本初等函数，本章将在此基础上讨论初等函数．初等函数是分析学中最常见的函数，是高等数学进行理论探讨和实际应用的基本工具．

本章首先回顾基本初等函数及其性质，然后介绍初等函数及其应用，最后介绍不等式的运算．

2.1 基本初等函数及其性质

在高等数学中，基本初等函数不仅可以用来描述和研究各种变化的规律，还被广泛应用于极限、导数、微分、积分等各个方面. 下面分别介绍各类基本初等函数.

1. 常值函数

如果对于任意 $x \in D_f$，相应的函数值 $f(x)$ 都恒等于一个常数 C，即

$$f(x) = C, \quad x \in D_f,$$

则称这个函数为定义在 D_f 上的**常值函数**. 特别地，定义在 $(-\infty, +\infty)$ 内的常值函数的图形是平面上与 x 轴平行或重合的一条直线.

2. 幂函数

形如 $y = x^\alpha(\alpha \in \mathbf{R}$，且 $\alpha \neq 0)$ 的函数称为**幂函数**.

幂函数具有如下的性质.

(1) 幂函数的定义域：随着 α 的不同，幂函数的定义域不尽相同，但无论 α 为何值，幂函数在 $(0, +\infty)$ 内都有定义. 特别地，当 α 为无理数时，常以 $y = x^\alpha = e^{\alpha \ln x}$ 作为 x^α 的定义，其定义域为 $(0, +\infty)$.

(2) 当 α 取不同值时，幂函数在第一象限内的图形如图 2.1.1 所示，无论 α 为何值，幂函数的图形都经过点(1,1).

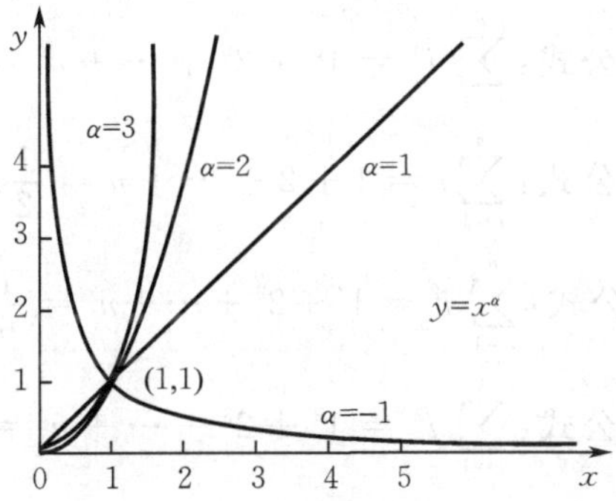

图 2.1.1

(3) 单调性：当 $\alpha > 0$ 时，$y = x^\alpha$ 在第一象限内是单调增加函数；当 $\alpha < 0$ 时，$y = x^\alpha$ 在第一象限内是单调减少函数.

(4) 奇偶性：当 α 为奇数时，幂函数为奇函数；当 α 为偶数时，幂函数为偶函数.

需说明的是，在数学学习中，遇到指数为分数的情形时，常将幂函数转换成根式形式，如 $x^{\frac{3}{2}} = \sqrt{x^3}$；遇到指数为负数的情形时，常将幂函数转换成分式形式，如 $x^{-\frac{2}{3}} = \frac{1}{\sqrt[3]{x^2}}$. 关于根式运算，读者需掌握和区分以下两条性质.

(1) $(\sqrt[n]{a})^n = a(n > 1, n \in \mathbf{N}_+)$，其中当 n 为偶数时，a 为非负数；当 n 为奇数时，a 为实数.

(2) $\sqrt[n]{a^n} = \begin{cases} a, & n\text{ 为奇数}, \\ |a|, & n\text{ 为偶数}. \end{cases}$

为了便于读者学习，下面将自然数指数幂函数 $y = x^n (n \in \mathbf{N})$（规定 $x^0 = 1, x \neq 0$）所满足的部分等式运算性质列举如下.

(1)n 次方和与差公式.

$$a^n + b^n = (a+b)(a^{n-1} - a^{n-2}b + a^{n-3}b^2 - a^{n-4}b^3 + \cdots - ab^{n-2} + b^{n-1}) \quad (n \in \mathbf{N}_+\text{ 且为奇数}).$$

$$a^n - b^n = (a-b)(a^{n-1} + a^{n-2}b + a^{n-3}b^2 + a^{n-4}b^3 + \cdots + ab^{n-2} + b^{n-1}) \quad (n \in \mathbf{N}_+).$$

读者熟悉的立方和与立方差公式、平方差公式就是上述公式的特殊情形.

(2) 二项展开式.

$$(a+b)^n = \mathrm{C}_n^0 a^n b^0 + \mathrm{C}_n^1 a^{n-1} b^1 + \mathrm{C}_n^2 a^{n-2} b^2 + \cdots + \mathrm{C}_n^n a^0 b^n.$$

上述公式的证明详见本书 3.4.2 节，其中的组合数计算方法详见本书 3.4.1 节. 读者熟悉的完全立方和与完全平方和公式就是上述公式的特殊情形.

(3) 求和公式.

0 次方和的求和公式：$\sum\limits_{i=1}^{n} i^0 = 1^0 + 2^0 + \cdots + n^0 = n$；

1 次方和的求和公式：$\sum\limits_{i=1}^{n} i = 1 + 2 + \cdots + n = \dfrac{1}{2}n(n+1)$；

2 次方和的求和公式：$\sum\limits_{i=1}^{n} i^2 = 1^2 + 2^2 + \cdots + n^2 = \dfrac{1}{6}n(n+1)(2n+1)$；

3 次方和的求和公式：$\sum\limits_{i=1}^{n} i^3 = 1^3 + 2^3 + \cdots + n^3 = \left[\dfrac{1}{2}n(n+1)\right]^2 = (1 + 2 + \cdots + n)^2$.

上述公式中的“$\sum\limits_{i=1}^{n} a_i$”表示 n 项 $a_i (i = 1, 2, \cdots, n)$ 求和，它们的证明将在本书 3.3 节与习题 3 中给出.

3. 指数函数

形如 $y = a^x (a > 0$，且 $a \neq 1)$ 的函数称为**指数函数**，其定义域为 $(-\infty, +\infty)$，值域为 $(0, +\infty)$.

因为对任意实数 x，总有 $a^x > 0$，且 $a^0 = 1$，所以指数函数的图形总在 x 轴的上方，且通过点 $(0,1)$，如图 2.1.2 所示. 当 $a > 1$ 时，指数函数 $y = a^x$ 单调增加；当 $0 < a < 1$ 时，指数函数 $y = a^x$ 单调减少.

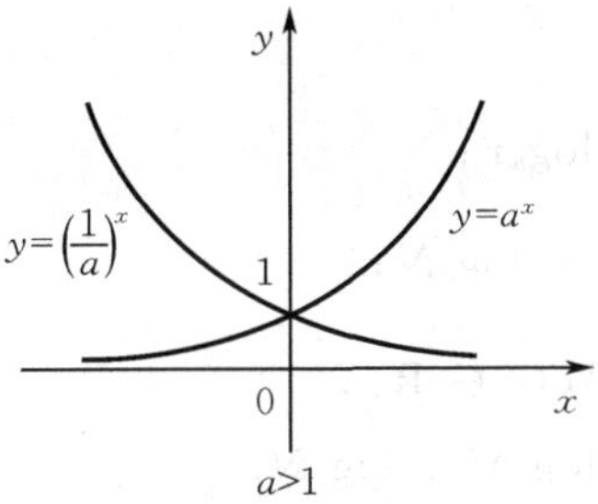

图 2.1.2

在高等数学中,常用到以 e 为底的指数函数 $y=e^x$,其中 e 是无理数,$e\approx 2.718\ 28$.

设 r,s 均为实数,指数函数具有如下运算性质.

(1) $a^r\cdot a^s=a^{r+s}$; (2) $\dfrac{a^r}{a^s}=a^{r-s}$;

(3) $(ab)^r=a^rb^r$; (4) $(a^r)^s=a^{rs}$.

例 1 化简 $\dfrac{1-x^{-1}}{x^{\frac{1}{2}}-x^{-\frac{1}{2}}}-\dfrac{1+x^{-\frac{1}{2}}}{1+x^{\frac{1}{2}}}$.

解 原式 $=\dfrac{1-x^{-1}}{x^{\frac{1}{2}}(1-x^{-1})}-\dfrac{1+x^{-\frac{1}{2}}}{x^{\frac{1}{2}}(x^{-\frac{1}{2}}+1)}=\dfrac{1}{x^{\frac{1}{2}}}-\dfrac{1}{x^{\frac{1}{2}}}=0$.

4. 对数函数

形如 $y=\log_a x\ (a>0$,且 $a\neq 1)$ 的函数称为**对数函数**,其定义域为 $(0,+\infty)$,值域为 $(-\infty,+\infty)$.

对数函数与指数函数互为反函数. 对数函数的图形通过点(1,0),如图 2.1.3 所示. 当 $a>1$ 时,对数函数 $y=\log_a x$ 单调增加;当 $0<a<1$ 时,对数函数 $y=\log_a x$ 单调减少.

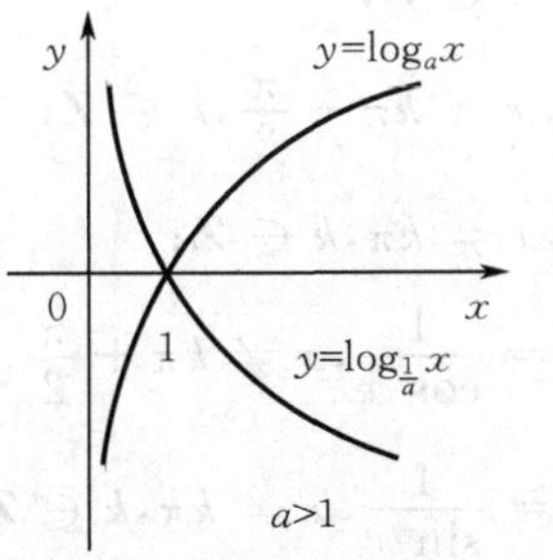

图 2.1.3

特别地,当 $a=10$ 时,对数函数 $y=\log_{10}x=\lg x$,称为**常用对数函数**;当 $a=e$ 时,对数函数 $y=\log_e x=\ln x$,称为**自然对数函数**.

设 $M,N,a,b>0$ 且 $a,b\neq 1$,对数函数具有如下运算性质.

(1)$\log_a b = \dfrac{1}{\log_b a}$；

(2)$\log_a x = \log_a b \cdot \log_b x$；

(3)$\log_a \dfrac{M}{N} = \log_a M - \log_a N$；

(4)$\log_a M^c = c\log_a M(c \in \mathbf{R})$；

(5)$\log_a (M \cdot N) = \log_a M + \log_a N$.

运算性质(5) 可以推广到有限多个真数的情况，即

$$\log_a (M_1 M_2 \cdots M_n) = \log_a M_1 + \log_a M_2 + \cdots + \log_a M_n,$$

其中$M_i > 0, i = 1, 2, \cdots, n$.

例 2 设 $n, m \in \mathbf{R}, a, b > 0$，且 $a \neq 1$，证明：$\log_{a^n} b^m = \dfrac{m}{n}\log_a b$. 利用该结论计算 $\log_{16} \sqrt[5]{2}$.

证 由换底公式 $\log_a M = \dfrac{\log_b M}{\log_b a}$，得

$$\log_{a^n} b^m = \frac{\log_a b^m}{\log_a a^n} = \frac{1}{n}\log_a b^m = \frac{m}{n}\log_a b.$$

于是 $\log_{16} \sqrt[5]{2} = \log_{2^4} 2^{\frac{1}{5}} = \dfrac{\frac{1}{5}}{4}\log_2 2 = \dfrac{1}{20}$.

5. 三角函数

三角函数在数学和其他领域中具有重要的作用. 它是描述周期现象的重要数学模型，自然界中有很多现象都可用三角函数来描述，如简谐振动、交流电等. 三角函数包括：

正弦函数 $y = \sin x, x \in \mathbf{R}$;

余弦函数 $y = \cos x, x \in \mathbf{R}$;

正切函数 $y = \tan x, x \neq k\pi + \dfrac{\pi}{2}, k \in \mathbf{Z}$;

余切函数 $y = \cot x, x \neq k\pi, k \in \mathbf{Z}$;

正割函数 $y = \sec x = \dfrac{1}{\cos x}, x \neq k\pi + \dfrac{\pi}{2}, k \in \mathbf{Z}$;

余割函数 $y = \csc x = \dfrac{1}{\sin x}, x \neq k\pi, k \in \mathbf{Z}$.

函数 $y = \sin x$ 与 $y = \cos x$ 的值域均为$[-1,1]$，都是以 2π 为周期的周期函数；$y = \sin x$ 是奇函数，$y = \cos x$ 是偶函数，其图形如图 2.1.4 所示.

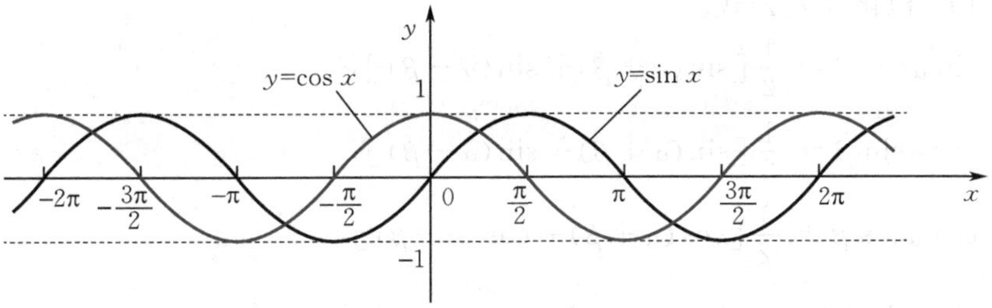

图 2.1.4

$y=\tan x$ 和 $y=\cot x$ 均是奇函数,都是以 π 为周期的周期函数,并且在其定义域内都是无界函数,其图形分别如图 2.1.5(a) 和图 2.1.5(b) 所示.

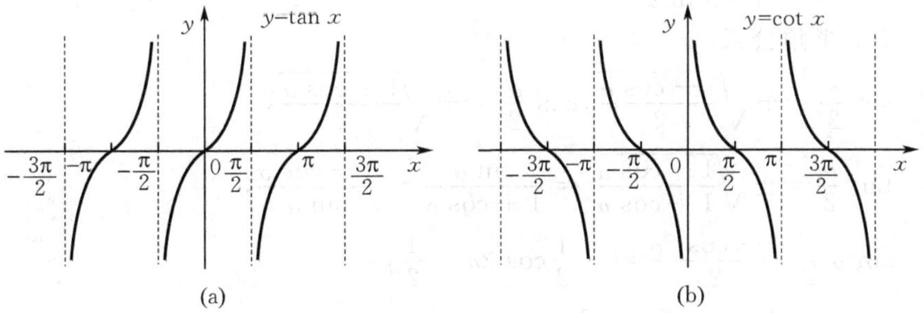

图 2.1.5

高等数学中常常用到三角函数的如下性质.

(1) 同角三角函数基本关系式.

倒数关系式:$\sec x=\dfrac{1}{\cos x}$,$\csc x=\dfrac{1}{\sin x}$,$\cot x=\dfrac{1}{\tan x}$;

商数关系式:$\tan x=\dfrac{\sin x}{\cos x}$,$\cot x=\dfrac{\cos x}{\sin x}$;

平方关系式:$\cos^2 x+\sin^2 x=1$,$1+\tan^2 x=\sec^2 x$,$1+\cot^2 x=\csc^2 x$.

(2) 两角和与差公式.

$\sin(\alpha\pm\beta)=\sin\alpha\cos\beta\pm\cos\alpha\sin\beta$,

$\cos(\alpha\pm\beta)=\cos\alpha\cos\beta\mp\sin\alpha\sin\beta$,

$\tan(\alpha\pm\beta)=\dfrac{\tan\alpha\pm\tan\beta}{1\mp\tan\alpha\tan\beta}$.

(3) 和差化积公式.

$\sin\alpha+\sin\beta=2\sin\dfrac{\alpha+\beta}{2}\cos\dfrac{\alpha-\beta}{2}$,

$\sin\alpha-\sin\beta=2\cos\dfrac{\alpha+\beta}{2}\sin\dfrac{\alpha-\beta}{2}$,

$\cos\alpha+\cos\beta=2\cos\dfrac{\alpha+\beta}{2}\cos\dfrac{\alpha-\beta}{2}$,

$\cos\alpha-\cos\beta=-2\sin\dfrac{\alpha+\beta}{2}\sin\dfrac{\alpha-\beta}{2}$.

(4) 积化和差公式.

$$\sin\alpha\cos\beta=\frac{1}{2}[\sin(\alpha+\beta)+\sin(\alpha-\beta)],$$

$$\cos\alpha\sin\beta=\frac{1}{2}[\sin(\alpha+\beta)-\sin(\alpha-\beta)],$$

$$\cos\alpha\cos\beta=\frac{1}{2}[\cos(\alpha+\beta)+\cos(\alpha-\beta)],$$

$$\sin\alpha\sin\beta=-\frac{1}{2}[\cos(\alpha+\beta)-\cos(\alpha-\beta)].$$

(5) 二倍角公式.

$$\sin 2\alpha=2\sin\alpha\cos\alpha,$$

$$\cos 2\alpha=\cos^2\alpha-\sin^2\alpha=1-2\sin^2\alpha=2\cos^2\alpha-1,$$

$$\tan 2\alpha=\frac{2\tan\alpha}{1-\tan^2\alpha}.$$

(6) 半角公式.

$$\sin\frac{\alpha}{2}=\pm\sqrt{\frac{1-\cos\alpha}{2}},\cos\frac{\alpha}{2}=\pm\sqrt{\frac{1+\cos\alpha}{2}},$$

$$\tan\frac{\alpha}{2}=\pm\sqrt{\frac{1-\cos\alpha}{1+\cos\alpha}}=\frac{\sin\alpha}{1+\cos\alpha}=\frac{1-\cos\alpha}{\sin\alpha},$$

$$\sin^2\alpha=\frac{1-\cos 2\alpha}{2}=-\frac{1}{2}\cos 2\alpha+\frac{1}{2},$$

$$\cos^2\alpha=\frac{1+\cos 2\alpha}{2}=\frac{1}{2}\cos 2\alpha+\frac{1}{2}.$$

注 利用三角函数的定义容易验证同角三角函数基本关系式(1),在本书 5.4 节将详细证明并应用公式(2) ~ (6).

6. 反三角函数

由于反三角函数已在本书 1.5.3 节进行了详细介绍,所以下面仅给出其解析式与几何图形.

反正弦函数 $y=\arcsin x$,如图 2.1.6(a) 所示.其定义域为$[-1,1]$,值域为$\left[-\frac{\pi}{2},\frac{\pi}{2}\right]$.

反余弦函数 $y=\arccos x$,如图 2.1.6(b) 所示.其定义域为$[-1,1]$,值域为$[0,\pi]$.

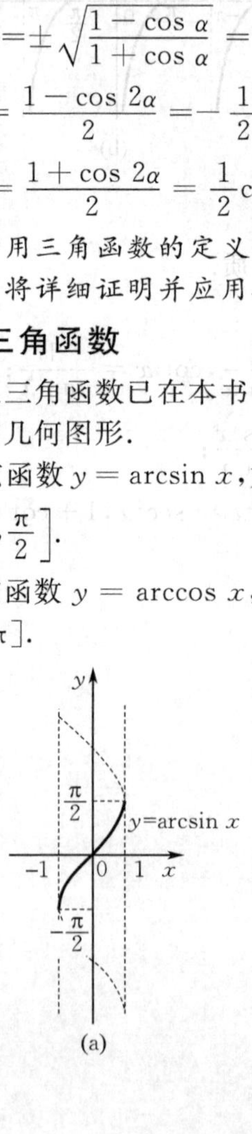

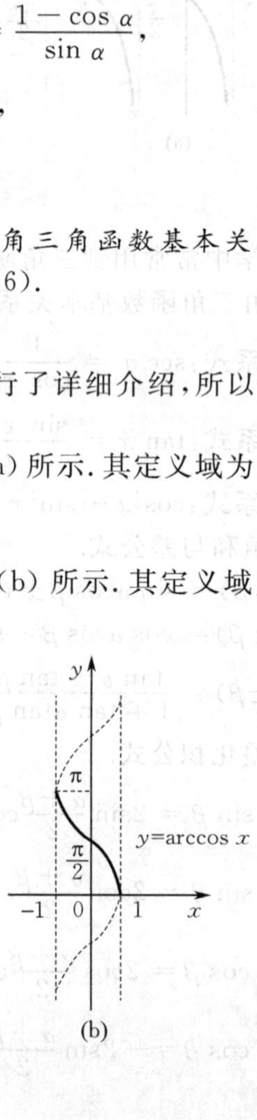

图 2.1.6

反正切函数 $y=\arctan x$,如图 2.1.7(a) 所示.其定义域为$(-\infty,+\infty)$,值域为$\left(-\frac{\pi}{2},\frac{\pi}{2}\right)$.

反余切函数 $y=\operatorname{arccot} x$,如图 2.1.7(b) 所示.其定义域为$(-\infty,+\infty)$,值域为$(0,\pi)$.

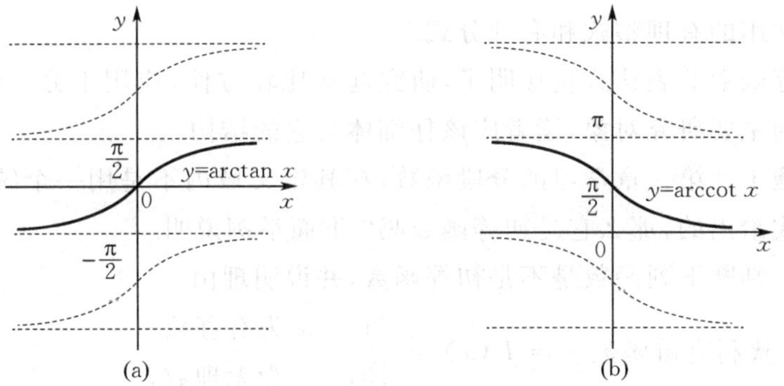

图 2.1.7

注　关于基本初等函数,读者应熟练掌握它们的定义域、解析表达式、图形及单调性、有界性、奇偶性和周期性等.

2.2　初等函数的概念

2.2.1　初等函数的定义

定义 1　如果一个函数由基本初等函数经过有限次四则运算和有限次复合运算得到,并且在其定义域内可用一个数学表达式给出,那么称其为**初等函数**;否则,称为**非初等函数**.

例如,$y=e^{x^2-1}$,$y=\arcsin x^2+\log_2 3x$ 和 $y=|x|$ 都是初等函数,但 $y=\operatorname{sgn} x$ 和 $y=\sin x+\sin 2x+\cdots+\sin nx+\cdots$ 以及用表格表示的函数等都不是初等函数.在掌握了积分和级数的工具后,还会看到一些很有用的非初等函数.

初等函数包括代数函数和超越函数.**代数函数**是指只包含常数与自变量相互之间有限次的加、减、乘、除、乘方(有理指数幂)和开方六种运算的函数.**超越函数**与代数函数相反,是指变量之间的关系不能用有限次加、减、乘、除、乘方和开方运算表示的函数.例如,三角函数、指数函数、对数函数、反三角函数等就属于超越函数.

称对变量字母与数仅限于有限次加、减、乘、乘方运算的代数式为**多项式**.多项式函数是一类特殊而又重要的代数函数.例如,x 的**一元 n 次多项式函数**为

$$f(x)=a_n x^n+a_{n-1}x^{n-1}+\cdots+a_1 x+a_0 \quad (a_n\neq 0).\qquad (2.2.1)$$

代数函数包括有理函数和无理函数.称实系数多项式(2.2.1)为**整有理函数**,称两个整有理函数之比为**分式有理函数**.整有理函数和分式有理函数统称**有理函数**.对应法则中含对自变量的开方运算的代数函数称为**无理函数**.

由上述定义可知,有理函数是通过多项式的加、减、乘、除得到的函数,它包括常用的有理整式和有理分式.

初等函数的表达式直接明了,研究起来比较方便,应用十分广泛,是高等数学的主要研究对象,读者应该仔细体会它的结构.

问题 1 第一章学习的分段函数,在其定义域内不是用一个统一的数学表达式给出的,那么它是初等函数吗?下面举例说明.

例 判断下列函数是不是初等函数,并说明理由.

(1) 狄利克雷函数 $y=D(x)=\begin{cases}1, & x\text{为有理数},\\ 0, & x\text{为无理数};\end{cases}$

(2) $f(x)=\begin{cases}-1, & x<0,\\ 1, & x>0;\end{cases}$ (3) $f(x)=\begin{cases}x, & 0\leqslant x\leqslant 2,\\ 4-x, & 2<x\leqslant 4.\end{cases}$

解 (1) 因为犹利克雷函数在其定义域内分成了两段,不能由基本初等函数经过有限次四则运算或复合运算得到一个统一的数学表达式,所以它不是初等函数.

(2) 因为 $f(x)=\begin{cases}-1, & x<0,\\ 1, & x>0\end{cases}=\dfrac{|x|}{x}(x\neq 0)=\dfrac{\sqrt{x^2}}{x}(x\neq 0)$,所以函数可以用一个数学表达式表示,故它是初等函数.

(3) 因为在$[0,4]$上,

$$f(x)=\begin{cases}x, & 0\leqslant x\leqslant 2,\\ 4-x, & 2<x\leqslant 4\end{cases}=\begin{cases}2-[-(x-2)], & 0\leqslant x\leqslant 2,\\ 2-(x-2), & 2<x\leqslant 4\end{cases}$$

$$=2-|x-2|=2-\sqrt{(x-2)^2},$$

所以它是初等函数.

由上例可知,虽然分段函数不一定是初等函数,但在其定义域的每个子区间上对应的表达式都是初等函数,所以仍然可以利用初等函数来研究分段函数.

2.2.2 幂指函数

问题 2 形如$(\cos x)^x$,$(1+x)^{\frac{1}{x}}$的函数是初等函数吗?

定义 2 若 $f(x)$,$g(x)$ 都是初等函数,且 $f(x)>0$,则称形如$[f(x)]^{g(x)}$的函数为**幂指函数**.

幂指函数是高等数学中经常讨论的一类函数,它既像幂函数又像指数函数,但它既不是幂函数也不是指数函数,因为它的底数和指数都含有自

变量 x. 利用恒等式(1.5.7),幂指函数 $[f(x)]^{g(x)}$ 可作如下恒等变形：

$$[f(x)]^{g(x)} = e^{g(x)\cdot\ln f(x)}. \tag{2.2.2}$$

可见,幂指函数是初等函数,所以函数

$$(\cos x)^x = e^{x\cdot\ln\cos x} \quad \left(x \in \left[2k\pi - \frac{\pi}{2}, 2k\pi + \frac{\pi}{2}\right], k \in \mathbf{Z}\right),$$

$$(1+x)^{\frac{1}{x}} = e^{\frac{1}{x}\ln(1+x)} \quad (x > -1, x \neq 0)$$

都是初等函数.

注 在高等数学中,当讨论幂指函数的极限、连续、求导等问题时,通常先将其变形为(2.2.2)式的形式,再根据复合函数的极限运算法则、连续运算法则和求导法则获得相应的结论.

请读者思考:两个非初等函数的复合函数仍然是非初等函数吗?

2.3 其他常用函数

函数是现代科学和工程技术中不可或缺的工具,被广泛应用于各个领域,为人类社会的发展做出了重要贡献. 小到日常生活中的出行、购物、娱乐等,大到进行科学研究、社会研究、经济决策以及市场分析等,都需要用到函数. 例如,函数在计算机科学中用于编写程序和算法,实现各种计算任务;在数据分析和统计学中常用于描述数据之间的关系,进行数据转换,以及计算平均值、标准差和相关系数等常用统计指标;在机器学习算法中用于定义神经网络的激活函数等模型,有助于模型去逼近复杂的数据关系. 函数在自然科学研究中也有很重要的作用,常用于描述物理系统的行为与动力学、计算物理量、描述化学反应等. 函数广泛应用于工程学中,常用于计算力学、电子电路相关量,以及进行信号处理等. 函数在金融学中用于描述金融市场中的各种关系,也常用于计算利率、复利、折旧以及处理财务报表等.

为了后续高等数学的学习,本节主要列举工程技术、经济学、医药学等领域的几个常用函数模型.

2.3.1 工程技术中常用的函数

工程技术中常遇到由以 e 为底的指数函数 $y = e^x$ 与 $y = e^{-x}$ 经过四则运算所得到的**双曲函数**,具体如下.

双曲正弦函数:$\operatorname{sh} x = \dfrac{e^x - e^{-x}}{2} (x \in \mathbf{R})$.

双曲余弦函数:$\operatorname{ch} x = \dfrac{e^x + e^{-x}}{2} (x \in \mathbf{R})$.

双曲正切函数:$\operatorname{th} x = \dfrac{\operatorname{sh} x}{\operatorname{ch} x} = \dfrac{e^x - e^{-x}}{e^x + e^{-x}} (x \in \mathbf{R})$.

利用 $y=\frac{1}{2}e^{x}$ 和 $y=\frac{1}{2}e^{-x}$ 的图形可作出双曲正弦函数和双曲余弦函数的图形，如图 2.3.1 所示. 利用 $y=\operatorname{th}x=\frac{e^{x}-e^{-x}}{e^{x}+e^{-x}}=\frac{1-e^{-2x}}{1+e^{-2x}}$ 可作出双曲正切函数的图形，如图 2.3.2 所示.

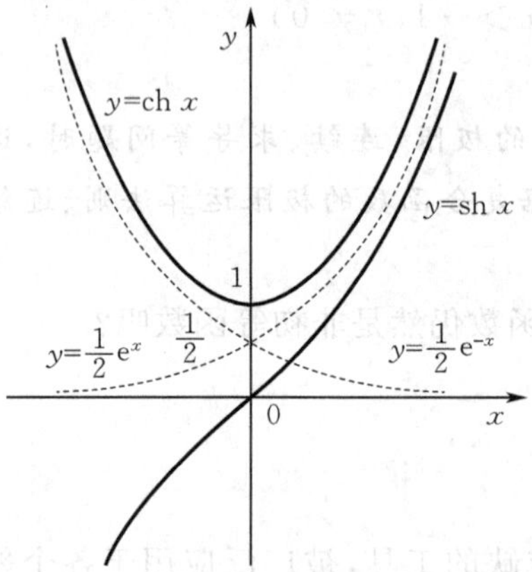

图 2.3.1

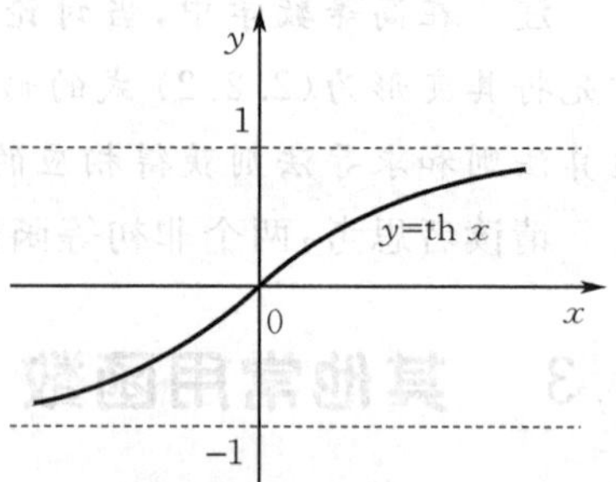

图 2.3.2

利用双曲函数的图形可观察得到其简单性质，具体如下.

(1) 双曲正弦函数 $y=\operatorname{sh}x$ 在 $\mathbf{R}$ 内是奇函数且单调增加，其图形经过原点且关于原点对称. 当 $|x|$ 很大时，$y=\operatorname{sh}x$ 的图形在第一象限内无限逼近曲线 $y=\frac{1}{2}e^{x}$，在第三象限内无限逼近曲线 $y=-\frac{1}{2}e^{-x}$.

(2) 双曲余弦函数 $y=\operatorname{ch}x$ 在 $\mathbf{R}$ 内是偶函数，其图形经过点 $(0,1)$ 且关于 y 轴对称. 当 $|x|$ 很大时，$y=\operatorname{ch}x$ 的图形在第一象限内无限逼近曲线 $y=\frac{1}{2}e^{x}$，在第二象限内无限逼近曲线 $y=\frac{1}{2}e^{-x}$.

(3) 双曲正切函数 $y=\operatorname{th}x$ 在 $\mathbf{R}$ 内是奇函数且单调增加，其图形经过原点且关于原点对称. 当 $|x|$ 很大时，$y=\operatorname{th}x$ 的图形在第一象限内无限逼近直线 $y=1$，在第三象限内无限逼近直线 $y=-1$.

由双曲函数的定义，可推证双曲函数具有类似于三角函数（可对比记忆）的一些性质，具体如下.

$$\operatorname{sh}(x\pm y)=\operatorname{sh}x\operatorname{ch}y\pm\operatorname{ch}x\operatorname{sh}y,$$

$$\operatorname{ch}(x\pm y)=\operatorname{ch}x\operatorname{ch}y\pm\operatorname{sh}x\operatorname{sh}y,$$

$$\operatorname{ch}^2x-\operatorname{sh}^2x=1,$$

$$\operatorname{sh}2x=2\operatorname{sh}x\operatorname{ch}x,$$

$$\operatorname{ch}2x=\operatorname{ch}^2x+\operatorname{sh}^2x.$$

下面求双曲函数的反函数——**反双曲函数**，具体如下.

反双曲正弦函数：$y=\operatorname{arsh}x=\ln(x+\sqrt{x^2+1})$，$x\in\mathbf{R}$，$y\in\mathbf{R}$；

反双曲余弦函数：$y=\operatorname{arch}x=\ln(x+\sqrt{x^2-1})$，$x\in[1,+\infty)$，$y\in$

$[0,+\infty)$；

反双曲正切函数：$y=\operatorname{arth} x=\dfrac{1}{2}\ln\dfrac{1+x}{1-x}, x\in(-1,1), y\in(-\infty,+\infty)$.

例 1　求双曲正弦函数 $y=\operatorname{sh} x=\dfrac{e^x-e^{-x}}{2}(x\in\mathbf{R})$ 的反函数.

解　因为 $x=\operatorname{sh} y$ 在 $\mathbf{R}$ 内是奇函数且单调增加，则其反函数存在，记作 $y=\operatorname{arsh} x$.

由 $x=\operatorname{sh} y$，有 $x=\dfrac{e^y-e^{-y}}{2}$. 令 $u=e^y$，则 $y=\ln u$，并得到一个关于 u 的一元二次方程

$$u^2-2xu-1=0.$$

上述方程的根为 $u=x\pm\sqrt{x^2+1}$. 但因为 $u=e^y>0$，所以上述方程仅有根 $u=x+\sqrt{x^2+1}$.

于是反双曲正弦函数为

$$y=\operatorname{arsh} x=\ln(x+\sqrt{x^2+1}),\quad x\in\mathbf{R}.$$

根据反函数的作图法，可得反双曲正弦函数的图形(见图 2.3.3).

类似地，读者可自行求解反双曲余弦函数与反双曲正切函数，其图形分别如图 2.3.4 和图 2.3.5 所示.

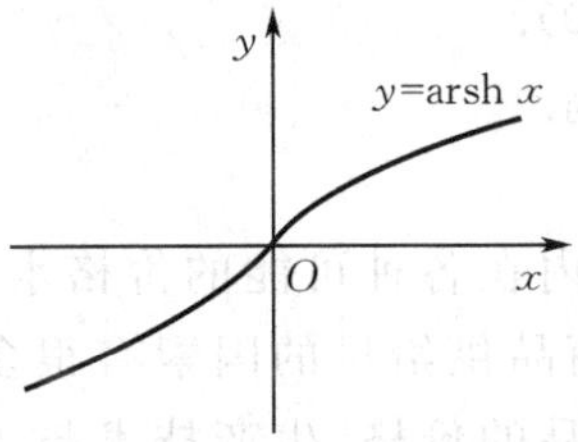

图 2.3.3

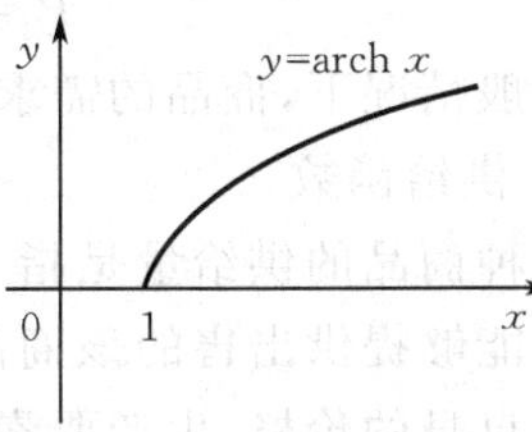

图 2.3.4

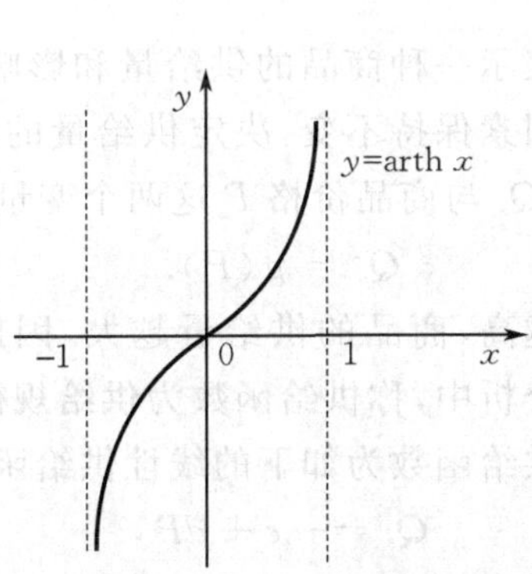

图 2.3.5

2.3.2　经济学中常用的函数

在实际生活中，常常会用数学的方法来解决经济问题，其本质就是找

出经济变量之间的函数关系，从而将经济问题转化为数学问题，即建立经济数学模型.

1. 需求函数与供给函数

1）需求函数

一种商品的需求量是指消费者一定时期内在各种可能的价格水平下愿意且能够购买的该商品的数量. 一种商品的需求量是由许多因素共同决定的，主要因素有该商品的价格、消费者的收入水平、相关商品的价格、消费者的偏好和消费者对该商品的价格预期等.

所谓需求函数，是表示一种商品的需求量和影响该需求量的各种因素之间的相互关系. 假定其他因素不变，决定需求量的因素仅有价格，则需求函数就是商品的需求量Q_d与商品价格P这两个变量间的关系，通常表示为

$$Q_d = f(P).$$

一般情况下，价格越高，商品的需求量越小. 因此，通常假设需求函数是单调减少的. 在经济分析中，称其为**需求规律**.

最常见、最简单的需求函数为如下的线性需求函数：

$$Q_d = a - bP,$$

其中常数$a > 0, b > 0, P \geqslant 0$.

需求函数有时也可以表示为

$$P = g(Q) \quad (Q \geqslant 0).$$

一般情况下，商品的需求量越小，价格越高.

2）供给函数

一种商品的供给量是指生产者一定时期内在各种可能的价格水平下愿意且能够提供出售的该商品的数量. 影响商品供给量的因素有很多种，如商品自身的价格、生产要素的价格、其他商品的价格、生产技术与工艺、生产厂商的数量等.

所谓供给函数，是表示一种商品的供给量和影响该供给量的各种因素之间的关系. 假定其他因素保持不变，决定供给量的因素仅有价格，则供给函数就是商品的供给量Q_s与商品价格P这两个变量间的关系，通常表示为

$$Q_s = g(P).$$

一般情况下，价格越高，商品的供给量越大. 因此，通常假设供给函数是单调增加的. 在经济分析中，称供给函数为**供给规律**.

最常见、最简单的供给函数为如下的线性供给函数：

$$Q_s = -c + dP,$$

其中常数$c > 0, d > 0, P \geqslant 0$.

3）均衡价格与均衡数量

对一种商品而言，如果需求量等于供给量，则这种商品就达到了市场均衡. 达到市场均衡时的商品价格称为**均衡价格**，达到市场均衡时的商品数量称为**均衡数量**. 当市场均衡时，有

$$Q_s = Q_d.$$

利用上式可以求出均衡价格与均衡数量.

例 2　已知某商品的需求函数和供给函数分别为$Q_d = 14 - 1.5P$，$Q_s = 4P - 5$，其中 P 为价格(单位:元).

(1) 求均衡价格；

(2) 若每销售一单位该商品，政府征税 1 元，求此时的均衡价格.

解　(1) 因为市场达到均衡时$Q_d = Q_s$，所以有$14 - 1.5P = 4P - 5$，解得 $P \approx 3.45$(元).

(2) 由题意得 $14 - 1.5P = 4(P - 1) - 5$，解得 $P \approx 4.18$(元).

注　一般情况下，为了简化讨论，假设市场上的需求量、销售量、产量相同.

2. 总成本函数、总收益函数与总利润函数

1) 总成本函数

商品成本是以货币形式表现的生产和销售商品的总投入. 在不考虑一些次要因素的情形下，**总成本函数**是指总成本与产量(或销售量)(Q) 之间的依赖关系，通常记作 $C(Q)$.

总成本包括两部分：固定成本和可变成本. 固定成本C_0 与产量 Q 无关，如设备维修费、企业管理费等；可变成本$C_1(Q)$随产量 Q 的变化而变化，如消耗的材料费、燃料费等. 因此，总成本函数可表示为

$$C(Q) = C_0 + C_1(Q) \quad (Q \geqslant 0).$$

平均成本是平均每一单位商品的成本，记作$\overline{C}(Q)$，即

$$\overline{C}(Q) = \frac{C(Q)}{Q}.$$

例 3　已知某商品的总成本(单位:元) 函数是 $C(Q) = 500 + 2Q$，其中 Q 为产量(单位:件). 求生产 50 件这种商品时的总成本和平均成本.

解　生产 50 件这种商品时的总成本为

$$C(50) = 500 + 2 \times 50 = 600(\text{元}),$$

平均成本为

$$\overline{C}(50) = \frac{C(Q)}{Q}\bigg|_{Q=50} = \frac{600}{50} = 12(\text{元 / 件}).$$

2) 总收益函数

收益是厂商出售商品的收入，总收益是厂商出售商品后的全部收入. 设 R 是总收益，Q 是销售量，在不考虑一些次要因素的情形下，R 与 Q 之间的函数关系称为**总收益函数**，记作

$$R = R(Q) \quad (Q \geqslant 0), \quad \text{即 } R(Q) = PQ.$$

平均收益是平均每一单位商品的销售收入，记作$\overline{R}(Q)$，即

$$\overline{R}(Q) = \frac{R(Q)}{Q} = \frac{PQ}{Q} = P,$$

即平均收益等于价格.

例 4 某工厂生产某商品的年产量为 x 台，每台售价为 500 元，当年产量不超过 800 台时，商品可全部售出；当年产量超过 800 台时，超出部分只能按 9 折出售，这样最多可多售出 200 台. 试写出本年的总收益函数.

解 该商品的产量超过 800 台时，超出部分要按 9 折出售；超过 1 000 台(即 800 台 + 200 台)时，超出部分就销售不出去了，所以超出部分无收益. 因此，要把产量分三个阶段来考虑. 依题意有

$$R(x)=\begin{cases}500x, & 0\leqslant x\leqslant 800,\\ 500\times 800+0.9\times 500(x-800), & 800<x\leqslant 1\,000,\\ 500\times 800+0.9\times 500\times 200, & x>1\,000\end{cases}$$

$$=\begin{cases}500x, & 0\leqslant x\leqslant 800,\\ 400\,000+450(x-800), & 800<x\leqslant 1\,000,\\ 490\,000, & x>1\,000.\end{cases}$$

3) 总利润函数

总利润等于总收益减总成本，记作 $\pi(Q)$，则**总利润函数**为

$$\pi(Q)=R(Q)-C(Q)\quad (Q\geqslant 0).$$

当 $\pi(Q)=R(Q)-C(Q)>0$ 时，生产者盈利；当 $\pi(Q)=R(Q)-C(Q)<0$ 时，生产者亏损；当 $\pi(Q)=R(Q)-C(Q)=0$ 时，生产者盈亏平衡. 使 $\pi(Q)=0$ 的点 Q_0 称为**盈亏平衡点**.

例 5 欲签订购销合同的某商品，经过核算，固定成本为 10 万美元，单位商品的可变成本为 100 美元. 外商接受该商品的售价为 300 美元.

(1) 公司必须至少签订多少件商品的购销合同才不会亏本？

(2) 若公司力争第一年盈利 10 万美元，外商需要订货多少件？

(3) 若外商提出，每件商品售价压低 50 美元，一年可以购买 2 000 件，公司能否同意签约？

解 (1) 由条件知，公司生产该商品的总成本为 $C(Q)=100\,000+100Q$，总收益为 $R(Q)=300Q$. 欲使公司不亏本，应有 $C(Q)=R(Q)$，即

$$100\,000+100Q=300Q,$$

解得 $Q=500$(件). 所以公司必须至少签订 500 件商品的购销合同才不会亏本.

(2) 若公司盈利 10 万美元，即

$$\pi(Q)=R(Q)-C(Q)=300Q-(100\,000+100Q)=100\,000,$$

解得 $Q=1\,000$(件). 所以外商订货 1 000 件才能使公司在第一年盈利 10 万美元.

(3) 由条件知，总成本为 $C(Q)=100\,000+100Q$，总收益为 $R(Q)=250Q$，则新的利润函数为

$$\pi(Q)=250Q-(100\,000+100Q).$$

因为外商购买 2 000 件的总利润为 $\pi(2\,000)=200\,000>0$，所以在现有生产规模条件(即不需要增加固定成本投资)，且能够保证及时交货的情况下，公司可以同意外商的要求并签约.

3. 库存费与生产准备费

在生产运营管理中，商家经常面对这样的实际问题：每批的生产（或订货），除支付每批的生产准备费（生产原材料或货物的成本、订货费等）外，在货物没有出售完毕前，还需支付一笔库存费，用于部分货物的存放．那么在不造成缺货的情况下，如何决策每年生产（或订货）的批数以及每批进货数量（即批量），使生产准备费与库存费之和达到最小呢？这就是生产运营管理中最优批量的问题．

在最优批量的问题中，生产批量大则库存费高，生产批量少则批数多，但准备费却增加．本书仅考虑商品**均匀投放市场**（库存商品数量是均匀的）的简单情形，即平均库存商品数量是每批进货数量的一半．

例 6 某工厂生产某种商品，年产量（单位：t）为 a，分若干批进行生产，每批的生产准备费（单位：元）为 b，并假设商品均匀投放市场．若每年每吨产品的库存费（单位：元）为 c，为了选择最优批量，试求出一年中库存费与生产准备费之和与批量的关系．

解 假设工厂一年的批量为 x，库存费与生产准备费之和为 y．已知年产量为 a，则每年分 $\frac{a}{x}$ 批生产，每年的生产准备费为 $\frac{a}{x} \cdot b$．

因为年平均库存量为 $\frac{x}{2}$，所以每年的库存费为 $\frac{x}{2} \cdot c$，故

$$y = \frac{a}{x}b + \frac{x}{2}c(\text{元}).$$

2.3.3 医药学中常用的函数

随着生物技术和医学科学的发展，函数在医药学研究中的应用日益广泛．例如，函数在药物动力学、流行病学、生物信息学以及许多临床学科中都有了比较深入的应用．在医学中，常用的函数模型包括指数函数、对数函数、线性函数、多项式函数、幂函数以及它们的组合．这些模型可用于描述和预测医学数据中的各种现象，如药物浓度随时间的变化、生物数据的增长或衰减等．

本节主要介绍几个常用的医药学函数模型，旨在让读者对复杂的生命系统及生命现象的内在关系和变化规律有一个初步的了解．

1. 小儿配药剂量计算公式

小儿配药剂量的计算是一个涉及药物、体重、年龄、体表面积等多个因素的**复杂过程**．下面介绍杨氏、克氏、费氏、柯氏等几个早期的计算公式．

(1) 按体重计算．

早期常用的计算公式包括：

杨氏(Young) 公式 $c = d \cdot \frac{w}{70}$， 克氏(Clark) 公式 $c = d\left(\frac{w}{70}\right)^{\frac{3}{4}}$

其中，d 是成年人用药剂量，w 是儿童体重（单位：kg），c 是儿童服药剂量.

(2) 按年龄计算.

有些药物的剂量是根据年龄计算的，早期常用的计算公式包括：

费氏(Fried) 公式 $c = d \cdot \frac{a}{a+12}$，柯氏(Cowling) 公式 $c = d \cdot \frac{a+1}{24}$，

其中，d 是成年人用药剂量，a 是儿童年龄，c 是儿童服药剂量.

杨氏公式虽然简单，但过于线性，未考虑代谢差异，现多用于粗略估算；克氏公式虽然更符合生理学规律，但仍需结合体表面积等因素调整；费氏公式和柯氏公式仅适用于年龄估算，忽略体重差异，临床已少用，被体重或体表面积法取代. 可见，杨氏、克氏、费氏、柯氏等几个早期的计算公式均有显著的局限性. 事实上，临床医生会基于小儿的体重或体表面积来计算药物的剂量，并结合年龄、肝肾等功能调整. 由于按体表面积计算剂量的公式较为复杂，一般需要使用专门的计算器或公式进行计算，在此不再赘述.

需注意的是，实际配药剂量的计算还需要考虑药物的特性、小儿的身体状况、病情严重程度等因素. 所以，在实际生活中应该由专业医生视具体情况进行合理的剂量计算和调整. 同时，药物的使用应该严格遵照医嘱，避免自行调整剂量或使用药物.

2. 血药浓度模型

肌肉注射或皮下注射后，血液中药物浓度 y 与时间 t 的关系式为

$$y = \frac{A}{\sigma_2 - \sigma_1}(e^{-\sigma_1 t} - e^{-\sigma_2 t}), \quad t \in (0, +\infty),$$

其中，A, σ_1, σ_2 都是正数，且 $\sigma_2 > \sigma_1$.

通过高等数学的学习，可以推知，在 $t = \dfrac{\ln \frac{\sigma_2}{\sigma_1}}{\sigma_2 - \sigma_1}$ 时，血液中的药物浓度最大.

3. 血液中胰岛素浓度模型

正常人血液中胰岛素的含量受当前血糖含量的影响. 当血糖浓度增加时，由胰脏分泌的胰岛素进入血液，此时胰岛素的生化特性变得不活泼并呈指数衰减. 在某项实验中，某病人节制饮食以降低血糖浓度，同时注入了大量的葡萄糖，实验中所测到的血液中胰岛素浓度 $C(t)$（单位：U/mL）为

$$C(t) = \begin{cases} 10t - t^2, & 0 \leqslant t \leqslant 5, \\ 25e^{-k(t-5)}, & t > 5, \end{cases}$$

其中，时间 t 以 min 为单位，$k = \frac{1}{20}\ln 2$.

通过高等数学的学习，可以推知，在 1 h 内血液中胰岛素的平均浓度大约为 11.62 U/mL.

4. 脉管稳定流动的血流量的测定模型

设有半径为 R、长为 L 的一段刚性血管，左端为相对动脉端，血压为 p_1；

右端为相对静脉端，血压为 $p_2(p_1 > p_2)$. 假定血管中血液流动是稳定的，在血管的横截面上，血管中血液在各点处的血流速度 V 为该点与血管中心（取为圆心）距离 r 的一个函数，符合如下泊肃叶(Poiseuille) 公式，即

$$V(r) = \frac{p_1 - p_2}{4\eta L}(R^2 - r^2).$$

其中，η 为血液黏度.

通过高等数学的学习，可以推知，在单位时间内流过半径为 R 的血管横截面的血流量为

$$Q = \frac{\pi}{8\eta L}(p_1 - p_2)R^4.$$

上式的生理意义为：血流量与血管两端压力差以及血管半径的 4 次方成正比，与血液黏度成反比.

5. 新陈代谢系统模型

一个关于年轻人基础代谢率的系统模型为

$$R(t) = 85 - 0.18\cos\frac{\pi t}{12},$$

单位为 kcal/h，其中，时间 t 是从每天早上 5:00 开始测算的.

通过高等数学的学习，可以推知，一名年轻人一天的总基础代谢量为2 040 kcal.

2.4 不等式

不等式

相等关系和不等关系是数学中最基本的数量关系. 在中学已经学习过一次函数、二次函数与不等式，知道了**不等式与函数之间具有内在联系，可以用函数的观点把它们统一起来**，这是数学知识的联系性与整体性的体现.

不等式在数学中有着广泛的应用. 例如，在高等数学中，当讨论极限问题时，需要运用不等式的放缩法等. 本节将介绍在高等数学中得到广泛使用的一些初等不等式，包括一元 n 次不等式、绝对值不等式、均值不等式、柯西(Cauchy) 不等式、三角函数的基本不等式以及不等式的放缩法等内容.

2.4.1 一元 *n* 次不等式

在中学已经学习了从函数的观点看对应的不等式，进而得到了相应的一元一次不等式和一元二次不等式. 类似地，有一元 n 次不等式.

定义 3 形如

$$f(x) > 0 [\text{或 } f(x) \geqslant 0, f(x) < 0, f(x) \leqslant 0] \qquad (2.4.1)$$

的不等式称为**一元 n 次不等式**(n 为自然数)，其中多项式 $f(x)$ 由(2.2.1) 式给出.

在不等式(2.4.1) 中，当 $n = 1$ 或 2 时，即为一元一次不等式和一元二次

不等式.下面将依据抛物线的图形特点,归纳一元二次不等式的解集,如表 2.4.1 所示.

表 2.4.1

判别式	一元二次不等式的解集			
	$ax^2+bx+c>0$	$ax^2+bx+c\geqslant 0$	$ax^2+bx+c<0$	$ax^2+bx+c\leqslant 0$
$\Delta>0$	$(-\infty,x_1)\cup(x_2,+\infty)$	$(-\infty,x_1]\cup[x_2,+\infty)$	(x_1,x_2)	$[x_1,x_2]$
$\Delta=0$	$\left(-\infty,-\dfrac{b}{2a}\right)\cup\left(-\dfrac{b}{2a},+\infty\right)$	**R**	$\varnothing$	$\left\{x\,\middle\vert\, x=-\dfrac{b}{2a}\right\}$
$\Delta<0$	**R**	**R**	$\varnothing$	$\varnothing$

注:$a>0$;$\Delta=b^2-4ac$;x_1,x_2 为一元二次函数 $y=ax^2+bx+c$ 的两个零点,且 $x_1<x_2$.

例 1　求不等式 $-x^2-x+2>0$ 的解集.

解　因为不等式 $-x^2-x+2>0$ 等价于不等式 $x^2+x-2=(x+2)(x-1)<0$,则由表 2.4.1 得所求解集为 $-2<x<1$.

由 5.1 节定理 4 知,多项式(2.2.1)在实数范围内总能分解成一次因式与二次质因式的乘积,即

$$f(x)=a_n(x-c_1)^{k_1}\cdots(x-c_r)^{k_r}(x^2+p_1x+q_1)^{t_1}\cdots(x^2+p_sx+q_s)^{t_s},\tag{2.4.2}$$

其中,$c_1,\cdots,c_r,p_1,\cdots,p_s,q_1,\cdots,q_s$ 均为实数,$k_1,\cdots,k_r,t_1,\cdots,t_s$ 均为正整数,且 $k_1+\cdots+k_r+2t_1+\cdots+2t_s=n$,$p_i^2-4q_i<0(i=1,2,\cdots,s)$.

当 $n>2$ 时,常用数轴穿根法解一元 n 次不等式,其一般步骤如下.

(1) 因式分解.将不等式左端化为(2.4.2)式的形式,即为一次因式或二次质因式(其判别式 $\Delta=p^2-4q<0$)的积的形式,并使每个因式最高次项的系数为正.

(2) 求根和标根.求出各个一次因式的根,并在数轴上从小到大依次标出.

(3) 画曲线.从数轴的最右端上方起,自右至左依次穿过各个点(根)画曲线.若出现重根,则对奇次重根一穿而过,对偶次重根穿而不过(如果根的重数为偶数,则曲线不穿过该点,如图 2.4.1 中的 $x=2$ 处所示).

(4) 写解集.记数轴上方为正,下方为负,根据不等式的方向,写出不等式的解集.

例 2　解不等式

$$(x+4)(-7+6x-2x^2)(x-2)^2(x-5)<0.\tag{2.4.3}$$

解　不等式(2.4.3)等价于

$$(x+4)(2x^2-6x+7)(x-2)^2(x-5)>0,\tag{2.4.4}$$

因为 $2x^2-6x+7$ 的判别式 $\Delta=-20<0$,所以不等式(2.4.4)和

$$(x+4)(x-2)^2(x-5)>0$$

同解. 利用数轴穿根法(见图 2.4.1),得到不等式(2.4.3)的解集为$(-\infty,-4)\cup(5,+\infty)$.

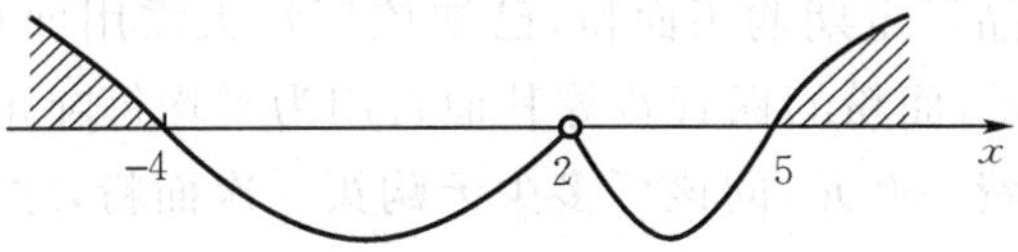

图 2.4.1

2.4.2　常用的不等式

在高等数学的学习中,常用下面几类简单不等式.

1. 绝对值不等式

对于任意 $a,b\in\mathbf{R}$,有**绝对值不等式**

$$\big||a|-|b|\big|\leqslant|a+b|\leqslant|a|+|b|$$

成立. 当且仅当 a,b 同号时,上式右端等号成立;当且仅当 a,b 异号时,上式左端等号成立.

绝对值不等式的证明参见 5.3.1 节.

绝对值不等式可以推广到有限多个数的情形,即对任意 n 个实数 a_1, $a_2,\cdots,a_n$,有

$$|a_1+a_2+\cdots+a_n|\leqslant|a_1|+|a_2|+\cdots+|a_n|.$$

当且仅当 $a_1,a_2,\cdots,a_n$ 同号时,上式中的等号成立.

2. 均值不等式

对于任意 $a,b\in\mathbf{R}$,有 $(a-b)^2\geqslant0$,则利用完全平方公式,有

$$a^2+b^2\geqslant 2ab. \tag{2.4.5}$$

当且仅当 $a=b$ 时,上式中的等号成立.

(2.4.5)式为基本不等式的原始形式,由此可推出基本不等式的一般形式,即**均值不等式**:设 a 和 b 都是非负实数,则

$$\frac{a+b}{2}\geqslant\sqrt{ab}.$$

当且仅当 $a=b$ 时,上式中的等号成立.

更一般地,设 $a_1,a_2,\cdots,a_n$ 为 n 个非负实数,则有

$$\frac{a_1+a_2+\cdots+a_n}{n}\geqslant\sqrt[n]{a_1a_2\cdots a_n}. \tag{2.4.6}$$

当且仅当 $a_1=a_2=\cdots=a_n$ 时,上式中的等号成立.

通常称(2.4.6)式为**基本不等式**,其中$\dfrac{a_1+a_2+\cdots+a_n}{n}$称为非负实数 $a_1,a_2,\cdots,a_n$ 的算术平均数,$\sqrt[n]{a_1a_2\cdots a_n}$ 称为非负实数 $a_1,a_2,\cdots,a_n$ 的几何平均数.

基本不等式表明：n 个正数的算术平均数不小于它们的几何平均数.

基本不等式在解决实际问题中有着广泛的应用，是解决最大(小)值问题的有力工具.

例 3 某食品厂定期购买面粉，已知该厂每天需用面粉 6 t，每吨面粉的价格为 1 800 元，面粉的保管费等其他费用为平均每吨每天 3 元，每次购买面粉需支付运费 900 元，问该厂多少天购买一次面粉，才能使平均每天所支付的总费用最少？

解 设该厂每隔 x 天购买一次面粉，则其购买量为 $6x$ t；由题意知，面粉的保管费等其他费用为

$$3[6x+6(x-1)+\cdots+6\times 2+6\times 1]=9x(x+1)(\text{元}).$$

设每天所支付的总费用为y_1 元，则

$$y_1=\frac{1}{x}[9x(x+1)+900]+6\times 1\ 800=\frac{900}{x}+9x+10\ 809$$

$$\geqslant 2\sqrt{\frac{900}{x}\cdot 9x}+10\ 809=10\ 989.$$

当且仅当 $9x=\dfrac{900}{x}$，即 $x=10$ 时，上式中的等号成立. 所以该厂每隔 10 天购买一次面粉，才能使平均每天所支付的总费用最少.

在实际中，还用到

$$a^2+b^2+c^2\geqslant ab+bc+ac,$$

$$a^3+b^3+c^3\geqslant 3abc\quad(a,b,c\in\mathbf{R}),$$

$$ab\leqslant\left(\frac{a+b}{2}\right)^2\quad(a,b\in\mathbf{R}_+),$$

$$a^2+b^2\geqslant\frac{1}{2}(a+b)^2\quad(a,b\in\mathbf{R}),$$

$$\frac{a}{b}+\frac{b}{a}\geqslant 2\quad(ab>0)$$

等形式的不等式，请读者自行证明.

3. 柯西不等式

对任意 $a,b,c,d\in\mathbf{R}$，有

$$(a^2+b^2)(c^2+d^2)\geqslant(ac+bd)^2.$$

事实上，因为

$$(ac+bd)^2=a^2c^2+2acbd+b^2d^2\leqslant a^2c^2+a^2d^2+c^2b^2+b^2d^2$$

$$=(a^2+b^2)(c^2+d^2),$$

所以柯西不等式成立.

柯西不等式还可推广为如下形式：

对任意 $a_1,a_2,\cdots,a_n,b_1,b_2,\cdots,b_n\in\mathbf{R}$，有

$$(a_1^2+a_2^2+\cdots+a_n^2)(b_1^2+b_2^2+\cdots+b_n^2)\geqslant(a_1b_1+a_2b_2+\cdots+a_nb_n)^2.$$

4. 三角函数的基本不等式

(1) 对任意 x,有 $|\sin x| \leqslant |x|$,即 $\sin x \begin{cases} < x, & x > 0, \\ = x, & x = 0, \\ > x, & x < 0. \end{cases}$

(2) 当 $-\frac{\pi}{2} < x < \frac{\pi}{2}$ 时,$|x| \leqslant |\tan x|$.

在上述两个不等式中,当且仅当 $x = 0$ 时,等号成立.

例 4 证明:$\sin x < x < \tan x\left(0 < x < \frac{\pi}{2}\right)$.

证 当 $0 < x < \frac{\pi}{2}$ 时,在图 2.4.2 所示的单位圆中,设圆心角 $\angle AOB = x$,点 A 处的切线与 OB 的延长线相交于点 D,又作 BC 垂直于 OA,则 $\sin x = BC$,$\tan x = AD$.

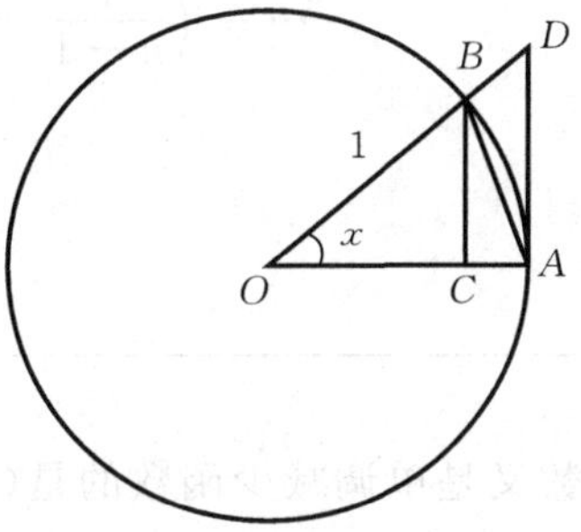

图 2.4.2

因为 $\triangle AOB$ 的面积 < 扇形 AOB 的面积 < $\triangle AOD$ 的面积,所以

$$\frac{1}{2}\sin x < \frac{1}{2}x < \frac{1}{2}\tan x,$$

即

$$\sin x < x < \tan x \quad \left(0 < x < \frac{\pi}{2}\right). \tag{2.4.7}$$

2.4.3 不等式的放缩法

在一些实际问题的研究中,需要把不等式中的某些部分的值放大或缩小,进而简化不等式,达到证明的目的,这种方法称为不等式的**放缩法**.

1. 放缩法的主要理论依据

放缩法的主要理论依据有以下 5 条.

(1) 不等式的传递性($a < b, b < c \Rightarrow a < c$).

(2) 等量加不等量为不等量.

(3) 同分子(分母)、异分母(分子)的两个分式大小的比较.

(4) 常用的不等式,如均值不等式与绝对值不等式等.

(5) 函数的单调性、有界性等.

2. 常见的放缩类型

常见的放缩类型有以下 3 种.

(1) 直接放缩.

(2) 裂项放缩.

(3) 利用常用不等式放缩.

例 5 对任意自然数 n,求证:$\frac{1}{1^2}+\frac{1}{2^2}+\frac{1}{3^2}+\cdots+\frac{1}{n^2}<\frac{7}{4}$.

证

$$\frac{1}{1^2}+\frac{1}{2^2}+\frac{1}{3^2}+\cdots+\frac{1}{n^2}<\frac{1}{1^2}+\frac{1}{2^2}+\frac{1}{2\times 3}+\frac{1}{3\times 4}+\cdots+\frac{1}{(n-1)\times n}\text{(裂项)}$$

$$=\frac{5}{4}+\left(\frac{1}{2}-\frac{1}{3}\right)+\left(\frac{1}{3}-\frac{1}{4}\right)+\cdots+\left(\frac{1}{n-1}-\frac{1}{n}\right)=\frac{7}{4}-\frac{1}{n}<\frac{7}{4}.$$

习题 2

1. 选择题.

(1) 下列函数中,在其定义域内既是奇函数又是单调减少函数的是(　　).

(A) $y=-\cos x$　　(B) $y=-x^3$　　(C) $y=\frac{1}{x}$　　(D) $y=\left(\frac{1}{2}\right)^x$

(2) 下列计算中,错误的是(　).

(A) $2^{1+\log_2 5}=10$　　(B) $\log_{10}8+3\log_{10}5+\log_{\sqrt{10}}100=7$

(C) $\frac{a^2}{\sqrt{a\sqrt[3]{a^2}}}=a^{\frac{7}{6}}(a>0)$　　(D) $\sqrt[3]{a^3}+\sqrt{b^2}=a+b(a,b\in\mathbf{R})$

(3) 函数 $f(x)=2^x-2^{-x}$ 的图形关于(　　).

(A) 直线 $y=x$ 对称　　(B) 直线 $y=-x$ 对称

(C) y 轴对称　　(D) 原点对称

(4) 下列函数中,为初等函数的是(　　).

(A) $y=\left[\frac{\sin(e^x-1)}{\lg(1+x^2)}\right]^{\frac{1}{2}},x\in\mathbf{R}$　　(B) $y=\begin{cases}\frac{x^2-1}{x-1}, & x\neq 1,\\ 0, & x=1\end{cases}$

(C) $y=\sqrt{1-x^2}+x^{\frac{1}{x}},x>1$　　(D) $y=\arcsin\sqrt{x^2+2},x\in\mathbf{R}$

(5) 下列命题中,错误的是(　　).

(A) 小儿配药剂量的计算涉及药物、体重、年龄、体表面积等多个因素

(B) 药物的使用应该严格遵照医嘱,避免自行调整剂量或使用药物

(C) 血流量与血管两端的压力差成反比

(D) 血流量与血液黏度成反比

(6) 对于任意 $x \in (1,a)$，设 $f(x)=\log_a x$，则下列选项中正确的是(　　).

(A) $f[f(x)] < f(x^2) < [f(x)]^2$　　(B) $f[f(x)] < [f(x)]^2 < f(x^2)$

(C) $f(x^2) < f[f(x)] < [f(x)]^2$　　(D) $[f(x)]^2 < f(x^2) < f[f(x)]$

2. 填空题.

(1) 设函数 $y=f(x)$ 的反函数为 $y=f^{-1}(x)$，若 $f(x)=2^x$，则 $f^{-1}\left(\frac{1}{2}\right)$ 的值为________.

(2) 设 a,b 均是实数，且 $a+b=3$，则 2^a+2^b 的最小值是________.

(3) 若 $\forall x \in \mathbf{R}, ax^2+4x+1 \leqslant 0$，则实数 a 的取值范围是________.

(4) 已知函数 $f(x)=\begin{cases} 3^{x+1}, & x \leqslant 0, \\ \log_2 x, & x > 0. \end{cases}$ 若 $f(x_0) > 3$，则 x_0 的取值范围是________.

(5) 不等式 $(x+2)(x^2-x-12) > 0$ 的解集为________.

(6) 设 $a > 0$，化简后，$\sqrt{\sqrt{a} \cdot \sqrt{a\sqrt{a}}} =$ ________.

3. 设 $x,y,z \in \mathbf{R}_+$，且 $3^x=4^y=6^z$，请从小到大排列 $3x,4y,6z$，并说明理由.

4. 判断下列函数是不是初等函数，并说明理由.

(1) $y=\cos x-\sqrt{2\sin x-1}$；　　(2) $f(x)=\begin{cases} x^2+1, & -1 < x \leqslant 2, \\ \cos x+\sin x, & 2 < x \leqslant 4; \end{cases}$

(3) $y=|\sin x|+(1+x^2)^x$；　　(4) $f(x)=\begin{cases} x+2, & -2 \leqslant x \leqslant -1, \\ -x, & -1 < x \leqslant 1; \end{cases}$

(5) $f(x)=\begin{cases} 2, & x < 1, \\ 4, & x > 1. \end{cases}$

5. 证明下列双曲函数的关系式：

$$\operatorname{sh}(x \pm y)=\operatorname{sh} x\operatorname{ch} y \pm \operatorname{ch} x\operatorname{sh} y,\quad \operatorname{ch}(x \pm y)=\operatorname{ch} x\operatorname{ch} y \pm \operatorname{sh} x\operatorname{sh} y,$$
$$\operatorname{ch}^2 x-\operatorname{sh}^2 x=1,\quad \operatorname{sh} 2x=2\operatorname{sh} x\operatorname{ch} x,\quad \operatorname{ch} 2x=\operatorname{ch}^2 x+\operatorname{sh}^2 x.$$

6. 市场中某种商品的需求函数为 $Q_d=25-P$，P 表示商品的价格. 该种商品的供给函数为

$$Q_s=\frac{20}{3}P-\frac{40}{3}.$$

试求该种商品的均衡价格和均衡数量.

7. 已知某商品的成本函数是线性函数. 若产量为 0 时，总成本为 100 元；若产量为 100 时，总成本为 400 元. 试求：

(1) 总成本函数和固定成本；

(2) 产量为 200 时的总成本和平均成本.

8. 某化肥厂生产某商品 1 000 t，每吨定价为 130 元，销售量在 700 t 以内时，按原价出售，当销售量超过 700 t 时，超过的部分按 9 折出售. 试写出销售总收益与销售量的函数关系.

9. 已知生产某商品的总成本函数是 $C(Q)=12+3Q+Q^2$. 如果每售出一件，该商品的收益为 11 元. 求：

(1) 该商品的总利润函数；

(2) 该商品的盈亏平衡点，并说明盈亏情况；

(3) 销售量为 10 时的总利润.

10. 某手表厂生产一只手表的可变成本为 15 元，每天的固定成本为 2 000 元. 如果每只手

表的出厂价为 20 元，为了不亏本，该厂每天至少应生产多少只手表？

11. 某电器厂商生产一种新产品，在定价时不单是根据生产成本而定，还要请各消费单位来报价，即他们愿意以什么价格来购买，根据调查结果得出需求函数为 $Q=-900P+45\ 000$. 该厂生产该产品的固定成本是 270 000 元，单位产品的可变成本为 10 元，为获得最大利润，该产品的出厂价格应定为多少？

12. 收音机每台售价为 90 元，成本为 60 元，厂方为了鼓励销售商大量采购，决定凡是订购量超过 100 台的，每多订购 1 台，售价就降低 1 分，但最低价为每台 75 元.

(1) 将每台的实际售价 P 表示为订购量 x 的函数；

(2) 将厂方所获的利润 π 表示成订购量 x 的函数；

(3) 某一商行订购了 1 000 台收音机，厂方可获多少利润？

13. 某商场每年销售某商品 100 万件，分批采购进货，每批进货数量相同. 已知每批采购费为 1 000 元，而未出售商品的库存费为每件 0.05 元 / 年. 设库存商品数量是均匀的(即平均库存商品数量是每批进货数量的一半)，问批量为多少时，才能使采购费与库存费之和达到最小？此时，采购费与库存费各是多少？

14. 求解下列不等式.

(1) $\left(\frac{1}{2}\right)^{3x-1}\leqslant 2$；　　(2) $\log_2(2^x-1)\cdot\log_2(2^{x+1}-2)<2$；

(3) $\frac{1}{2}\log_{\frac{1}{3}}x^3+\sqrt{\log_3 x-2}+7\geqslant 0$；　　(4) $\sin^4 x<\cos^4 x$；

(5) $x(x-1)(x-2)^2(x^2-1)(x^3-1)>0$；

(6) $x(x+2)^3(2x^2-2x-4)(x-5)(x-2)\leqslant 0$.

15. 求解下列各题.

(1) 已知函数 $f(x)=3^{2x}-(k+1)3^x+2$，当 $x\in\mathbf{R}$ 时，$f(x)$ 恒为正值，求 k 的取值范围；

(2) 求函数 $f(x)=\log_2\left(x+\frac{1}{x-1}+5\right)(x>1)$ 的最小值；

(3) 要制作一个底面面积为 4 m^2，高为 1 m 的无盖长方体容器，已知该容器的底面造价是 20 元 / m^2，侧面造价是 10 元 / m^2，试求该容器的最低总造价；

(4) 某食品厂定期购买面粉，已知该厂每天需用面粉 6 t，每吨面粉的价格为 1 800 元，面粉的保管费等其他费用为平均每吨每天 3 元，每次购买面粉需支付运费 900 元. 若提供面粉的公司规定：当一次性购买面粉不少于 210 t 时，可享受 9 折优惠(即原价的 90%). 问该厂是否应考虑接受此优惠条件？请说明理由.

16. 证明下列不等式.

(1) 若 $\triangle ABC$ 的三边长 a,b,c 的倒数成等差数列，求证 $\angle B<90°$；

(2) $1+\frac{1}{3^2}+\frac{1}{5^2}+\cdots+\frac{1}{(2n-1)^2}>\frac{7}{6}-\frac{1}{2(2n+1)}(n>1,n\in\mathbf{Z})$；

(3) $\frac{1}{n}\left(1+\frac{1}{2}+\cdots+\frac{1}{n}\right)>\sqrt[n]{n+1}-1(n\in\mathbf{N},n>1)$；

(4) 已知 $x>0,y>0,z>0$，求证：$\sqrt{x^2+xy+y^2}+\sqrt{y^2+yz+z^2}>x+y+z$；

(5) 当 $n>1$ 时，$n!<\left(\frac{n+1}{2}\right)^n$ 成立；

(6) 对于任意 $a,b\in\mathbf{R}$，有 $\big||a|-|b|\big|\leqslant|a\pm b|\leqslant|a|+|b|$，当且仅当 a,b 同号时右端等号成立，当且仅当 a,b 异号时左端等号成立；

(7) 已知 $a_1,a_2,\cdots,a_n,b_1,b_2,\cdots,b_n$ 均为实数，证明柯西不等式

$$|a_1b_1+a_2b_2+\cdots+a_nb_n|\leqslant\sqrt{a_1^2+a_2^2+\cdots+a_n^2}\cdot\sqrt{b_1^2+b_2^2+\cdots+b_n^2};$$

(8) $0<1-\dfrac{\sin x}{x}<\dfrac{x^2}{2}\ (x>0)$；

(9) 利用均值不等式证明数列 $\left\{\left(1+\dfrac{1}{n}\right)^n\right\}$ 是有界的；

(10) $\left(1+\dfrac{1}{n+1}\right)^n<\left(1+\dfrac{1}{x}\right)^x<\left(1+\dfrac{1}{n}\right)^{n+1}\ (x>0,n\in\mathbf{N}_+)$.

17. 两个非初等函数的复合函数仍然是非初等函数吗？为什么？

18. 请画出初等函数的分类关系图.

第三章

数学推理与二项式定理

数学是一门思维严密、逻辑性很强的学科，数学的理论必有一个探索发现的过程. 归纳法和类比法既是数学学习的重要方法，也是数学发现的有效方法. 通常，由归纳提出数学猜想，由类比产生数学猜想，所以猜想是归纳与类比的成果. 虽然数学猜想没有严谨的理论依据，其真伪性难以判断，但是数学的进步离不开数学猜想，它既是一种数学发现的思维方式，也是一种创造性思维的方法.

既然通过归纳与类比获得的数学命题都还只是一种猜想，那么这种猜想就是有争议的、暂时的，要使它成为普通的数学命题，还需借助逻辑论证推理给出严格、准确的证明. 纵观数学发展史，我们发现一个伟大的数学猜想一旦问世，就会吸引众多数学爱好者为之努力探索，在这个不懈的探索过程中，数学家们也会同步发现许许多多的数学定理. 虽然他们清楚地知道，一个数学猜想的证明并不是一件容易的事情，但仍有许多数学家不断探索，甚至为之付出一生的心血.

数学在科学和文化的发展中具有无可比拟的作用，逻辑推理素养在大学数学学科知识素养的建构中至关重要. 作为一名大学生，要学习与数学相关的逻辑知识，用逻辑知识研究和数学相关的逻辑问题，研究数学特有的逻辑现象，掌握关于数学概念、数学推理、数学证明等知识，利用逻辑推理去证明定理和推导公式（一切数学定理和数学公式都必须经过严格的数学证明才算数）.

在高等数学中，排列与组合是很重要的基础知识. 二项式定理是与组合数有关的基本定理，是多项式乘法的推广，是排列组合知识的具体应用，可以使用数学归纳法来证明二项式定理.

本章主要介绍充分条件、必要条件、充要条件等常用逻辑用语，数学推理与数学证明等逻辑知识及其应用举例，以及排列与组合、二项式定理及其简单应用.

3.1　充分条件与必要条件

3.1.1　数学概念与数学命题

1. 数学概念

数学概念是人脑对现实对象的数量关系和空间形式的本质特征的一种反映形式，是数学思维的一种基本形式. 它来源于两个方面：一是对客观世界中的数量关系和空间形式的直接抽象，如三角形、四边形、平行、垂直等就具有这种特性；二是抽象逻辑思维的产物，常在已有数学理论上进行逻辑建构，利用原数学概念，再用“每一个”“所有”“存在”“不”“和”“或”“如果……那么……”“当且仅当”等术语来描述. 例如，如果观察到有一类函数变量，无论它的自变量在定义域上怎样变化，它总是周期性地重复一个变化规律，那么依据这个特性就可抽象出周期函数的概念：

充分条件与必要条件

设函数 $f(x)$ 的定义域为 D_f，如果存在一个正数 T，使得对于任意 $x \in D_f$，恒有 $(x \pm T) \in D_f$，且使 $f(x \pm T) = f(x)$ 恒成立，则称 $f(x)$ 为**周期函数**，T 称为 $f(x)$ 的一个**周期**.

任何一个概念都有内涵和外延. 一个概念的内涵越多，它的外延就越小；反之，一个概念的内涵越少，它的外延就越大. 例如，关于自然数 → 整数 → 有理数 → 实数 → 复数（将在第五章介绍），就体现了内涵减少、外延扩大的数系发展.

2. 数学命题

数学命题是一类重要的命题，一般是指数学中的判断，通常表现为语句或者借助符号与式子来表达. 例如，“一个概念的内涵越少，它的外延就越小”和“若 $x \in \mathbf{R}$，则 $\sin^2 x + \cos^2 x = 1$”都是命题. 前者为假命题，后者为真命题.

在数学科学系统中，要说明一个命题是真命题，需依据已知的概念和真命题所遵循的逻辑规律，运用正确的逻辑推理方法证明其真实性. 如果证明了一个命题为真，那么就可以把这个命题叫作**定理**. 能由某个定理容易推导出的定理称为这个定理的**系或推论**. 要说明一个命题是假命题，通常需要举出一个例子，使之具备命题的条件，而不具有命题的结论，这样的例子叫作**反例**. 实际上，数学界尚有一些命题至今还没有人能判断其真假. 例如，关于命题

“每一个不小于 6 的偶数都是两个奇素数之和”，　(3.1.1)

数学家们至今还不能肯定它是一个真命题还是一个假命题. 通常，将这类未能得到真假判断的命题称为**猜想**. 命题(3.1.1)是数学家哥德巴赫

(Goldbach) 提出来的，所以称为哥德巴赫猜想.

综上所述，数学中的定义、公理、公式、性质、法则、定理等都是数学命题，它们都是用推理方法判断命题真假的依据.

3. 数学命题的分类

在数学中，为了更全面地研究命题中条件和结论的逻辑联系，往往把一个命题的条件和结论换位，或者把条件与结论变为它们的否定，就可以得到另外的三个新命题. 例如，若把**原命题**“若 A，则 B”的条件和结论换位，则得到原命题的**逆命题**“若 B，则 A”；若把原命题“若 A，则 B”的条件和结论分别变为它们的否定，分别记作 $\neg A$ 和 $\neg B$，则得到原命题的**否命题**“若 $\neg A$，则 $\neg B$”；若把否命题“若 $\neg A$，则 $\neg B$”的条件和结论换位，则得到原命题的**逆否命题**“若 $\neg B$，则 $\neg A$”，同时它也是逆命题“若 B，则 A”的否命题.

上述四种命题的相互关系为：原命题与逆命题互逆，否命题与逆否命题互逆；原命题与否命题互否，逆命题与逆否命题互否；原命题与逆否命题相互逆否，逆命题与否命题相互逆否. 上述四种命题的形式及其关系如图 3.1.1 所示.

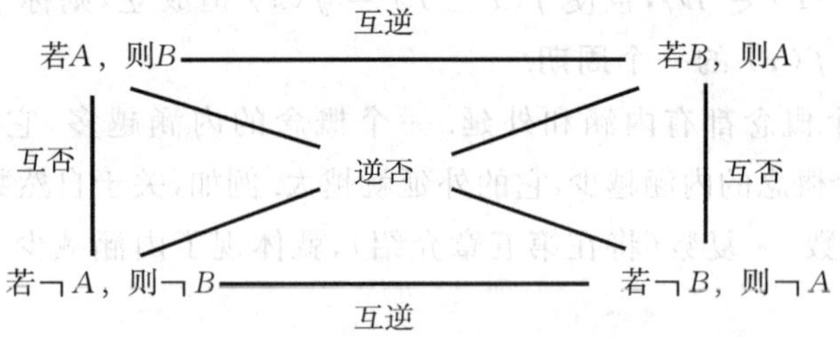

图 3.1.1

例 1　原命题：“若 $a>0,b>0$，则 $ab>0$”，这是一个真命题.

逆命题：“若 $ab>0$，则 $a>0,b>0$”，这是一个假命题.

否命题：“若 $a\leqslant 0$ 或 $b\leqslant 0$，则 $ab\leqslant 0$”，这是一个假命题.

逆否命题：“若 $ab\leqslant 0$，则 $a\leqslant 0$ 或 $b\leqslant 0$”，这是一个真命题.

需注意以下几点.

(1) 实质不同的命题只有原命题和逆命题，其他两种命题只是形式不同而已.

(2) 如果证得逆命题为真，就将其称为原定理的**逆定理**；如果逆命题为假，则原定理没有逆定理.

(3) 否命题与命题的否定不同，否命题是既否定条件又否定结论，而命题的否定只否定结论. 例如，命题“若 $xy=0$，则 x,y 都不为零”的否定为“若 $xy=0$，则 x,y 中至少有一个为零”，且是一个真命题；但它的否命题为“若 $xy\neq 0$，则 x,y 中至少有一个为零”，是一个假命题.

在数学论证中，研究上述四种命题之间的真假关系是十分重要的，有时会用到具有逆否关系的两个命题的同真同假关系来推证或判断一个命题.但成为互逆或互否关系的两个命题不一定具有同真同假关系,必须再作论证才能确定其真假.

4. 量词命题

在逻辑中,“任给的”“所有的”“任意一个”“每一个”等短语在陈述中表示所属事物的全体,称为**全称量词**,用符号“$\forall$”表示;“存在”“至少有一个”“能够找到”等短语在陈述中表示所属事物的个体或部分,称为**存在量词**,用符号“$\exists$”表示;“有且仅有”表示“存在且唯一”,是唯一量词,常用符号“$\exists 1$”表示.含有全称量词的命题,称为**全称量词命题**;含有存在量词的命题,称为**存在量词命题**.

例 2　判断下列命题的真假.

(1) 对于任意的实数 x,均有 $|\sin x|\leqslant 1$;

(2) 所有无理数都大于零;

(3) 存在一个 $x\in\{1,2,3,4\}$,使得 $\frac{1}{x}\geqslant x$;

(4) 对于任意一个正整数 n,存在唯一的一个整数 m,使得 m 和 n 互为相反数.

解　(1) 依据正弦函数的定义,对于任意的实数 x,均有 $|\sin x|\leqslant 1$,所以全称量词命题(1) 是真命题.

(2) 由于无理数 $-\pi<0$,所以全称量词命题(2) 是假命题.

(3) 因为当 $x=1$ 时,不等式 $\frac{1}{x}\geqslant x$ 成立,所以存在量词命题(3) 是真命题.

(4) 依据相反数的定义知,对于任意一个正整数 n,有且只有唯一的一个整数和它互为相反数,所以含有唯一量词的命题(4) 是真命题.

数学中,常将含有变量 x 的语句用 $p(x)$,$q(x)$,$\cdots$ 表示,变量 x 的取值范围用集合 I 表示.据此,全称量词命题“对于 I 中的任意一个 x,均有 $p(x)$ 成立”可简记作

$$\forall x\in I,p(x);\tag{3.1.2}$$

存在量词命题“存在 I 中的一个元素 x,使得 $p(x)$ 成立”可简记作

$$\exists x\in I,p(x).\tag{3.1.3}$$

通过例 2 已经知道:要判定全称量词命题(3.1.2) 是真命题,就需要对集合 I 中的每个元素 x,证明 $p(x)$ 成立;但若要判定其是假命题,却只需举出一个反例,即在集合 I 中找到一个特殊元素 x_0,使得 $p(x_0)$ 不成立.要判定存在量词命题(3.1.3) 是真命题,只需举例说明,即在集合 I 中找到一个特殊元素 x_0,使得 $p(x_0)$ 成立;但若要判定其是假命题,却需要说明集合 I 中的每个元素 x,都使得 $p(x)$ 不成立.

显然,利用存在量词对全称量词命题(3.1.2)进行否定,得到一个存在量词命题:

$$\exists x \in I, \neg p(x);$$

利用全称量词对存在量词命题(3.1.3)进行否定,得到一个全称量词命题:

$$\forall x \in I, \neg p(x).$$

一般来说,想要否定命题(3.1.2)或命题(3.1.3),需注意以下几点.

(1) 把全称量词命题中的“$\forall$”改为“$\exists$”,或者把存在量词命题中的“$\exists$”改为“$\forall$”.

(2) 命题条件中的范围保持不变.

(3) 命题结论中的范围变为相反方向.

3.1.2 充分条件、必要条件、充要条件

数学命题中的条件分为充分条件、必要条件、充要条件以及既不充分也不必要的条件,它们简明地表达了命题中条件和结论的逻辑关系,在数学证明、逻辑推理以及各个学科的推理过程中起着重要的作用.

为了问题叙述方便,下面先介绍几个符号.

如果“若 A,则 B”是一个真命题,则称由 A 可以推出 B,记作

$$A \Rightarrow B,$$

读作“A 推出 B”;否则,称由 A 推不出 B,记作 $A \nRightarrow B$,读作“A 推不出 B”.如果“$A \Rightarrow B$ 且 $B \Rightarrow A$”,也可以说“A 当且仅当 B”,则称 A 与 B 等价,记作

$$A \Leftrightarrow B.$$

其中,符号“$\Rightarrow$”表示“蕴含”或者“推出”,符号“$\nRightarrow$”表示“推不出”,符号“$\Leftrightarrow$”表示“等价”.

例如,命题“如果 x 是 4 的倍数,那么 x 是 6 的倍数”可记作

$$x\text{ 是 4 的倍数} \nRightarrow x\text{ 是 6 的倍数}; \tag{3.1.4}$$

命题“如果 $x = \frac{\pi}{2}$,那么 $\sin x = 1$”可记作

$$x = \frac{\pi}{2} \Rightarrow \sin x = 1; \tag{3.1.5}$$

命题“$x^2 + y^2 = 0$ 当且仅当 $x = 0, y = 0$”可记作

$$x^2 + y^2 = 0 \Leftrightarrow x = 0, y = 0. \tag{3.1.6}$$

如果命题“若 A,则 B”为真,即 $A \Rightarrow B$,则称 A 为 B 的**充分条件**,称 B 为 A 的**必要条件**;若 $A \nRightarrow B$,则 A 不是 B 的**充分条件**,B 也不是 A 的**必要条件**.

由上述充分条件与必要条件的定义知,如果 A 为 B 的充分条件,那么 A 充分保证了 B 的成立,是 A 引起了结果 B 的发生;如果 B 为 A 的必要条件,就是说没有 B 就不能产生结果 A(若 $\neg B$,则 $\neg A$).

例如,由命题(3.1.5)知,$x = \frac{\pi}{2}$ 是 $\sin x = 1$ 的充分条件,$\sin x = 1$ 是

$x=\frac{\pi}{2}$的必要条件.由命题(3.1.4)知,“x是4的倍数”不是“x是6的倍数”的充分条件,“x是6的倍数”也不是“x是4的倍数”的必要条件.由命题(3.1.6)知,“$x^2+y^2=0$当$x=0,y=0$”表示由$x=0,y=0\Rightarrow x^2+y^2=0$,即$x=0,y=0$为$x^2+y^2=0$成立的充分条件;而“$x^2+y^2=0$仅当$x=0,y=0$”表示由$x^2+y^2=0\Rightarrow x=0,y=0$,即$x=0,y=0$为$x^2+y^2=0$成立的必要条件;“且”表示二者同时成立,也就是说,$x=0$,$y=0$既是$x^2+y^2=0$成立的充分条件也是$x^2+y^2=0$成立的必要条件.

注 数学中的判定定理实际上给出了判定数学对象B的一个充分条件A.例如,命题“如果一元二次方程$ax^2+bx+c=0(a\neq 0)$的判别式$\Delta=b^2-4ac\geqslant 0$,那么这个方程有实根”就是一个判定定理,它表明“方程$ax^2+bx+c=0(a\neq 0)$的判别式$\Delta=b^2-4ac\geqslant 0$”是“方程有实根”的充分条件.而性质定理实际上给出了判定数学对象A的一个必要条件B.例如,命题“矩形的对角线相等”就是一个性质定理,它表明“四边形的对角线相等”是“四边形是矩形”的必要条件.

一般地,如果“$A\Rightarrow B$且$B\nRightarrow A$”,则称A为B的**充分不必要条件**;如果“$A\nRightarrow B$且$B\Rightarrow A$”,则称A为B的**必要不充分条件**;如果“$A\Rightarrow B$且$B\Rightarrow A$”,则称A与B互为**充分必要条件**,简称**充要条件**;如果“$A\nRightarrow B$且$B\nRightarrow A$”,则称A为B的**既不充分也不必要的条件**.

例如,因为$x=\frac{\pi}{2}\Rightarrow\sin x=1$,但$\sin x=1\nRightarrow x=\frac{\pi}{2}$,所以$x=\frac{\pi}{2}$是$\sin x=1$的充分不必要条件;因为$xy=0\nRightarrow x=0$,但$x=0\Rightarrow xy=0$,所以$xy=0$是$x=0$的必要不充分条件;因为$x^2+y^2=0\Leftrightarrow x=0,y=0$,所以$x^2+y^2=0$与$x=0,y=0$互为充要条件;因为$x$是4的倍数$\nRightarrow x$是6的倍数,且$x$是6的倍数$\nRightarrow x$是4的倍数,所以“$x$是4的倍数”是“$x$是6的倍数”的既不充分也不必要的条件.

在证明充要条件的时候,需要从条件推出结论(证明充分性)以及从结论推出条件(证明必要性).那么在证明充分性或必要性时,应当将哪个作为条件,哪个作为结论呢?

通常,充要条件证明题的叙述方式可以概括为如下两种.

(1)“求证:***A*** **是** B的充要**条件**”.

(2)“求证:A的充要**条件是** ***B***”.

将上述两种叙述方式中加粗的字重读出来,哪个是“条件”就一目了然了.在(1)中,“A是条件”,则由A推出B就是证明充分性;反之,由B推出A就是证明必要性.在(2)中,“B是条件”,则由B推出A就是证明充分性;反之,由A推出B就是证明必要性.

例3 证明:关于x的方程$ax^2+bx+c=0$有一个根为1的充要条件

是 $a+b+c=0$.

证　必要性　因为方程 $ax^2+bx+c=0$ 有一个根为1，则将 $x=1$ 代入原方程，得

$$a+b+c=0.$$

充分性　若 $a+b+c=0$，则 $c=-a-b$，从而有

$$\begin{aligned} ax^2+bx+c &= ax^2+bx-a-b=a(x^2-1)+b(x-1) \\ &= (x-1)(ax+a+b)=0, \end{aligned}$$

故方程 $ax^2+bx+c=0$ 有一个根为1.

注　数学中一个数学对象的概念实际上给出了这个对象的一个充要条件. 例如，命题“素数就是只能被1和其自身整除的大于1的自然数”是素数的定义，它意味着，“一个大于1的自然数只能被1和其自身整除”是“自然数是素数”的充要条件.

数学推理

3.2　数学推理

3.2.1　数学抽象与逻辑推理

抽象和推理是数学的显著特征，与这两个特征关联的思想也就成为数学的核心思想.

数学抽象是仅仅从事物的量的属性进行抽取的抽象，是一种特殊抽象，它具有如下特点.

(1) 数学抽象内容的量的特定性：它只着眼于事物存在的数量关系和空间形式，有别于其他学科.

(2) 数学抽象方法的逻辑建构性：它是基于定义和严密的推理进行逻辑建构的.

(3) 数学抽象程度的高度性：体现在多层次抽象和远离现实模型.

例如，在高等数学中，可以抛开函数曲线的切线斜率和变速直线运动的瞬时速度等量的具体数学意义和物理意义，高度抽象出“当自变量的改变量无限逼近于零时，函数的改变量与其自变量的改变量比值的极限”这个数学结构，并将其定义为导数.

推理就是基于已有的判断推出一个新的判断的思维过程或思维形式. 任何推理都有两个组成部分：一个是推理所依据的判断，称为前提；另一个是推出的新判断，称为结论. 要保证推理结论的正确性，就必须满足三个条件，即前提真实，推理形式有效，前提和结论相关.

逻辑推理是一种通过逻辑分析和推理来得出结论的方法. 它是一种严谨的思维方式，能帮助人们解决问题、做出合理的决策与推论. 逻辑推理的

应用非常广泛，在数学、哲学等领域都发挥着重要的作用. 例如，在数学学习中，无论是某个数学分支，还是某个数学内容的某一章或某一节，只要是通过运算(运算也是一种推理)或证明去解决问题，都要用到互相关联的知识，所以在数学推理中，把数学内容看成一个互相关联的知识网，它不仅是推理的结果，也是进一步推理的基础，这对学生进行有意义的学习，构建良好的认知结构是十分有益的.

数学中的推理是利用数学定理、公式和规律去推导出新的结论或证明已知的定理，是读者学习数学、进行思考的基本能力，并在数学学科的发展和学生综合能力的培养中起着重要的基础作用.

综上所述，虽然抽象与推理密不可分，但它们对于数学发展的功能和作用各有侧重：通过“抽象”把外部世界引入数学，通过“推理”促进了数学本身的发展.

3.2.2 几类常用的数学推理

数学中常用的推理有演绎推理、类比推理和归纳推理.

1. 演绎推理

演绎推理是从一般性的前提出发，通过推导，即演绎，得出具体陈述或个别结论的过程. 它是从一般到特殊的推理，其前提与结论之间的联系是必然的，因此，演绎推理是严格的逻辑推理. 演绎推理在数学中有关系推理、三段论、假言推理和选言推理等多种形式.

关系推理是前提中至少有一个是关系命题的推理，常用的关系推理有对称性关系推理、反对称性关系推理、传递性关系推理. 例如，已知 A 与 B 相等，且 A 大于 C，依据大于关系的传递性可推得：B 大于 C.

三段论是最常用的演绎推理形式，一般表现为大前提、小前提、结论的三段论模式，即

大前提：一切 M 都是(或不是)P；

小前提：Q 是 M；

结论：Q 是(或不是)P.

三段论也称为具有传递关系的推理，因为它是从两个反映客观世界对象的联系和关系的判断中得出新的判断的一种推理形式. 例如，

大前提：因为平行四边形的对角线互相平分；

小前提：菱形是平行四边形；

结论：所以菱形的对角线互相平分.

假言推理是以假言判断为前提的推理，常常通过条件语句的关系来进行推理. 例如，如果一个图形是等边三角形，那么它的三个内角相等；一个图形的三个内角不相等，所以它不是等边三角形.

选言推理是以选言判断为前提的推理. 例如,这个三段论错误的原因,或者是前提不正确,或者是推理不符合规则;但这个三段论的前提是正确的,所以这个三段论的错误是推理不符合规则导致的.

2. 类比推理

类比推理是指根据两个不同对象的某些方面(如特征、属性、关系等)相同或相似,推断或猜测它们在其他方面也可能具有相同或相似的思维过程. 类比推理是一种从特殊到特殊的推理,但它所得结论的真实性是不确定的,因此它不能作为数学的严格推理方法. 例如,若将$(ab)^n = a^n b^n$与$(a+b)^n$进行类比,会导致错误的结论:

$$(a+b)^n = a^n + b^n.$$

实际上,用数学归纳法可证明

$$(a+b)^n = C_n^0 a^n b^0 + C_n^1 a^{n-1} b^1 + C_n^2 a^{n-2} b^2 + \cdots + C_n^n a^0 b^n$$

$$= \sum_{r=0}^{n} C_n^r a^{n-r} b^r \quad (n \in \mathbf{N}_+).$$

即使如此,类比却是产生数学猜想的一个重要的思维方法,许多数学家通过类比获得了灵感、一种直觉,进而提出数学猜想. 因此,类比推理给人的启示有时是巨大的. 例如,古希腊数学家欧几里得曾提出并证明了“素数有无穷多”这一著名的数学命题,后来人们与此作类比提出了种种猜想,“孪生素数猜想”就是其中一个.

综上所述,类比推理是一种创造性、启发性较强而可靠性较弱的方法.

例 1 已知$\sqrt{2+\frac{2}{3}} = 2\sqrt{\frac{2}{3}}$,$\sqrt{3+\frac{3}{8}} = 3\sqrt{\frac{3}{8}}$,$\sqrt{4+\frac{4}{15}} = 4\sqrt{\frac{4}{15}}$,…,类比这些等式,若$\sqrt{6+\frac{a}{b}} = 6\sqrt{\frac{a}{b}}$($a$,$b$均为正实数),求$a+b$的值.

解 所给的三个等式均有如下特征:每个等式中的分数的分子均为被开方数中前边的整数,而分母等于该整数的平方减去1. 类比已知等式,当$\sqrt{6+\frac{a}{b}} = 6\sqrt{\frac{a}{b}}$($a$,$b$均为正实数)时,有

$$a = 6, \quad b = 6^2 - 1 = 35,$$

于是$a+b = 6+35 = 41$.

3. 归纳推理

归纳推理是以已知为真的命题为前提,引出可能真实的命题作结论的过程. 与演绎推理的过程相反,归纳推理是从特殊到一般的推理,即通过对某类事物中的若干特殊情形的分析,推出一般结论的方法. 依据归纳推理的前提和结论所做判断的范围是否相同,可将归纳推理分为完全归纳推理和不完全归纳推理.

1) 完全归纳推理

完全归纳推理是一种在研究了事物的所有(有限种)特殊情况后得出一般性结论的推理方法,其结论一定可靠,所以完全归纳推理可作为数学的严格推理方法.

在初等数学中,完全归纳推理是一种经常被使用的推理和证明方法,其核心思想是:先把问题分类,再逐类研究.完全归纳推理通常包含穷举法和类分法两种.

穷举法是对具有有限多个对象的某类事物进行研究时,对所有对象的属性分别给予讨论,通过判断它们都具有某一属性而推知这类事物都具有这一属性的归纳推理.例如,

$$1+2+3+\cdots+98+99+100=50\times 101=5\,050. \quad (3.2.1)$$

事实上,这个结果是德国著名数学家高斯(Gauss)上小学时运用完全归纳推理得到的.(3.2.1)式中的 $1\sim 100$ 是所给题目的全部对象,且所求和数中所有各个相应的首尾两数之和都等于101,即由 $1+100=101$, $2+99=101$, $3+98=101$, $\cdots$, $50+51=101$ 可以得出50个101.

当考察的对象是无穷多个的时候,穷举法已不再适合,此时,需要采用类分法.**类分法**是指将研究的对象先按命题中可能存在的情况进行分类,再按类分别给予讨论.如果每类均得证,则结论就得证了.例如,绝对值函数 $y=|x|$, $x\in\mathbf{R}$ 的定义就是将自变量按 $x>0$, $x=0$, $x<0$ 分类给出的.使用类分法时需注意如下三个原则.

(1) 分类中的每一部分是相互独立的.

(2) 一次分类需按同一个标准.

(3) 分类讨论应逐级进行,获取阶段性的相应结果,最后将分类讨论的结果进行综合,得到整个问题的解答.

例 2　设函数 $f(x)=\begin{cases}1-x, & x\leqslant 1,\\ x^2, & x>1\end{cases}$ 满足 $f(a)=4$,求实数 a 的值.

解　因为已知函数为分段函数,而 a 与1的大小无法确定,使得对应法则 f 也不能确定,所以下面对 a 进行分类讨论.

当 $a\leqslant 1$ 时,要使 $f(a)=1-a=4$,则需 $a=-3$;

当 $a>1$ 时,要使 $f(a)=a^2=4$,则需 $a=2$.

因此,当 $f(a)=4$ 时,实数 $a=2$ 或 $a=-3$.

分类思想是解决数学问题的一种常用推理方法,它有利于培养读者思维的条理性、缜密性、灵活性,使读者学会完整地思考问题,化整为零地解决问题.

2) 不完全归纳推理

不完全归纳推理(也称经验归纳法)是一种在研究个别事物后提出带有普遍性的结论猜想的方法,其结论不一定可靠,所以不完全归纳推理不

能作为数学的严格推理方法.

不完全归纳推理因具有猜测、想象的成分，所以常常可能出现错误，但它仍是一个十分有用的发现、创新的思维方法. 根据推理中是否揭示了对象与属性之间的必然联系，不完全归纳推理可分为简单枚举法和科学归纳法.

简单枚举法是指寻找几个特殊的对象进行试验，然后归纳出其共同特征，而且整个过程中没有遇到任何反例，最后提出一种比较合理的猜想的推理方法. 例如，哥德巴赫就是通过简单枚举

$$6=3+3, 8=3+5, 10=3+7=5+5, 12=5+7,$$
$$14=7+7=3+11, 16=5+11=3+13, \cdots$$

归纳出"上述列举的这些大于 4 的偶数都可以写成两个素数之和"这个特征，继而猜想：任何一个既不是素数也不是素数平方的偶数（即大于 4 的偶数）都可以写成两个奇素数之和.

哥德巴赫猜想是一个备受瞩目的数学难题. 哥德巴赫猜想的证明不仅仅是在解决一个数学问题，更重要的是它带来的思考和启示. 它不仅推动了数学研究的深入，也为密码学的安全性提供了新的契机.

再如，将(3.2.1)式左端相加的自然数推广到任意 n 个正整数，其结果就不能用高斯采用的穷举法推得了. 此时，通常的做法是对一些具体的 n 进行计算，以期"不完全归纳"出对一般自然数 n 的规律. 例如，

$$1=1,\quad 1+2=3=\frac{1}{2}\times 2(2+1),\quad 1+2+3=6=\frac{1}{2}\times 3(3+1)$$

等. 当计算到足够大的 n 时，就可以"猜想"或者"不完全归纳"是否有

$$1+2+3+\cdots+n=\frac{1}{2}n(n+1)\quad (n\in \mathbf{N}_+). \tag{3.2.2}$$

从数学的角度来看，上述简单枚举法的结论超出了前提所判定的范围，即使前提为真（没有反例），仍然不能保证该结论为真，毕竟没有对所有的 n 进行检验，所以还需要使用后边介绍的数学归纳法来对(3.2.2)式进行严格的证明.

科学归纳法是利用因果规律的特点，在前后相继的一些现象中，通过某些现象的相关变化，归纳出各种现象间的因果联系. 例如，经过观察，金、银、铜、铁受热后其体积都膨胀了，且金、银、铜、铁均为金属；科学研究证明，金属受热后，由于其分子的凝聚力减弱，分子运动加速，分子彼此距离加大，从而导致金属膨胀；由此归纳出一般结论，即所有金属受热后其体积都会膨胀. 再如，在常温状态下，金、银、铁、锡等部分金属具有固体特征，由此归纳出一般结论：一切金属都是固体. 但现实生活中却存在不是固体的金属，如汞.

3.3　数学证明

数学证明

3.3.1　数学证明的概念

学习数学，就离不开证明，这是由数学证明在数学发展中所起的作用决定的. **数学证明**是依据已经确定为真的公理、定理、定义、性质、法则、公式等数学命题，通过演绎推理来论证另一数学判断或命题为真或假的推理过程. 任何**数学证明的结构都包含论题、论据、论证**三个部分.

论题 —— 需要确定其真或假的那个判断或命题.

论据 —— 用来证明论题的真或假时所依据的那些判断或命题.

论证 —— 也称证明方式，是指由论据得出论题的推理形式，它是由一系列命题，根据逻辑推理规则构成的一个推算演绎的过程.

推理是数学证明过程中的基本元素. 如果说演绎推理是为了证明的推理，那么归纳与类比推理就是为了推断的推理. 将这两种推理模式结合起来，就得到了数学推理的全部过程：从条件出发，借助归纳与类比推理“推断”数学结果的可能性，借助演绎推理“验证”数学结果的必然性.

一个数学论证过程是由一系列基本推理构成的，所以数学证明能有效培养学习者通过正向思维、逆向思维以及正逆结合的思维去解决问题的能力，能很好地提高学习者的观察能力、理解能力和逻辑思维能力.

还需要指出的是，在运用概念、做出判断、进行推理和论证时必须遵循同一律、矛盾律和排中律等形式逻辑的基本规律，这些规律从不同的角度概括和表达了正确思维的基本特征及逻辑要求. **同一律**是指在同一个论证和推理过程中，每一个概念和判断都必须与其自身保持同一性，不得随意变更. 常见的违背同一律的逻辑错误有混淆概念、偷换概念等. **矛盾律**是指在同一个论证和推理过程中，对同一对象的两个互相矛盾(对立)的判断，不可能同时为真，其中至少有一个是假的. 常见的违背矛盾律的逻辑错误就是自相矛盾. **排中律**是指在同一个论证和推理过程中，对同一对象的两个互相矛盾的肯定判断与否定判断，不可能同时都是假的，其中必有一个是真的. 常见的违背排中律的逻辑错误有模棱两可、非此非彼和模棱两不可等.

3.3.2　几类常用的数学证明方法

数学证明是数学学习中非常重要的一部分，也是所有数学学习者和数学工作者必须熟悉的技能. 在不同的情景中，有不同的数学证明方法. 一般地，按证明过程所采用的推理形式，数学证明分为演绎法与归纳法；按思维过程的顺序，数学证明分为综合法与分析法；按是否直接证明命题，数学证明分为直接证法与间接证法. 每种方法都有其适用的范围和特点，在具体证明时，常常需要根据命题综合运用多种方法来完成其证明过程. 下面就几类常用的数学证明方法分别举例说明.

1. 演绎法与归纳法

演绎法与归纳法是两种常见的推理方法.

演绎法是在已有普遍原则的基础上，从一般性推断到具体性，保证了推理的逻辑严谨性和必然性，所以通过演绎法能得出正确的结论，所有的数学证明过程均是由一连串的演绎推理组织起来的. **归纳法**是在没有完全确定的前提下，试图通过样本的观察来得出概括性的结论，但可能存在未观察到的特例，所以归纳法的结论并非绝对确定. 两种方法之间具有辩证的关系，既互相区别、互相对立，又互相联系、互相补充，表现为：一方面，归纳是演绎的基础，没有归纳就没有演绎；另一方面，演绎是归纳的前导，没有演绎也就没有归纳. 一切科学的真理都是归纳和演绎辩证统一的产物，离开演绎的归纳和离开归纳的演绎，都不能达到科学的真理.

归纳法包括不完全归纳法、完全归纳法以及数学归纳法. **不完全归纳法**是通过对某类事物的真子集逐个进行考察，发现它们具有某一属性，就大胆预见某类事物具有这一属性的方法，所以**不完全归纳法仅是思维的一种方法，不是数学证明方法，利用它所得的结论只能称为猜想**，如(3.2.2)式需经过数学证明才能确定其结论的真伪. 当研究的某类事物只包含有限多种情形时，因为能穷举该类事物的各种情形而采用**完全归纳法**推知该类事物均具有某一属性，如(3.2.1)式. 但当研究的某类事物包含可数无限多种情形时(可数无限集是指集合中的元素可以与自然数相对应，也就是说，可以用自然数来“数”可数无限集的数量，从而称**其数量为可数无限个**. 例如，整数的全体可以和自然数相对应)，就无法逐个考察各种情形下该类事物是否都具有某一属性. 此时，需要采用数学证明中更为简易也更为灵巧的数学归纳法进行证明.

在数学中，通常由不完全归纳法得到某些与自然数有关的数学命题，采用数学归纳法来证明其正确性. 数学归纳法是以一种不同的方式来证明任意一个给定的情形(从第一个、第二个、第三个，一直下去均不例外) 都是正确的数学定理，也就是按如下步骤进行.

(1) 证明当自然数 n 取第一个值 n_0(如 $n_0 = 1$) 时，命题为真(递推基础).

(2) 假定当 $n = k(k \in \mathbf{N}, k \geqslant n_0)$ 时，命题为真(递推依据)，以此为依据，证明当 $n = k + 1$ 时，所证命题也为真(这一步应用的是演绎推理).

在完成上述两个步骤之后，即可断定对从 n_0 开始的一切自然数，所证命题为真. 这种证明方法称为**数学归纳法**，它常用于证明递推公式和满足某些性质的序列.

例 1　用数学归纳法证明:$1+2+3+\cdots+n=\frac{1}{2}n(n+1), n\in\mathbf{N}_+$.

证　(1) 当 $n=1$ 时,左端 $=1$,右端 $=\frac{1}{2}\times1\times(1+1)=1$,所以当 $n=1$ 时,等式成立.

(2) 假定 $n=k$ 时,等式成立,即 $1+2+3+\cdots+k=\frac{1}{2}k(k+1)$,则当 $n=k+1$ 时,

$$\begin{aligned}左端&=1+2+3+\cdots+k+(k+1)\\&=\frac{1}{2}k(k+1)+(k+1)=\frac{1}{2}(k+1)(k+2)=右端,\end{aligned}$$

即当 $n=k+1$ 时,等式成立.

由(1)和(2)知,等式 $1+2+3+\cdots+n=\frac{1}{2}n(n+1)$ 对任何自然数均成立.

观察例 1,在数学归纳法中,假设 $n=k$ 成立,递推 $n=k+1$ 成立,证明的是相邻两项中只要其一成立,那么其后一个也成立.然后,在“若在 $n=1$ 的时候成立,且相邻两项中只要其一成立,那么其后一个也成立”的条件下,则 $n=2$ 成立,则 $n=3$ 成立……类推(这步就是归纳推理)至对所有项都成立,由此完成归纳证明.所以,数学归纳法实际上是一种用递推的方式,通过“有限”解决“无限”的方法.例如,有一列很长的直立着的多米诺骨牌(按一定间距排列成行),如果能先证明第一张骨牌会倒,再证明“只要任意一张骨牌倒了,与其相邻的下一张骨牌也会倒”,那么就可以得出“所有的骨牌都会倒下”的结论,这就是多米诺骨牌效应.

还需注意:虽然数学归纳法名字中有“归纳”二字,但它并不是不严谨的归纳推理法,它属于完全严谨的演绎推理法.

2. 综合法与分析法

综合法是从已知条件出发,利用已有的定义、公理、定理、公式、法则等逐步展开逻辑推理,推出一系列的“可知”,直至获得所要证明的结论的证明方法.这种方法是“由因导果”,其推理的方向是从已知到可知,从可知到未知的思维过程,其思维具有发散性和不确定性.**分析法**是从问题的结论出发,利用已有的定义、公理、定理、公式、法则等寻找其成立的条件,再分析这些条件成立又需要什么条件,继续逐步追溯,直至“追”到需要的条件就是已知命题的证明方法.这种方法是“执果索因”,与综合法的思维过程相反,其思维具有目标性和方向性.

将分析法和综合法“联合”起来,同时从问题的已知和结论出发,经过推理去寻找解决问题的突破口的证明方法称为**分析综合法**.这种方法充分

体现了分析与综合之间互为前提、互相渗透、互相转化的辩证统一关系，即分析的终点是综合的起点，综合的终点又成为进一步分析的起点.

通常可以用分析法寻找解题思路，用综合法来叙述解题过程. 对于简单的题目，可直接应用综合法来解决；对于比较复杂的题目，可以采用分析综合法，当“须知”与“可知”相遇之后，便成功地打通了一条解题通道.

例 2 设 $a,b,c\in\mathbf{R}_+$，用适当的方法证明 $a+b+c\geqslant\sqrt{ab}+\sqrt{bc}+\sqrt{ca}$.

证 由题意知，对任意 $a,b,c\in\mathbf{R}_+$，由均值不等式，有

$$a+b\geqslant 2\sqrt{ab},\quad b+c\geqslant 2\sqrt{bc},\quad c+a\geqslant 2\sqrt{ca} \tag{3.3.1}$$

（当且仅当 $a=b=c$ 时取等号）.

由要证明的结论 $a+b+c\geqslant\sqrt{ab}+\sqrt{bc}+\sqrt{ca}$ 出发，则需证

$$2(a+b+c)\geqslant 2(\sqrt{ab}+\sqrt{bc}+\sqrt{ca}),$$

即证

$$(a+b)+(b+c)+(c+a)\geqslant 2\sqrt{ab}+2\sqrt{bc}+2\sqrt{ca}.$$

而上述不等式恰好可由(3.3.1)式中三个不等式左、右两边分别相加而得. 这就是同时从问题的已知和结论出发，经过推理寻找到解决问题的突破口.

例 3 某学生在一次研究性学习中发现以下不等式都是正确的.

(1) $(1^2+4^2)(9^2+5^2)\geqslant(1\times 9+4\times 5)^2$；

(2) $[(-6)^2+8^2](2^2+12^2)\geqslant[(-6)\times 2+8\times 12]^2$；

(3) $(6.5^2+8.2^2)(2.5^2+12.5^2)\geqslant(6.5\times 2.5+8.2\times 12.5)^2$；

(4) $(20^2+10^2)(102^2+7^2)\geqslant(20\times 102+10\times 7)^2$.

观察上述四个不等式，猜想出一个一般性的结论（用字母表示），并用分析法证明该结论.

解 观察所给四个不等式，均有如下特征：不等式左端第一、第二个括号均为两个数的平方和并作乘积，而右端恰是左端两个括号中的第一个数相乘与第二个数相乘之和的平方. 由此猜想它们满足如下规律：

$$(a^2+b^2)(c^2+d^2)\geqslant(ac+bd)^2\quad(a,b,c,d\in\mathbf{R}).$$

上述不等式其实就是 $n=2$ 时的柯西不等式，下面用分析法证明.

要证 $(a^2+b^2)(c^2+d^2)\geqslant(ac+bd)^2$，只需证

$$a^2c^2+a^2d^2+b^2c^2+b^2d^2\geqslant a^2c^2+2acbd+b^2d^2,$$

整理得 $a^2d^2-2acbd+b^2c^2\geqslant 0$，即证 $(ad-bc)^2\geqslant 0$.

因为 $a,b,c,d\in\mathbf{R}$，所以 $(ad-bc)^2\geqslant 0$ 显然成立，从而原命题得证.

3. 直接证法与间接证法

从命题的已知条件出发，根据已知的公理、定理、定义、公式等，从正面证明命题结论为真的证明方法称为**直接证法**. 凡是用演绎推理证明命题为

真的方法均为直接证法，它是数学中常用的证明方法. 在采用直接证法的证明过程中，通常要运用演绎、归纳、分析、综合等方法，所以综合法、分析法、分析综合法等均为直接证法. 不是直接从原命题的条件逐步推得命题成立的方法称为**间接证法**. 间接证法是不直接证明命题为真，而是通过证明其否定命题不真，或者在特定条件下，证明其逆否命题成立，从而确定原命题为真的证明方法. 常用的间接证法有反证法、同一法等. 下面举例说明.

1) 反证法

请认真阅读下边的故事，并归纳出王戎证明"李子是苦的"的思维方法.

王戎七岁，尝与诸小儿游. 看道旁李树多子折枝，诸儿竞走取之，唯戎不动. 人问之，答曰："树在道旁而多子，此必苦李. "取之信然.

上述典故出自《世说新语》的一篇文言文《道旁李树》. 该典故讲的是三国末年，在琅邪有一个叫王戎的人，他是竹林七贤之一. 他因平定吴国有功，被封为安丰侯. 传说，王戎从小就非常聪明. 他 7 岁那年的某一天和小伙伴在路边玩，看见一棵李子树上的果实多得把树枝都快压断了. 小伙伴们都很幸福地跑去摘果子，可王戎却站着不动，还说："李子是苦的，我不摘. "小伙伴们摘了果子一尝，果然苦的没法吃. 小伙伴们好奇地问王戎："你又没吃，咋知道李子是苦的呢？"王戎说："如果李子是甜的，树又长在路边，那李子早就被人摘的差不多了！所以这棵树上的李子肯定是苦的！"

上述典故中王戎的思维过程可归纳如下：

第一步，假设李子是甜的(否定结论)；

第二步，李子树长在路边，那李子早就被人摘的差不多了，与李子现在仍然那么多矛盾(推出矛盾)；

第三步，这棵树上的李子肯定是苦的(假设不成立，原结论成立).

牛顿曾经说过，反证法是数学家最精当的武器之一. 故事中的王戎就是利用反证法从反面出发考虑问题的：先肯定命题的题设而假设命题的结论不真(即否定结论)，经过推理导出与已知命题或题设条件相矛盾的结果，依据矛盾律与排中律知假设错误，从而肯定命题的结论，使原命题获得了证明. 这样的证明方法称为**反证法**. 反证法的关键在于推出矛盾. 其实在一开始否定结论时就已经蕴涵矛盾了，只是不那么明显，而整个推理过程就是把不明显的矛盾推至明显的矛盾的过程.

反证法是数学证明中常用的方法. 当命题从正面不容易或不能得到证明，而命题的否定相对而言比较浅显时，就需要运用反证法，即所谓"正难则反". 例如，欧几里得利用反证法，假设素数只有有限个，然后通过推理得出矛盾，从而证明了素数的无穷性.

反证法有归谬法与穷举法两种. 在应用反证法时，如果与原命题结论相矛盾的方面只有一种可能的情形，那么只要将这种情形驳倒就能肯定结论成立，这种反证法称为**归谬法**；如果与原命题结论相矛盾的方面不止一种情形，那么就必须把矛盾方面的所有可能的情形一一驳倒，才能推知原结论成立，这种反证法称为**穷举法**. 通常，使用反证法来证明起始性的命题、结论是否定形式的命题、存在性问题（"存在"就是"至少有一个"，其反面是"一个没有"）、唯一性问题（"唯一"就是"有且只有一个"，其反面是"至少有两个"）、与无限有关的问题、任意性问题、已知条件较少或条件与结论之间没有直接关系的命题等.

用反证法完成一个命题的证明，可按如下步骤进行.

(1) 反设 —— 假设待证的结论不成立，即肯定原结论的反面成立.

(2) 归谬 —— 把反设作为条件加到题设中去，然后从这些条件出发，通过一系列逻辑推理最终得出矛盾.

(3) 结论 —— 由所得矛盾说明原命题成立.

反证法的运用范畴极为广泛，是学习数学必须具备的逻辑思维能力之一. 反证法不仅可用于几何学中，也可用于代数学中. 下面列举一个大家所熟知的代数问题.

例 4 已知 $a \neq 0$，求证：关于 x 的方程 $ax = b$ 有且仅有一个根.

证 因为 $a \neq 0$，所以一元一次方程 $ax = b$ 至少有一个根，下面证明仅有一个根.

假设方程 $ax = b$ 有两个不相同的根 x_1, x_2，则有

$$ax_1 = b, \quad ax_2 = b,$$

上述两式相减，得 $a(x_1 - x_2) = 0$. 因为 $a \neq 0$，所以必有 $x_1 - x_2 = 0$，即 $x_1 = x_2$，与假设矛盾. 故假设不成立，即方程 $ax = b$ 仅有一个根.

此例采用的是反证法中的归谬法.

例 5 设 a,b,c 满足 $a+b+c>0, ab+bc+ca>0, abc>0$，求证：$a>0, b>0, c>0$.

证 假设 a,b,c 不全为正数，则包含以下几种情形.

(1) a,b,c 全为负数，则 $abc<0$，与题设矛盾.

(2) a,b,c 中有两个为负数，一个为正数，此时，不妨设 $a>0, b<0, c<0$，则

$$b+c<0.$$

由 $a+b+c>0$，得 $a>-b-c>0$，从而 $a(b+c)<(-b-c)(b+c)$，即

$$ab+ac+bc<-b^2-bc-c^2<0,$$

上式与已知不等式 $ab+bc+ca>0$ 矛盾.

(3) a,b,c 中有一个为负数，其余两个为正数，则 $abc<0$，与题设矛盾.

(4) a,b,c 中至少有一个取值为 0，则 $abc=0$，与题设矛盾.

综上所述，假设不成立，从而必有 $a>0, b>0, c>0$.

此例采用的是反证法中的穷举法.

2) 同一法

当一个命题为真时，其逆命题不一定成立. 但当一个命题的前提与结论所指概念的外延一致时，可以确定它的逆命题是成立的. 例如，如果一个命题的题设和结论都是唯一（不是指包含事项个数的唯一，而是指图形或式子的**属性唯一**）存在的，而且所指的概念是同一概念，同时这个命题的逆命题的题设和结论也都是唯一存在的，而且所指的概念是同一概念，这样的命题和它的逆命题是等价的. 原命题和它的逆命题等价的命题符合同一原理.

当一个命题不易直接证明，而它又符合同一原理时，就可以转而证明与它等价的逆命题. 只要这个逆命题真，则原命题也真，称这种证明方法为**同一法**. 同一法的逻辑依据是同一律. 下面用同一法按以下步骤证明例 6 中的几何命题.

(1) 不从已知条件入手，而是作出符合结论特性的图形.

(2) 证明所作的图形符合已知条件.

(3) 推证出所作的图形与已知为同一图形.

例 6 如图 3.3.1 所示，在 $\triangle ABC$ 中，$AD = DB$，$AE = EC$. 求证：$DE \parallel BC$.

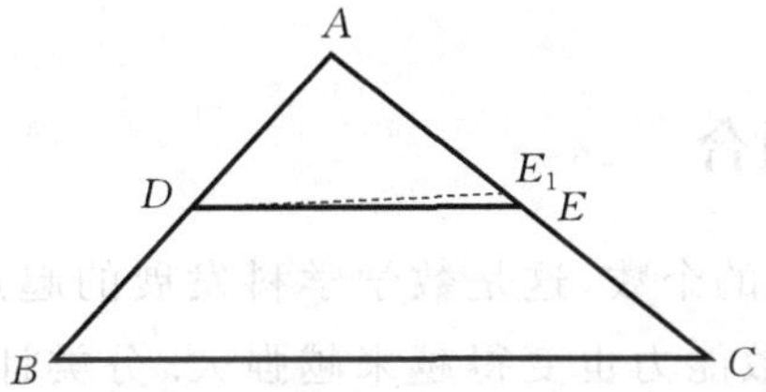

图 3.3.1

证 过点 D 作 $DE_1 \parallel BC$，与 AC 交于点 E_1.

因为 $AD = DB$，由平行线等分线段定理，得 $AE_1 = E_1C$. 而 $AE = EC$，所以 E 和 E_1 重合，即 DE 和 DE_1 重合. 又因为 $DE_1 \parallel BC$，所以 $DE \parallel BC$.

需要注意的是，同一法和反证法的适用范围不同. 同一法的局限性较大，通常只适用于符合同一原理的命题，而反证法的应用范畴极为广泛. 当然，能用同一法证明的命题一般都能用反证法证明.

数学中的证明方法繁多，在此不一一列举，但在本节最后还需介绍一下反例法. **反例法**是为了证明一个命题为错的一种特殊方法. 数学家特别重视反例，在他们看来，对于某个判断性的陈述句，千万个正确的事实并不能肯定它是正确的，只要能举出一个反例，就足以断定这句话不正确. 数学家盖尔鲍姆曾对数学做过这样的评说："数学由两大类——证明和反例组成，而数学的发现也是朝着这两个主要目标——提出证明和构造反例."提出证明在于肯定一个数学命题，构造反例在于推翻一个数学命题. 在数学学习的过程中,学习者对提出证明比较重视,却对构造反例有些忽视.在数学的发展中,常有这样的情形,一个重要的猜想,很长时间没人能证明它,结果有人举出一个反例否定了这个猜想,那么问题便得以解决了.

在日常生活和学习中,反例都是寻找问题自身矛盾之处最有力的驳斥方法.例如,三国时,为推行联吴抗曹的战略,诸葛亮来到东吴面见孙权,并用一连串事实进行了有力的反驳,舌战群儒;再如,要说明命题"若a,b是无理数,则$a+b$也是无理数"不真,只需取$a=\sqrt{2}$,$b=1-\sqrt{2}$,但$a+b=1$为有理数即可说明命题不真.

当然,反例法和前面提到的反证法是不一样的,反证法涉及两个命题之间的逻辑关系,总是先假设结论不成立,推出条件也不成立,然后利用原命题和它的逆否命题的等价性来证明原命题是正确的.而反例法适用于否定全称命题(例如,所有的一元二次方程都有实数解),因为只需举出一个特例(例如,方程$x^2+1=0$没有实数解)就可以推翻这个命题.通常,从正面肯定不易而从反面否定较易的选择题或解答题,就可以通过构造反例来速解.

3.4 二项式定理

3.4.1 排列与组合

计数就是数事物的个数,这是数学学科发展的起点.随着掌握的内容越来越多,人类的计数能力也变得越来越强大.分类计数原理与分步计数原理是人类在大量实践经验的基础上归纳出的基本规律,它们是推导排列数、组合数计算公式的依据.

本节要学习的排列与组合是更强大的计数方法,利用它们可以快速地解决一些看起来很难的技术问题.排列组合问题最早见于我国的《易经》一书.所谓的"四象",就是每次取两个爻的排列,"八卦"是每次取三个爻的排列.在汉代数学家徐岳的《数术记遗》中,也记载了与占卜有关的八卦数,即把卦按不同的方法在八个方位中排列起来.它与"八个人围着一张圆桌而坐,问有多少种坐法"这一典型的排列问题类似.

1. 排列

定义 1 从n个不同元素中无重复地取出$m(m\leqslant n)$个元素,按照一定次序排成一列,称为从n个不同元素中取出m个元素的一个**无重复排列**或**直线排列**,简称**排列**.不同排列的个数称为**排列数**,记作A_n^m.

依据排列的定义及分步计数原理,从n个不同元素中取出m个元素的排列数公式为

$$A_n^m = n(n-1)(n-2)\cdots(n-m+1), \tag{3.4.1}$$

其中，$n, m \in \mathbf{N}_+$，且 $m \leqslant n$.

排列数公式(3.4.1)有如下特点.

(1) 它是 m 个连续正整数的积.

(2) 第一个因数最大，它是 A 的下标 n.

(3) 第 m 个因数，即最后一个因数最小，它是 A 的下标 n 减去上标 m 再加 1.

排列可分为选排列和全排列两种. 在定义 1 中，当 $m < n$ 时，称这个排列为**选排列**；当 $m = n$ 时，称这个排列(取出所有对象的排列)为**全排列**. 全排列的计算公式为

$$A_n^n = n(n-1)(n-2)\cdot\cdots\cdot 2\cdot 1, \tag{3.4.2}$$

称(3.4.2)式为 n 的**阶乘**，通常用 $n!$ 表示，即

$$A_n^n = n!.$$

于是(3.4.1)式还可变形为

$$A_n^m = n(n-1)(n-2)\cdots(n-m+1) = \frac{n!}{(n-m)!}. \tag{3.4.3}$$

例 1　用数学归纳法证明排列数公式(3.4.3).

证　当 $n=1$ 时，等式左端 $A_n^1 = n$，等式右端 $\frac{n!}{(n-1)!} = n$，等式成立；

假设当 $n = k$ 时，等式成立，即有

$$A_n^k = n(n-1)\cdots(n-k+1) = \frac{n!}{(n-k)!},$$

则当 $n = k+1$ 时，有

$$\begin{aligned} A_n^{k+1} &= n(n-1)\cdots(n-k+1)(n-k) \\ &= \frac{n!}{(n-k)!}\cdot(n-k) = \frac{n!}{[n-(k+1)]!}, \end{aligned}$$

等式成立.

综上可得，排列数公式(3.4.3)成立.

若从 n 个不同元素中可重复地取出 m 个元素(其中每个元素可选 n 次)，按照一定次序排成一列，称为从 n 个不同元素中取 m 个元素的一个**可重复排列**，其计数公式为

$$n^m = \underbrace{n\times n\times\cdots\times n}_{\text{共 } m \text{ 个 } n \text{ 相乘，表示 } m \text{ 步中每一步均有 } n \text{ 种选法}};$$

若从 n 个不同元素中无重复地取出 m 个元素进行**圆排列**，则相当于从 n 个不同元素中选出的 m 个不同元素需要围成一个圆，其计数公式为 $\frac{A_n^m}{m}$.

例 2　7 个人按如下各种方式排队照相，各有多少种排法？

(1) 甲必须站在正中间；

(2) 甲、乙必须站在两端；

(3) 甲、乙不能站在两端；

(4) 甲、乙两人要站在一起.

解 (1) 甲站在正中间，其余 6 人可以任意站，共有 $A_6^6=720$ 种排法.

(2) 甲、乙站在两端有 A_2^2 种排法；其余 5 人站中间有 A_5^5 种排法，所以共有 $A_2^2\cdot A_5^5=240$ 种排法.

(3) 在甲、乙以外的其余 5 人中取出 2 人站两端有 A_5^2 种排法，剩下的 5 人站中间有 A_5^5 种排法，所以共有 $A_5^2\cdot A_5^5=2\,400$ 种排法.

(4) 将甲、乙当成一个整体，和其余 5 人来排列，有 A_6^6 种排法，另外甲、乙可以互换位置，有 A_2^2 种排法，所以共有 $A_6^6\cdot A_2^2=1\,440$ 种排法.

2. 组合

定义 2 从 n 个不同元素中无重复地取出 $m(m\leqslant n)$ 个元素作为一组，称为从 n 个不同元素中取出 m 个元素的一个**组合**. 不同组合的个数称为**组合数**，记作 C_n^m.

依据排列与组合的定义及分步计数原理，可得

$$A_n^m=C_n^m\cdot A_m^m.$$

将(3.4.1)式和(3.4.2)式代入上式，得从 n 个不同元素中取出 m 个元素的组合数公式为

$$C_n^m=\frac{n(n-1)\cdots(n-m+1)}{m!},$$

其中，$n,m\in \mathbf{N}_+$，并且 $m\leqslant n$. 规定 $C_n^0=1$. 上式还可变形为

$$C_n^m=\frac{n(n-1)\cdots(n-m+1)}{m!}=\frac{n!}{m!(n-m)!}. \tag{3.4.4}$$

读者可自行证明组合数还具有如下两个性质.

(1) $C_n^m=C_n^{n-m}$；

(2) $C_{n+1}^m=C_n^m+C_n^{m-1}$.

例 3 平面内 1 条直线把平面分成 2 部分；2 条相交直线最多把平面分成 4 部分，有 1 个交点；3 条相交直线最多把平面分成 7 部分，有 3 个交点. 试猜想：n 条相交直线最多把平面分成多少部分？有多少个交点？

解 画图观察可知，4 条相交直线最多把平面分成 11 部分，有 6 个交点；5 条相交直线最多把平面分成 16 部分，有 10 个交点等. 归纳猜想可得，n 条相交直线最多把平面分成 $\dfrac{n^2+n+2}{2}$ 部分，有 $\dfrac{n(n-1)}{2}$ 个交点.

事实上，n 条直线只有在两两相交且交点各不相同的条件下，才会将平面分割成最多的部分. 在两两相交的前提下，交点的总数就是从 n 条直线中随意取出 2 条直线相交，看一共存在多少种取法的问题. 这个问题可以理解为从 n 个不同的小球中随机取出 2 个，一共有多少种取法，这是组合问题.

所以一共有 $C_n^2=\dfrac{n(n-1)}{2}$ 个交点.

n 条直线最多可以将平面分成多少部分呢？分别将"1,2,3,4,5 条相交直线最多把平面分成 2,4,7,11,16 部分"等结论写成如下形式：

1 条直线将平面分成 2 部分,则分割部分可表示为 2；

2 条直线将平面分成 4 部分,则分割部分可表示为 $2+2$；

3 条直线将平面分成 7 部分,则分割部分可表示为 $3+4$；

4 条直线将平面分成 11 部分,则分割部分可表示为 $4+7$；

5 条直线将平面分成 16 部分,则分割部分可表示为 $5+11$.

如果记 n 条直线最多可以将平面分成 a_n 部分,那么 a_n 满足

$$\begin{aligned} a_n &= n+a_{n-1}=n+n-1+a_{n-2}=\cdots=n+n-1+\cdots+2+a_1 \\ &= n+n-1+\cdots+2+2=1+1+2+3+\cdots+n \\ &= 1+\frac{1}{2}n(n+1)=\frac{n^2+n+2}{2}. \end{aligned}$$

3.4.2　二项展开式

问题 1　小华进行投篮练习,共投了 10 次.如果只考虑是否投中,那么投篮结果可以分成 11 类:投中 0 次,投中 1 次,投中 2 次 …… 投中 10 次.投中 0 次只有 $C_{10}^0=1$ 种情况,投中 1 次有 C_{10}^1 种情况,投中 2 次有 C_{10}^2 种情况 …… 投中 10 次有 C_{10}^{10} 种情况.因而,小华投了 10 次,投篮情况共有

$$C_{10}^0+C_{10}^1+C_{10}^2+\cdots+C_{10}^{10}$$

种.那么,上式的计数结果是多少呢？更一般地,$C_n^0+C_n^1+C_n^2+\cdots+C_n^n$ 的计数结果又是多少呢？

利用本节将要学习的二项式定理,可以快速地回答问题 1.

定理 1(二项式定理)　当 n 为正整数时,有

$$\begin{aligned} (a+b)^n &= C_n^0a^nb^0+C_n^1a^{n-1}b^1+C_n^2a^{n-2}b^2+\cdots+C_n^na^0b^n \\ &= \sum_{r=0}^{n}C_n^ra^{n-r}b^r. \end{aligned} \tag{3.4.5}$$

(3.4.5)式右端的多项式称为$(a+b)^n$ 的**二项展开式**,它共有 $n+1$ 项,其中 $C_n^ra^{n-r}b^r$ 是展开式中的第 $r+1$ 项,称为**二项展开式的通项**,用 T_{r+1} 表示,即

$$T_{r+1}=C_n^ra^{n-r}b^r\quad(0\leqslant r\leqslant n),$$

并将各项的系数 $C_n^r(r=0,1,\cdots,n)$ 称为**二项式系数**.

注　二项展开式中各项的次数均为 n；二项展开式的每一项中 a 的次数由 n 降到 0,b 的次数由 0 升到 n.

如何证明(3.4.5)式呢？既可以利用计数原理与排列组合知识证明(读者自行完成),也可以利用数学归纳法证明.下面采用数学归纳法进行

证明.

证 当 $n=1$ 时，$(a+b)^1=\sum_{r=0}^{1}C_1^r a^{1-r}b^r=C_1^0a^1b^0+C_1^1a^0b^1=a+b$.

假设二项展开式在 $n=m$ 时成立. 若 $n=m+1$，则

$$
\begin{aligned}
(a+b)^{m+1}&=a(a+b)^m+b(a+b)^m=a\sum_{r=0}^{m}C_m^r a^{m-r}b^r+b\sum_{j=0}^{m}C_m^j a^{m-j}b^j\\
&=\sum_{r=0}^{m}C_m^r a^{m-r+1}b^r+\sum_{j=0}^{m}C_m^j a^{m-j}b^{j+1}\\
&=a^{m+1}+\sum_{r=1}^{m}C_m^r a^{m-r+1}b^r+\sum_{j=0}^{m}C_m^j a^{m-j}b^{j+1}\text{（取出 } r=0 \text{ 的项）}\\
&=a^{m+1}+\sum_{r=1}^{m}C_m^r a^{m-r+1}b^r+\sum_{r=1}^{m+1}C_m^{r-1}a^{m-r+1}b^r\text{（设 } j=r-1\text{）}\\
&=a^{m+1}+\sum_{r=1}^{m}C_m^r a^{m-r+1}b^r+\sum_{r=1}^{m}C_m^{r-1}a^{m-r+1}b^r+b^{m+1}\text{（取出 } r=m+1 \text{ 项）}\\
&=a^{m+1}+b^{m+1}+\sum_{r=1}^{m}(C_m^r+C_m^{r-1})a^{m-r+1}b^r\\
&=a^{m+1}+b^{m+1}+\sum_{r=1}^{m}C_{m+1}^r a^{m-r+1}b^r=\sum_{r=0}^{m+1}C_{m+1}^r a^{m+1-r}b^r.
\end{aligned}
$$

综上可得，(3.4.5) 式成立.

还可将二项展开式(3.4.5)中的正整指数 n 推广到实指数 α，其结论形式不变，即

$$
(a+b)^\alpha=\sum_{k=0}^{\infty}C_\alpha^k a^{\alpha-k}b^k=\sum_{k=0}^{\infty}\frac{\alpha(\alpha-1)\cdots(\alpha-k+1)}{k!}a^{\alpha-k}b^k\quad(\alpha\in\mathbf{R}).\tag{3.4.6}
$$

例 4 求 $(a^{-\frac{1}{6}}b^{\frac{1}{4}}+a^{\frac{1}{3}}b^{-\frac{1}{6}})^{11}$ 的展开式中 a 和 b 的指数相等的项.

解 展开式的通项为

$$
T_{k+1}=C_{11}^k(a^{-\frac{1}{6}}b^{\frac{1}{4}})^{11-k}\cdot(a^{\frac{1}{3}}b^{-\frac{1}{6}})^k=C_{11}^k a^{-\frac{11}{6}+\frac{1}{2}k}b^{\frac{11}{4}-\frac{5}{12}k}.
$$

令 $-\frac{11}{6}+\frac{1}{2}k=\frac{11}{4}-\frac{5}{12}k$，解得 $k=5$. 则展开式中 a 和 b 的指数相等的项为

$$
T_6=C_{11}^5a^{\frac{2}{3}}b^{\frac{2}{3}}=462a^{\frac{2}{3}}b^{\frac{2}{3}}.
$$

例 5 用二项式定理证明 $99^{98}-1$ 能被 100 整除.

证 由二项式定理，得

$$
\begin{aligned}
(100-1)^{98}&=C_{98}^0\,100^{98}+C_{98}^1\,100^{97}\cdot(-1)+C_{98}^2\,100^{96}\cdot(-1)^2\\
&\quad+\cdots+C_{98}^{97}\,100^1\cdot(-1)^{97}+C_{98}^{98}\,100^0\cdot(-1)^{98},
\end{aligned}
$$

观察上式右端的展开式，前面 98 项都是 100 的倍数，最后一项为 1.

因为 $99^{98}-1=(100-1)^{98}-1$，所以 $99^{98}-1$ 能被 100 整除.

例 6 证明数列 $\{x_n\}=\left\{\left(1+\frac{1}{n}\right)^n\right\}$ 单调有界.

证　由二项展开式可得

$$x_n=\left(1+\frac{1}{n}\right)^n=1+C_n^1\frac{1}{n}+C_n^2\frac{1}{n^2}+\cdots+C_n^n\frac{1}{n^n}$$
$$=1+\frac{n}{1!}\cdot\frac{1}{n}+\frac{n(n-1)}{2!}\cdot\frac{1}{n^2}+\frac{n(n-1)(n-2)}{3!}\cdot\frac{1}{n^3}$$
$$+\cdots+\frac{n(n-1)\cdots(n-n+1)}{n!}\cdot\frac{1}{n^n}$$
$$=2+\frac{1}{2!}\left(1-\frac{1}{n}\right)+\frac{1}{3!}\left(1-\frac{1}{n}\right)\left(1-\frac{2}{n}\right)$$
$$+\cdots+\frac{1}{n!}\left(1-\frac{1}{n}\right)\left(1-\frac{2}{n}\right)\cdots\left(1-\frac{n-1}{n}\right).$$

类似地，有

$$x_{n+1}=\left(1+\frac{1}{n+1}\right)^{n+1}=2+\frac{1}{2!}\left(1-\frac{1}{n+1}\right)+\frac{1}{3!}\left(1-\frac{1}{n+1}\right)\left(1-\frac{2}{n+1}\right)$$
$$+\cdots+\frac{1}{n!}\left(1-\frac{1}{n+1}\right)\left(1-\frac{2}{n+1}\right)\cdots\left(1-\frac{n-1}{n+1}\right)$$
$$+\frac{1}{(n+1)!}\left(1-\frac{1}{n+1}\right)\left(1-\frac{2}{n+1}\right)\cdots\left(1-\frac{n}{n+1}\right).$$

因为$1-\frac{k}{n}<1-\frac{k}{n+1}<1$，所以比较$x_n$与$x_{n+1}$中相同位置的项，可知它们的前两项相同，从第三项到第$n+1$项，x_{n+1}的每项都大于x_n中对应的项，且x_{n+1}还多了最后一个正项，因此

$$x_n<x_{n+1},$$

这说明数列$\{x_n\}$是单调增加的.

因为$1-\frac{1}{n},1-\frac{2}{n},\cdots,1-\frac{n-1}{n}$都小于1，所以

$$2\leqslant x_n=\left(1+\frac{1}{n}\right)^n<1+1+\frac{1}{2!}+\frac{1}{3!}+\cdots+\frac{1}{n!}$$
$$<1+1+\frac{1}{2\times1}+\frac{1}{3\times2}+\cdots+\frac{1}{n\times(n-1)}$$
$$=2+\left(1-\frac{1}{2}\right)+\left(\frac{1}{2}-\frac{1}{3}\right)+\cdots+\left(\frac{1}{n-1}-\frac{1}{n}\right)=3-\frac{1}{n}<3,$$

故数列$\{x_n\}$有界.

由(3.4.5)式易知，二项展开式与组合数的关系十分密切，所以说二项式定理是组合恒等式的一个重要源泉，下面举例进行说明.

在(3.4.5)式中，若令$a=1,b=x$，则有二项式定理的另一个常用形式：

$$(1+x)^n=C_n^0+C_n^1x+C_n^2x^2+\cdots+C_n^nx^n=\sum_{k=0}^{n}C_n^kx^k\quad(n\in\mathbf{N}_+,x\in\mathbf{R}).\tag{3.4.7}$$

在(3.4.7)式中，若令$x=1$，则有

$$2^n = C_n^0 + C_n^1 + C_n^2 + \cdots + C_n^n. \tag{3.4.8}$$

由(3.4.8)式,问题1中的计数结果得以解决,即投篮情况共有

$$C_{10}^0 + C_{10}^1 + C_{10}^2 + \cdots + C_{10}^{10} = 2^{10} = 1\,024 \text{ 种}.$$

在(3.4.7)式中,若令 $x=-1$,则有

$$0 = C_n^0 - C_n^1 + C_n^2 - C_n^3 + C_n^4 - C_n^5 + \cdots. \tag{3.4.9}$$

观察(3.4.5)式,由组合数的性质(1)易知,二项展开式的系数

$$C_n^0, C_n^1, C_n^2, \cdots, C_n^{n-2}, C_n^{n-1}, C_n^n \tag{3.4.10}$$

是对称的.因此,在(3.4.10)式中,二项式系数先逐渐变大,再逐渐变小;当 n 是偶数时,中间一项的二项式系数最大;当 n 是奇数时,中间两项的二项式系数相等且最大;首末两项的二项式系数都是1.

注 二项式定理又称牛顿二项式定理,由牛顿(Newton)于1664年至1665年提出.二项式定理最初用于开高次方.在我国,成书于公元1世纪的《九章算术》中最早提出了多位正整数开平方、开立方的一般程序.11世纪中叶,贾宪发现了与组合数相关的二项式系数,杨辉将它整理并记载在他的《详解九章算法》一书中,这就是通常所说的"贾宪三角"或"杨辉三角".而在西方文献中,一般称其为"帕斯卡三角",西方文献认为与组合数相关的二项式系数是数学家帕斯卡于1654年发现的.

习题 3

1. 填空题.

(1) 平行四边形的内涵为____________________,菱形的内涵为____________________________.

(2) 已知命题 p_1:"若 $x^2+y^2=0$,则 x,y 全为零",则 p_1 的否定为____________,p_1 的否命题为______________;已知命题 p_2:"若 $xy=0$,则 x,y 都不为零",则 p_2 的否定为________________.

(3) 命题"如果 $ab<0$,那么 $a+b<0$"是________(填"真"或"假")命题,原因是________________.

(4) 推理a:一个三角形,要么是锐角三角形,要么是钝角三角形,要么是直角三角形;这个三角形不是锐角三角形和直角三角形,所以它是钝角三角形.

推理b:如果一个数的末位是0,那么这个数能被5整除;这个数的末位是0,所以这个数能被5整除.

推理a和推理b分别为演绎推理的________和________.

(5) 小米观察到一只鸟会飞,另一只鸟也会飞,便推理得出"所有鸟都会飞"的一般性结论.小米在此采用的推理为______________.

(6) 三段论推理"自然数是整数,4是________,所以4是整数".

(7) 在等差数列$\{a_n\}$中，若$a_{n-k}=A,a_{n+k}=B(n>k)$，则$a_n=\dfrac{A+B}{2}$. 在等比数列$\{a_n\}$中，若$a_{n-k}=A,a_{n+k}=B(n>k)$，公比为q，则$\dfrac{B}{A}=$ ________，$a_n=$ ________.

(8)$C_6^1+C_6^2+C_3^2+C_6^4+C_6^5=$ ________.

(9) 以下四个命题：

① $2^n>2n+1(n\geqslant 3)$；

② $2+4+6+\cdots+2n=n^2+n+2(n\geqslant 1)$；

③ 凸n边形内角和为$f(n)=(n-1)\pi(n\geqslant 3)$；

④ 凸n边形对角线的条数是$f(n)=\dfrac{n(n-2)}{2}(n\geqslant 4)$

中满足"假设$n=k(k\geqslant k_0,k\in\mathbf{N}_+)$时命题成立，则当$n=k+1$时，命题也成立"，但不满足"当$n=n_0$($n_0$是题中给定的$n$的初始值)时命题成立"的命题序号有________，理由为________.

(10) 设$(3x-1)^8=a_8x^8+a_7x^7+\cdots+a_1x+a_0$，则$a_8+a_7+\cdots+a_1=$ ________.

2. 回答下列问题.

(1) 总结判断全称量词命题和存在量词命题真假的方法.

(2) 全称量词命题与存在量词命题s和它的否定$\neg s$之间有何关系？s和$\neg s$之间的真假关系如何？并举例说明.

(3) 描绘出你思维中的数学理论探索过程.

3. 写出下列命题中条件和结论的逻辑关系.

(1) 若$A:a<b,c<0$，则$B:ac>bc$；　　(2) 若$A:x^2<3$，则$B:x<0$；

(3) 若$A:1<x<2$，则$B:x<2$；　　(4) 若$A:x\in\mathbf{R}$，则$B:x>2$；

(5) 若$A:x$和y满足$\begin{cases}1<x+y<7,\\0<xy<10,\end{cases}$则$B:x$和$y$满足$\begin{cases}0<x<5,\\1<y<2.\end{cases}$

4. 求解下列各题.

(1) 设有互不共线的三向量$\boldsymbol{a},\boldsymbol{b}$与$\boldsymbol{c}$，试证明顺次将它们的终点与始点相连而成一个三角形的充要条件是它们的和是零向量；

(2) 已知数列$\{a_n\}$的前n项和$S_n=p^n+q(p\neq 0,p\neq 1)$，求数列$\{a_n\}$是等比数列的充要条件.

5. 试用演绎推理的三段论模式说明命题"直角三角形三内角之和为180°"的正确性.

6. 已知命题"椭圆$\dfrac{x^2}{25}+\dfrac{y^2}{9}=1$与双曲线$\dfrac{x^2}{11}-\dfrac{y^2}{5}=1$的焦距相等". 试将此命题推广到一般情形，使已知命题成为推广后命题的一个特例.

7. 观察下列等式，求解下列各题.

(1)$S_1=\dfrac{1}{2}n^2+\dfrac{1}{2}n,S_2=\dfrac{1}{3}n^3+\dfrac{1}{2}n^2+\dfrac{1}{6}n,S_3=\dfrac{1}{4}n^4+\dfrac{1}{2}n^3+\dfrac{1}{4}n^2,S_4=\dfrac{1}{5}n^5+\dfrac{1}{2}n^4+\dfrac{1}{3}n^3-\dfrac{1}{30}n,S_5=An^5+\dfrac{1}{2}n^5+\dfrac{5}{12}n^4+Bn^2,\cdots$. 试推测$A-B$的值；

(2)$a+b=1,a^2+b^2=3,a^3+b^3=4,a^4+b^4=7,a^5+b^5=11,\cdots$.试求 $a^{10}+b^{10}$ 的值.

8.用分析法与综合法求解下列各题.

(1) 若 $P=\sqrt{a}+\sqrt{a+7}$,$Q=\sqrt{a+3}+\sqrt{a+4}\,(a\geqslant 0)$,则 P 与 Q 的大小关系如何?

(2) 已知 $a>0,b>0$,求证:

$$a(b^2+c^2)+b(c^2+a^2)\geqslant 4abc.$$

结论可否推广为:若 $a,b,c>0$ 且不全相等,有 $a(b^2+c^2)+b(c^2+a^2)+c(a^2+b^2)>6abc$?

9.利用反证法证明下列各题.

(1) 已知一个整数的平方能被 2 整除,则这个数是偶数;

(2) $\sqrt{2}$ 不是有理数;

(3) 若 a,b,c 是互不相等的三个非零实数,则三个方程

$$ax^2+2bx+c=0,\quad bx^2+2cx+a=0,\quad cx^2+2ax+b=0$$

中至少有一个方程有两个相异实根;

(4) 若 $a>b>0$,则 $\sqrt{a}>\sqrt{b}$;

(5) 对任意一个正整数 n,存在唯一的一个整数 m,使得 m 和 n 互为相反数;

(6) 在 $\triangle ABC$ 中,$\angle A,\angle B,\angle C$ 的对边分别为 a,b,c,且 $\angle C\neq 90°$,求证:$a^2+b^2\neq c^2$.

10.用同一法证明下列各题.

(1) 等腰三角形底边的垂直平分线必过顶点.

(2) 已知正方形 $ABCD$,以 AD 为一边,在该正方形内作等腰三角形 EAD,使 $\angle EAD=\angle EDA=15°$,求证:$\triangle EBC$ 是等边三角形.

11.用数学归纳法证明下列各题.

(1)$1+\dfrac{1}{2^2}+\dfrac{1}{3^2}+\cdots+\dfrac{1}{n^2}<2-\dfrac{1}{n}\,(n\geqslant 2,n\in\mathbf{N})$;

(2)$1\times 4+2\times 7+3\times 10+\cdots+n(3n+1)=n(n+1)^2\,(n\in\mathbf{N}_+)$;

(3) $1^2+2^2+3^2+\cdots+n^2=\dfrac{n(n+1)(2n+1)}{6}\,(n\in\mathbf{N})$;

(4) 观察下列等式:

$1=1$, $\qquad 1^3=1$,

$1+2=3$, $\qquad 1^3+2^3=9$,

$1+2+3=6$, $\qquad 1^3+2^3+3^3=36$,

$1+2+3+4=10$, $\qquad 1^3+2^3+3^3+4^3=100$,

$1+2+3+4+5=15$, $\qquad 1^3+2^3+3^3+4^3+5^3=225$,

试用含 n(n 为自然数)的式子来表示 $1^3+2^3+3^3+\cdots+n^3$,并证明推测的结论;

(5) 有两堆棋子,数目相等,两人玩耍,每人可以在一堆棋子里任意取几个,但不能同时在两堆里取,规定最后取完棋子的人获胜,试证明后取者必胜;

(6) 设 $n\geqslant 2$ 为正整数,$n\theta$ 为锐角,证明:不等式 $\sin n\theta<n\sin\theta<n\tan\theta<\tan n\theta$;

(7) 设 $f(n)=1+\dfrac{1}{2}+\dfrac{1}{3}+\cdots+\dfrac{1}{n}$,证明:$n+f(1)+f(2)+\cdots+f(n-1)=nf(n)$ $(n\geqslant 2)$.

12. 求解下列各题.

(1) 中国足球协会超级联赛共有 16 队参加，每队要与其余各队在主、客场分别比赛一次，试问总共要进行多少场比赛？

(2) 用 $0 \sim 9$ 这 10 个数字，可以组成多少个没有重复数字的三位数？

(3) 在 100 件产品中，有 98 件合格品，2 件次品. 从这 100 件产品中任意抽取 3 件.

① 有多少种不同抽法？

② 抽出的 3 件产品中恰有 1 件是次品的抽法有多少种？

③ 抽出的 3 件产品中至少有 1 件是次品的抽法有多少种？

(4) 自高考不分文理科后，思想政治、历史、地理、物理、化学、生物这 6 大科目就属于选考科目. 如果考生可以从中任选 3 科作为自己的高考科目，那么选考的组合方式一共有多少种可能的情况？如果用{思想政治，历史，地理}表示其中一种选考的组合，你能用类似的方法表示出所有的组合方式吗？还有更简单的表示方法吗？

(5) 利用二项展开式(3.4.5) 展开 $(1+2x)^5$.

(6) 求 $\left(x-\dfrac{2}{\sqrt{x}}\right)^6$ 的展开式中含 x^3 的项和常数项的值及常数项对应的二项式系数.

(7) 已知 $(x^2-1)^n$ 的展开式中，所有的二项式系数之和为 1 024，求展开式中含 x^6 的项.

(8) 用二项式定理证明 $101^{10}-1$ 能被 10 整除.

(9) 计算 $C_2^2+C_3^2+C_4^2+\cdots+C_{100}^2$.

(10) 计算 $C_{11}^1+C_{11}^3+C_{11}^5+C_{11}^7+C_{11}^9+C_{11}^{11}$.

13. 证明下列各题.

(1) 依据排列的定义证明排列数公式(3.4.1)；

(2) 利用组合数公式证明 $C_{n+1}^m=C_n^m+C_n^{m-1}$；

(3) 利用数学归纳法证明组合数公式(3.4.4).

第四章

曲线的极坐标方程与参数方程

曲线是一个抽象的数学概念，它是一个只有长度没有宽度的几何对象．直观来讲，曲线就是平面或空间中按一定条件变动的点的轨迹．生活中能找到许多曲线的例子，如圆锥曲线、摆线、星形线、心形线等．那么如何用解析的方法来描述它们呢？本章将在读者熟悉的直角坐标系的基础上介绍如何通过极坐标方程或参数方程来反映曲线上那些动点的运动轨迹．

极坐标系是除直角坐标系外最常用的平面坐标系，在高等数学的一元微积分和多元微积分中都有着广泛的应用．

本章主要介绍极坐标系、曲线的极坐标方程和参数方程．

4.1　极坐标系

4.1.1　极坐标系的概念

极坐标系

1. 极坐标系的定义

引例　图 4.1.1 所示是某游乐园的平面示意图.

假设某游客在入口 A 处,请回答下列问题:

(1) 他向西偏北 60° 方向走 100 m 后到达什么位置? 该位置唯一确定吗?

(2) 如果有人向他打听去游玩大摆锤和过山车的行走路线,他应如何描述?

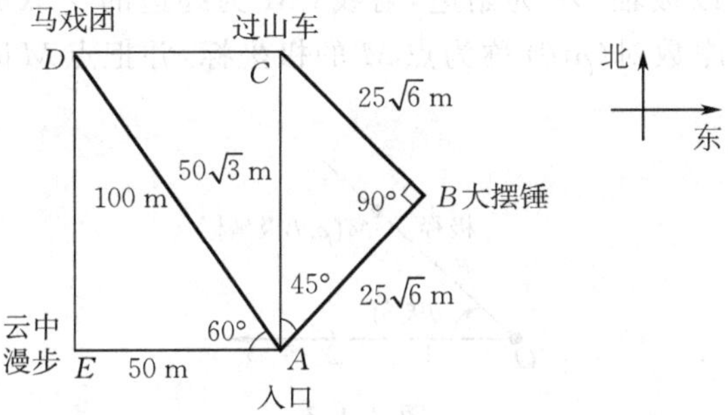

图 4.1.1

解　观察图 4.1.1,可得

(1) 这位游客向西偏北 60° 方向走 100 m 后将到达马戏团 D 处,该位置唯一确定.

(2) 有两种方案可选.

方案一:从 A 出发,向东偏北 45° 方向走 $25\sqrt{6}$ m 就到了大摆锤 B 处,玩了大摆锤之后从 B 出发,向北偏西 45° 方向走 $25\sqrt{6}$ m 便可到达过山车 C 处.

方案二:从 A 出发,向正北方向走 $50\sqrt{3}$ m 就到了过山车 C 处,玩了过山车之后从 C 出发,向南偏东 45° 方向走 $25\sqrt{6}$ m 便可到达大摆锤 B 处.

像这样以 A 为基点,射线 AE 的反向延长线为参照方向,利用**与 A 的距离、与 AE 的反向延长线所成的角**这两个要素就可以刻画平面上点的位置了,这便是极坐标系. 通过引例发现,除了可以用直角坐标来确定平面上点的位置外,还可以通过极坐标来确定平面上点的位置,且有时用极坐标来刻画点的位置比用直角坐标更方便. 例如,在台风预报、航空、航海中主要采用极坐标来描述.

问题　如何定义极坐标系呢?

类比平面直角坐标系的建立过程,下面用距离与角度这两个要素来建立确定平面上点的位置的极坐标系.

定义1 在平面上取一个定点O,由点O引一条射线Ox,并确定一个长度单位和角度的正方向(通常取逆时针方向),这样建立的坐标系称为**极坐标系**,如图 4.1.2 所示. 其中,定点 O 称为**极点**,射线 Ox 称为**极轴**.

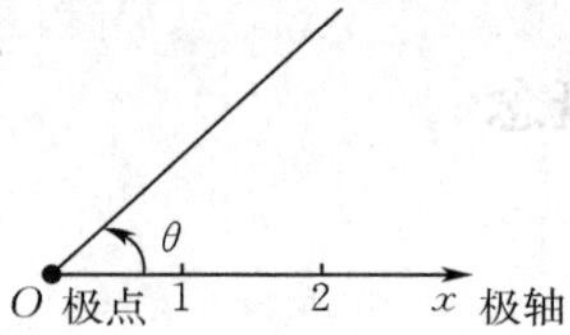

图 4.1.2

2. 极坐标系中点的确定

在建立了极坐标系后,如何确定极坐标系中点的位置呢?

定义2 设M是平面内的一点,极点O与点M 的距离$|OM|$称为点M的**极径**,记作 ρ;以极轴 Ox 为始边,射线 OM 为终边的 $\angle xOM$ 称为点M 的**极角**,记作θ. 有序数对(ρ,θ) 称为点M 的**极坐标**,并把点M记作$M(\rho,\theta)$,如图 4.1.3 所示.

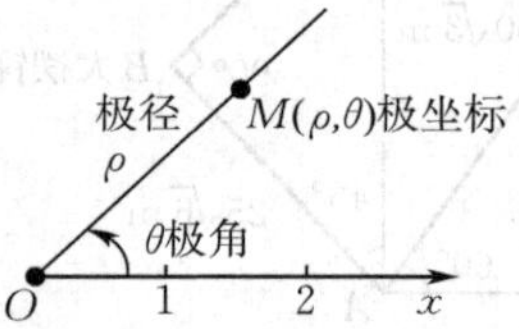

图 4.1.3

一般地,如不作特殊说明,可以认为 $\rho \geqslant 0$,θ 取任意实数. 特别地,极点 O 处的极径 $\rho = 0, \theta \in \mathbf{R}$,即极点 O 的极坐标为$(0,\theta)$.

在引例中,如果以入口 A 处为极点,AE 的反向延长线所在的射线为极轴(单位长度为1 m),建立如图 4.1.4 所示的极坐标系,且假设$\theta \in [0,2\pi)$,那么可确定游乐园内各点的极坐标,即点 A 的极坐标为$(0,\theta)$,$\theta \in [0,2\pi)$,点 B 的极坐标为$\left(25\sqrt{6},\frac{\pi}{4}\right)$,点 C 的极坐标为$\left(50\sqrt{3},\frac{\pi}{2}\right)$,点 D 的极坐标为$\left(100,\frac{2\pi}{3}\right)$,点 E 的极坐标为$(50,\pi)$.

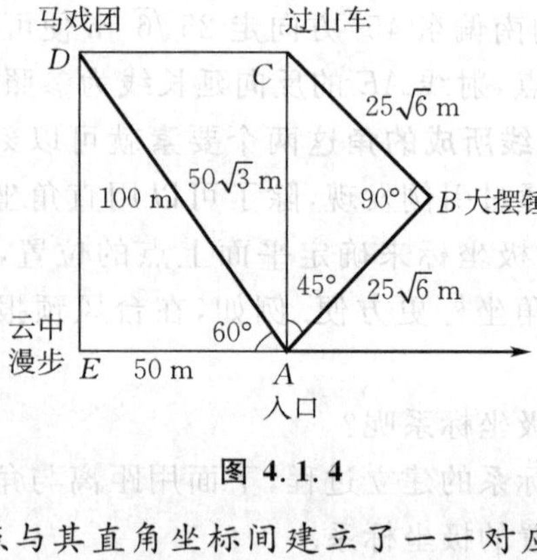

图 4.1.4

注 平面上的点与其直角坐标间建立了一一对应的关系,但同一个点

$(\rho,\theta)(\rho\neq 0)$ 的极坐标可以有无穷多个，它们之间相差 $2k\pi(k\in\mathbf{Z})$，即极坐标(ρ,θ) 与$(\rho,\theta+2k\pi)(k\in\mathbf{Z})$ 表示平面上同一个点.

事实上，一方面，在极坐标系中，如果给定极坐标(ρ,θ)，如图 4.1.5 所示，那么可以将极轴绕着极点沿逆时针方向旋转 θ 角，得到一条射线，在这条射线上取 $|OM|=\rho$，这样就可以在平面内唯一确定点 M. 另一方面，如果给定平面内任意一点 M，如图 4.1.5 所示，只要测量出射线 OM 与极轴的夹角 θ 以及线段 OM 的长度 ρ，便可得到点 M 的一个极坐标(ρ,θ). 但点 M 的表示法不唯一，因为$(\rho,\theta+2k\pi)(k\in\mathbf{Z})$ 仍为点 M 的极坐标.

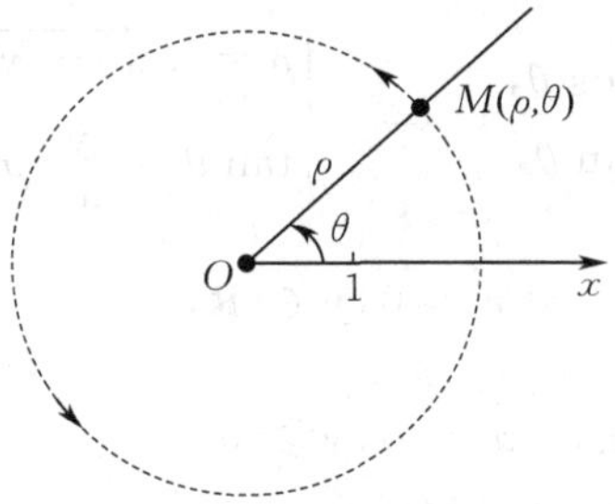

图 4.1.5

定义 2 中的极角常取逆时针方向为正，习惯上负极角 θ 就表示将极轴绕着极点沿顺时针方向旋转了 $|\theta|$ 弧度. 例如，极角 $\theta=-\dfrac{\pi}{2}$ 表示将极轴绕着极点沿顺时针方向旋转了$\dfrac{\pi}{2}$. 当将点 $M(\rho,\theta)$ 绕着极点沿顺时针方向旋转 k 周后，极角变为 $\theta-2k\pi$，因此点 M 的极坐标还可记作

$$M(\rho,\theta-2k\pi)\quad(k\in\mathbf{N}).$$

注　在某些情况下，极径 ρ 也允许取负值. 当点 $M(\rho,\theta)$ 的极径 ρ 取负值时，表示点 M 在极角 θ 终边的反向延长线上，且到极点 O 的长度为 $|\rho|$. 此时，也可以认为$(\rho,\theta)(\rho>0)$ 与$(\rho,\theta+2k\pi)$ 或$(-\rho,\theta+(2k+1)\pi)(k\in\mathbf{Z})$ 表示平面上同一个点.

此后，若无特别说明，都将限定 $\rho\geqslant 0$，$0\leqslant\theta<2\pi$ 或 $-\pi<\theta\leqslant\pi$，这样除极点外，平面上其他任意一点与极坐标(ρ,θ) 就建立了一一对应的关系. 为方便起见，将极点的极坐标记作$(0,0)$.

4.1.2　极坐标和直角坐标的相互转化

既然平面上的点可用极坐标来表示，那么极坐标和直角坐标之间有什么关系呢？

如图 4.1.6 所示，把直角坐标系的原点作为极坐标系的极点，将直角坐标系的 x 轴的正半轴作为极坐标系的极轴，并在两种坐标系中取相同的长度单位. 设 M 是平面内任意一点，它的直角坐标是(x,y)，极坐标是(ρ,θ)，其中 $\rho\geqslant 0$，$0\leqslant\theta<2\pi$ 或 $-\pi<\theta\leqslant\pi$.

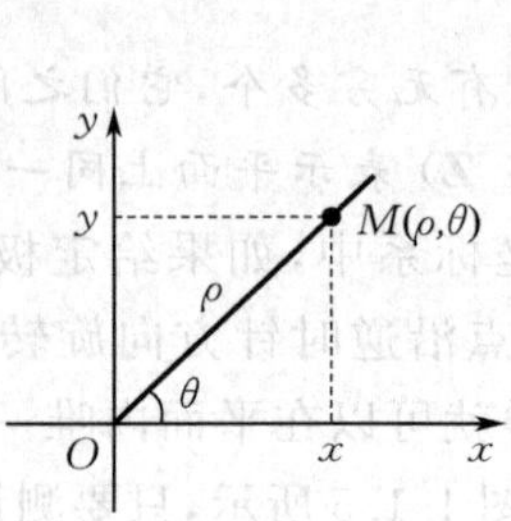

图 4.1.6

利用三角函数的定义,可得两种坐标之间的转换关系:

$$\begin{cases} x=\rho\cos\theta, \\ y=\rho\sin\theta, \end{cases} \Leftrightarrow \begin{cases} \rho=\sqrt{x^2+y^2}, \\ \tan\theta=\dfrac{y}{x}\,(x\neq 0), \end{cases}$$

$$\text{其中},\theta=\begin{cases} \arctan\dfrac{y}{x}, & x>0,y\in\mathbf{R}, \\ \arctan\dfrac{y}{x}+\pi, & x<0,y\geqslant 0, \\ \arctan\dfrac{y}{x}-\pi, & x<0,y<0. \end{cases}$$

通过上述转换关系式,可以把直角坐标转换成极坐标,也可以把极坐标转换成直角坐标.下面举例说明.

例 1 (1) 将点 M 的直角坐标$(\sqrt{3},1)$ 转换成极坐标;

(2) 将点 M 的极坐标$\left(4,\dfrac{\pi}{4}\right)$转换成直角坐标.

解 (1) 由$\begin{cases} \rho=\sqrt{x^2+y^2}, \\ \tan\theta=\dfrac{y}{x}\,(x\neq 0) \end{cases}$可得

$$\rho=\sqrt{(\sqrt{3})^2+1^2}=2,\quad \tan\theta=\frac{1}{\sqrt{3}}=\frac{\sqrt{3}}{3}.$$

因为点$M(\sqrt{3},1)$ 在第一象限,所以极角 $\theta=\dfrac{\pi}{6}$,从而点 M 的极坐标为$\left(2,\dfrac{\pi}{6}\right)$.

(2) 将 $\rho=4,\theta=\dfrac{\pi}{4}$ 代入$\begin{cases} x=\rho\cos\theta, \\ y=\rho\sin\theta, \end{cases}$得

$$\begin{cases} x=4\times\cos\dfrac{\pi}{4}=2\sqrt{2}, \\ y=4\times\sin\dfrac{\pi}{4}=2\sqrt{2}. \end{cases}$$

所以,点 M 的直角坐标为$(2\sqrt{2},2\sqrt{2})$.

例 2 在极坐标系下,设有点 $P_1(\rho_1,\theta_1)$ 和点 $P_2(\rho_2,\theta_2)$,试证这两点间的距离为

$$|P_1P_2| = \sqrt{\rho_1^2 + \rho_2^2 - 2\rho_1\rho_2\cos(\theta_1 - \theta_2)}.$$

证　如图 4.1.7 所示，$|OP_1| = \rho_1$，$|OP_2| = \rho_2$，$\angle P_1OP_2 = \theta_2 - \theta_1$，则由余弦定理可得

$$|P_1P_2| = \sqrt{\rho_1^2 + \rho_2^2 - 2\rho_1\rho_2\cos(\theta_1 - \theta_2)}.$$

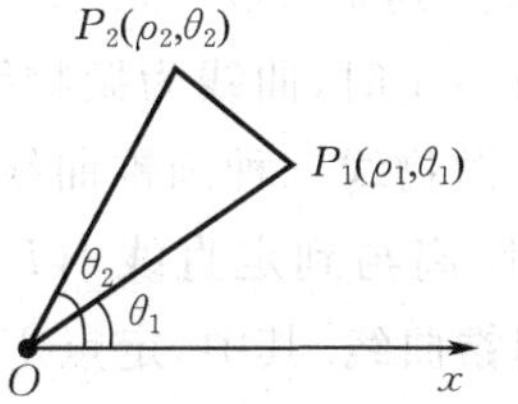

图 4.1.7

4.2　曲线的极坐标方程

曲线的极坐标方程

4.2.1　极坐标方程的定义

有了极坐标的概念之后，平面上的曲线也可以通过极坐标方程来表示.下面给出曲线的极坐标方程的定义.

定义 3　在极坐标系中，如果平面曲线 C 上任意一点的极坐标中至少有一个满足方程 $F(\rho,\theta) = 0$，并且极坐标系中极坐标适合方程 $F(\rho,\theta) = 0$ 的点也都在曲线 C 上，那么称此方程为**曲线 C 的极坐标方程**.

求曲线 C 的极坐标方程的方法和步骤与在直角坐标系下求其直角坐标方程类似，关键是把曲线 C 看作适合某种条件的动点的集合或轨迹，并用极坐标 (ρ,θ) 把该条件表示出来，再通过代数变换对其进行化简，从而得到 $F(\rho,\theta) = 0$.具体如下.

(1) 建立适当的极坐标系，并设曲线 C 上动点的极坐标为 (ρ,θ).

(2) 由曲线 C 上动点所满足的条件，列出曲线 C 上任意一点的极径 ρ 和极角 θ 之间的关系式.

(3) 将列出的关系式进行整理、化简，得出曲线 C 的极坐标方程 $F(\rho,\theta) = 0$.

(4) 最后证明方程 $F(\rho,\theta) = 0$ 就是已知曲线 C 的极坐标方程，即满足方程 $F(\rho,\theta) = 0$ 的有序对 (ρ,θ) 所对应的点都在曲线 C 上.

需要说明的是，若极坐标方程的推导过程正确，化简过程又都是同解变形，则步骤(4) 可省略.

例 1　请给出椭圆、双曲线、抛物线三种圆锥曲线的统一定义，并建立三种圆锥曲线统一的极坐标方程.

解　(1) 通常把圆、椭圆、抛物线、双曲线统称为**圆锥曲线**.通过中学的学习已经知道，椭圆和双曲线都有两个焦点，但同为圆锥曲线的抛物线仅

有一个焦点.尽管这三种圆锥曲线的焦点个数不同,但它们都有焦点,所以可以从这个角度出发对它们的共同性质进行探究.

通过分别考察三种圆锥曲线上动点到焦点的距离,可以得到三种圆锥曲线的一个共同特征为:椭圆、双曲线和抛物线上任意一个动点 M 到定点(焦点)F 的距离 $|MF|$ 与该点到定直线(准线)的距离之比为常数 e.当 $0<e<1$ 时,曲线为椭圆;当 $e=1$ 时,曲线为抛物线;当 $e>1$ 时,曲线为双曲线.由此给出椭圆、双曲线、抛物线三种圆锥曲线的统一定义.

称平面上到定点 F 的距离与到定直线 $l(F\notin l)$ 的距离之比为常数 e $(e>0)$ 的动点的轨迹为**圆锥曲线**.其中,定点 F 是圆锥曲线的**焦点**,常数 e 是圆锥曲线的**离心率**,定直线 l 是圆锥曲线的**准线**.

(2) 建立三种圆锥曲线统一的极坐标方程.过焦点 F 作准线 l 的垂线,垂足为 K,以焦点 F 为极点,FK 的反向延长线 Fx 为极轴,建立极坐标系,如图 4.2.1 所示.设 $M(\rho,\theta)$ 是曲线上任意一点,连结 MF,作 $MA\perp l$,$MB\perp Fx$,垂足分别为 A,B.此时,圆锥曲线就由下列点集定义,即由集合

$$\Delta=\left\{M\left|\frac{|MF|}{|MA|}=e\right.\right\}$$

中的点构成.

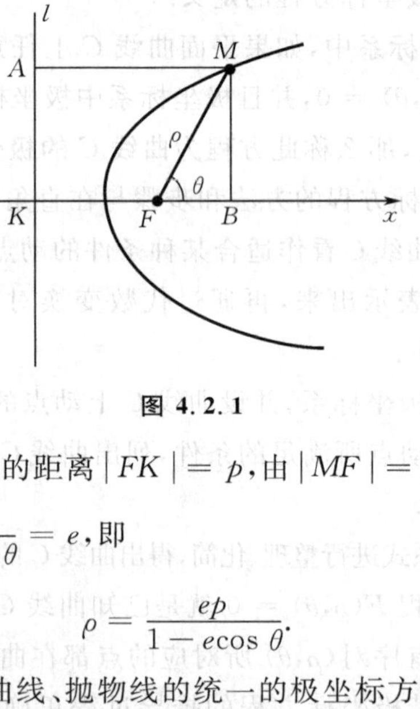

图 4.2.1

设焦点 F 到准线 l 的距离 $|FK|=p$,由 $|MF|=\rho$,$|MA|=|BK|=p+\rho\cos\theta$,得 $\dfrac{\rho}{p+\rho\cos\theta}=e$,即

$$\rho=\frac{ep}{1-e\cos\theta}.$$

上式就是椭圆、双曲线、抛物线的统一的极坐标方程,如图 4.2.2 所示.其中,当 $0<e<1$ 时,方程表示椭圆,定点 F 是它的左焦点,定直线 l 是它的左准线.当 $e=1$ 时,方程表示开口向右的抛物线.当 $e>1$ 时,方程在 $\rho>0$ 时表示双曲线右半支,定点(极点)F 是它的右焦点,定直线 l 是它的右准线;方程在 $\rho<0$ 时表示双曲线左半支,它的左准线为 l',左焦点为 F'.

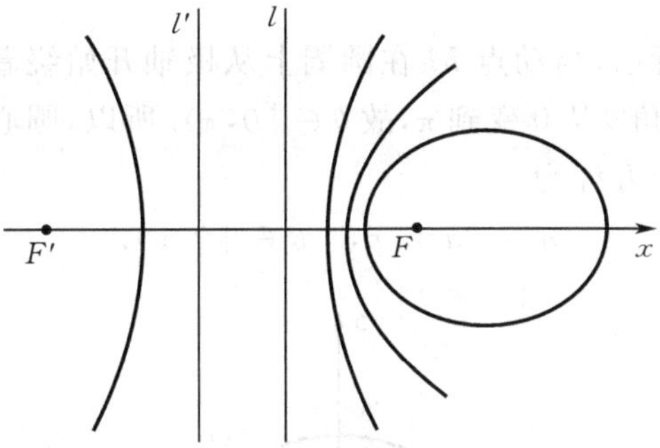

图 4.2.2

4.2.2　特殊曲线的极坐标方程

曲线的极坐标方程通常用 $\rho=\rho(\theta)(\alpha\leqslant\theta\leqslant\beta)$ 的形式表示. 下面给出几类特殊曲线的极坐标方程.

1. 圆的极坐标方程

例 2　求圆心在点 $M_0\left(a,\dfrac{\pi}{2}\right)$ 处且过极点 O 的圆的极坐标方程.

解　假设圆周上任一动点 M 的极坐标为 (ρ,θ)，下面求解 ρ,θ 应满足的关系式.

方法一　利用 4.1 节例 2 中的两点间距离公式，得圆的半径为

$$|OM_0|=\sqrt{a^2+0^2-2a\times 0\times\cos\frac{\pi}{2}}=a,$$

则 $|MM_0|=a$，即

$$\sqrt{a^2+\rho^2-2a\rho\times\cos\left(\frac{\pi}{2}-\theta\right)}=a,$$

化简上式，得 $\rho=2a\sin\theta$.

方法二　利用极坐标和直角坐标的转换公式 $\begin{cases}x=\rho\cos\theta,\\ y=\rho\sin\theta,\end{cases}$ 得点 $M_0\left(a,\dfrac{\pi}{2}\right)$ 的直角坐标为 $(0,a)$. 而在直角坐标系中，圆心为点 $(0,a)$、半径为 a 的圆的直角坐标方程为

$$x^2+(y-a)^2=a^2,$$

化简上式，得

$$x^2+y^2=2ay.$$

将极坐标和直角坐标的转换公式代入上式，得

$$\rho^2\cos^2\theta+\rho^2\sin^2\theta=2a\rho\sin\theta.$$

当 $\rho\neq 0$ 时，化简上式，得

$$\rho=2a\sin\theta. \tag{4.2.1}$$

当 $\rho=0$ 时，对应的极点已含在(4.2.1)式中.

问题 1　当例 2 中的圆周曲线表示成极坐标形式[(4.2.1)式]时，变量

θ应如何取值呢?

如图4.2.3所示,当动点M在圆周上从极轴开始绕着极点沿逆时针方向旋转一周时,极角θ从0变到π,故$\theta\in[0,\pi)$.所以,圆心为点$(0,a)$、半径为a的圆的极坐标方程为

$$\rho=2a\sin\theta,\quad \theta\in[0,\pi).$$

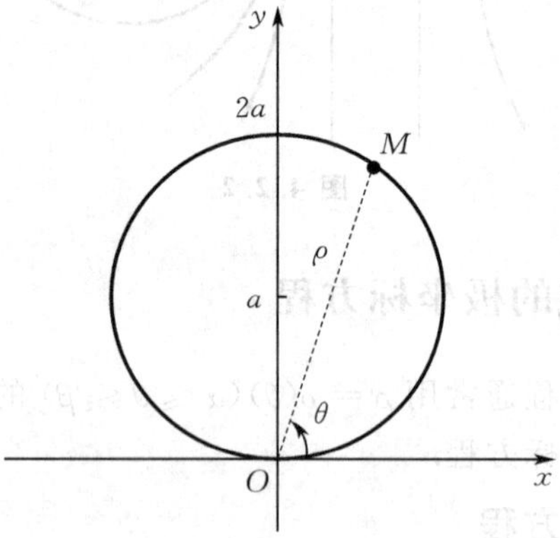

图 4.2.3

注 例2中的方法一关注的是曲线上动点所满足的轨迹特征,并用极坐标(ρ,θ)的关系式将其表示出来;而方法二关注的是极坐标和直角坐标的互化.

问题2 圆心在极点、半径为a的圆的极坐标方程如何表示?

仿照例2,得圆心在极点、半径为a的圆的极坐标方程为

$$\rho=a,\quad \theta\in[0,2\pi).$$

显然,$\rho=a$比$x^2+y^2=a^2$的形式更简单.

问题3 圆心在极轴上、半径为a且过极点的圆的极坐标方程如何表示?

仿照例2,得圆心在极轴上、半径为a且过极点的圆的极坐标方程为

$$\rho=2a\cos\theta,\quad \theta\in\left[-\frac{\pi}{2},\frac{\pi}{2}\right).$$

2. 直线的极坐标方程

例3 求直角坐标系中下列直线的极坐标方程.

(1)$y=-x$;　　(2)$x-y=1$.

解 (1)将极坐标和直角坐标的转换公式$\begin{cases}x=\rho\cos\theta,\\y=\rho\sin\theta\end{cases}$代入$y=-x$,得

$$\rho\sin\theta=-\rho\cos\theta\quad(\rho\geqslant0,0\leqslant\theta<2\pi).$$

当$\rho>0$时,化简上式,得

$$\tan\theta=-1,\quad \theta\in[0,2\pi).$$

故直线$y=-x$的极坐标方程为

$$\theta=-\frac{\pi}{4}\quad 或\quad \theta=\frac{3\pi}{4}.$$

当 $\rho=0$ 时，对应的极点已包含在上式中，如图 4.2.4 所示.

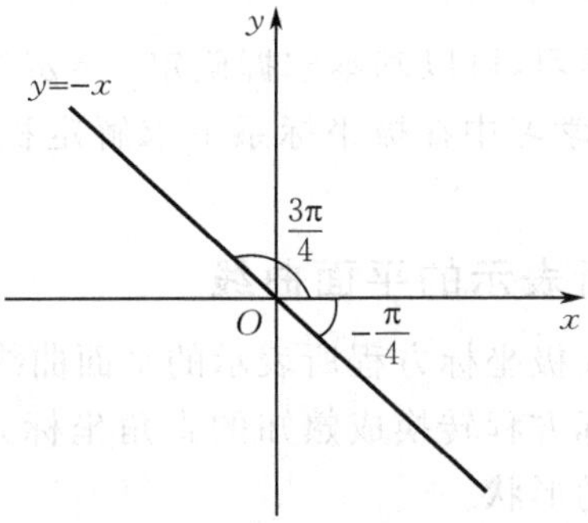

图 4.2.4

显然，用极坐标方程 $\theta=-\frac{\pi}{4}$ 或 $\theta=\frac{3\pi}{4}$ 来表示直线 $y=-x$ 并不方便.

(2) 将极坐标和直角坐标的转换公式 $\begin{cases}x=\rho\cos\theta,\\ y=\rho\sin\theta\end{cases}$ 代入 $x-y=1$，得

$$\rho(\cos\theta-\sin\theta)=1. \tag{4.2.2}$$

因为直线 $x-y=1$ 不经过原点，所以 $\rho\neq 0$. 整理(4.2.2) 式，即得

$$\rho=\frac{1}{\cos\theta-\sin\theta}. \tag{4.2.3}$$

问题 4　(4.2.3) 式中的 θ 该如何取值呢？

如图 4.2.5 所示，如果要表示 $x-y=1$ 整条直线，则 $\theta\in\left(-\frac{3\pi}{4},\frac{\pi}{4}\right)$；如果只表示直线 $x-y=1$ 介于 x 轴与 y 轴之间的那部分线段，则 $\theta\in\left[-\frac{\pi}{2},0\right]$.

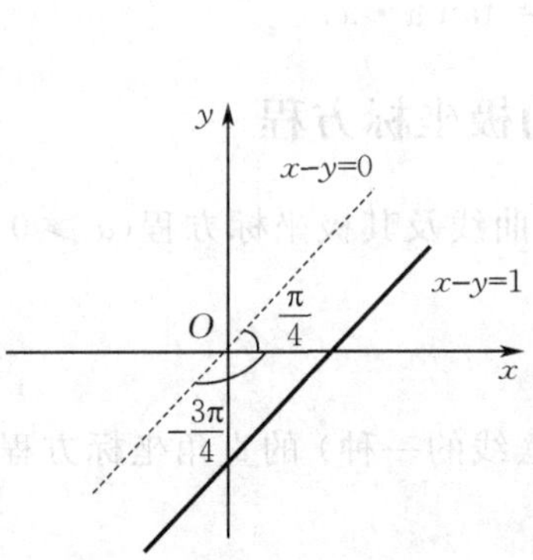

图 4.2.5

注　例 3 中两道题目的求解都是将极坐标和直角坐标的转换公式代入已知的直角坐标方程，读者可仿照例 2 的方法一先找到已知曲线上动点的轨迹特征，然后再求解.

问题 5　x 轴、y 轴的极坐标方程如何表示？

仿照例 3，得 x 轴正半轴，即 $y=0(x\geqslant 0)$ 的极坐标方程为 $\theta=0$；x 轴负半轴，即 $y=0(x\leqslant 0)$ 的极坐标方程为 $\theta=\pi$. y 轴正半轴，即 $x=0(y\geqslant 0)$ 的极坐标方程为 $\theta=\frac{\pi}{2}$；y 轴负半轴，即 $x=0(y\leqslant 0)$ 的极坐标方程为 $\theta=-\frac{\pi}{2}$.

通过例 2、例 3 的学习，可以基本掌握确定 $\rho=\rho(\theta)$ 中极角 θ 的取值范围的方法，这也是微积分学习中在极坐标系下求解定积分或二重积分所应具备的一个基本能力.

3. 极坐标方程所表示的平面曲线

问题 6 如何判断极坐标方程所表示的平面曲线的形状呢？

通常是先将极坐标方程转换成熟知的直角坐标方程，再通过直角坐标方程来判断平面曲线的形状.

例 4 考察极坐标方程 $(\rho-a)(\theta-\alpha)=0(a>0,\alpha\geqslant 0)$ 表示的图形.

解 方程 $(\rho-a)(\theta-\alpha)=0$ 等价于 $\rho=a$ 或 $\theta=\alpha$.

方法一 从曲线上动点所满足的轨迹特征的角度出发，$\rho=a$ 表示到极点的距离等于定长 a 的点的集合，即以极点（原点）为圆心、半径为 a 的圆；$\theta=\alpha$ 表示从极轴出发，绕着极点逆时针旋转 α 弧度的一条射线.

方法二 将 $\rho=a$ 或 $\theta=\alpha$ 代入极坐标和直角坐标的转换公式 $\begin{cases}\rho^2=x^2+y^2,\\ \tan\theta=\dfrac{y}{x}(x\neq 0),\end{cases}$ 则有

$$x^2+y^2=a^2\quad 或\quad \begin{cases} y\ 轴, & x=0,\\ y=\tan\alpha\cdot x, & x\neq 0,\end{cases}$$

即所给方程表示以原点为圆心、半径为 a 的圆，或由极点（原点）出发绕着极轴顺时针旋转 α 弧度的一条射线，这条射线要么是 y 轴正半轴，要么是 y 轴负半轴，要么是直线 $y=\tan\alpha\cdot x$.

4.2.3 常见曲线的极坐标方程

下面给出几类常见曲线及其极坐标方程 $(a>0)$，以方便读者在高等数学学习中参考.

1. 笛卡儿心形线

笛卡儿心形线（外摆线的一种）的直角坐标方程有两种形式. 第一种形式是

$$x^2+y^2+ax=a\sqrt{x^2+y^2},$$

其极坐标方程为

$$\rho=a(1-\cos\theta),$$

相应的几何图形如图 4.2.6 所示.

第二种形式是

$$x^2+y^2-ax=a\sqrt{x^2+y^2},$$

其极坐标方程为

$$\rho = a(1+\cos\theta),$$

相应的几何图形如图 4.2.7 所示.

注　如果将心形线的上述两种形式的极坐标方程中的 $\cos\theta$ 替换为 $\sin\theta$，便可得到心形线的另外两种形式的极坐标方程：

$$\rho = a(1-\sin\theta) \quad \text{和} \quad \rho = a(1+\sin\theta).$$

相应的几何图形只需分别将图 4.2.6 和图 4.2.7 中水平方向的心形线变为垂直方向的心形线即可. 有兴趣的读者可以自行绘制，此处不再赘述.

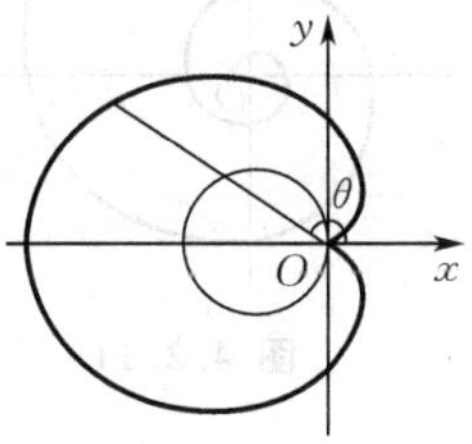

图 4.2.6

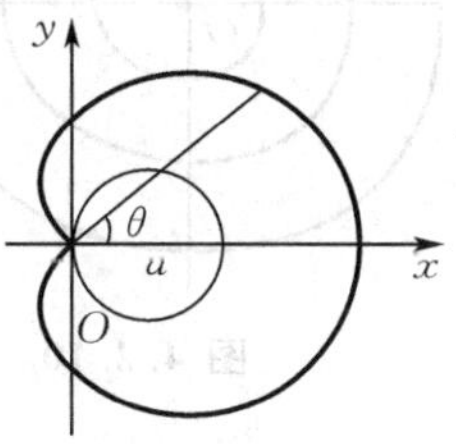

图 4.2.7

2. 伯努利双纽线

伯努利双纽线的直角坐标方程也有两种形式. 第一种形式是

$$(x^2+y^2)^2 = a^2(x^2-y^2),$$

其极坐标方程为

$$\rho^2 = a^2\cos 2\theta,$$

相应的几何图形如图 4.2.8 所示.

第二种形式是

$$(x^2+y^2)^2 = 2a^2xy,$$

其极坐标方程为

$$\rho^2 = a^2\sin 2\theta,$$

相应的几何图形如图 4.2.9 所示.

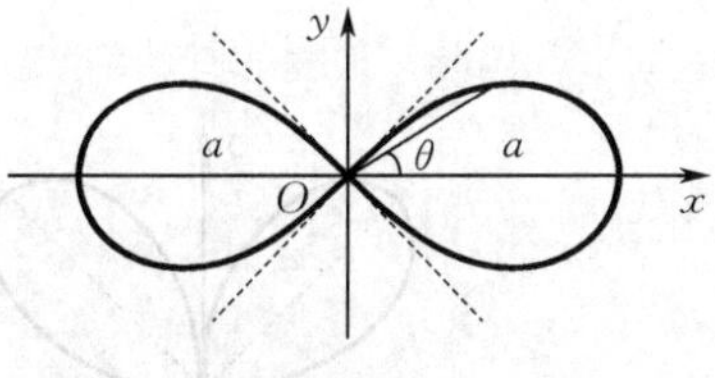

图 4.2.8

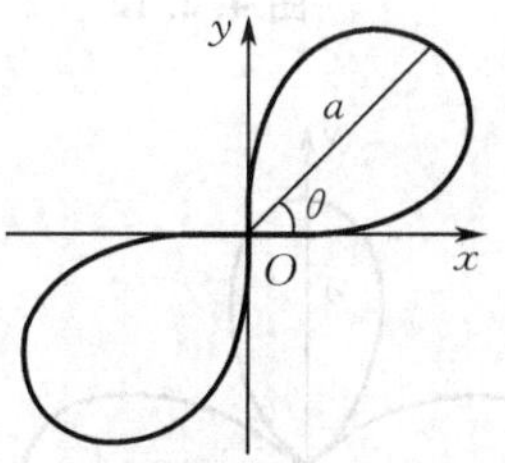

图 4.2.9

3. 阿基米德螺线

阿基米德螺线的极坐标方程为

$$\rho = a\theta,$$

相应的几何图形如图 4.2.10 所示.

4. 对数螺线

对数螺线的极坐标方程为

$$\rho = e^{a\theta},$$

相应的几何图形如图 4.2.11 所示.

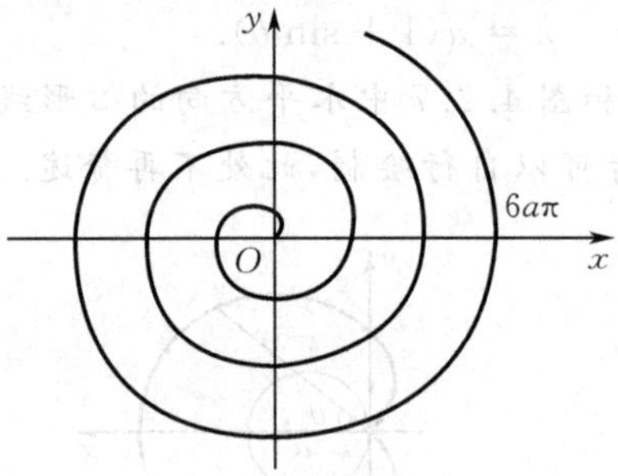

图 4.2.10

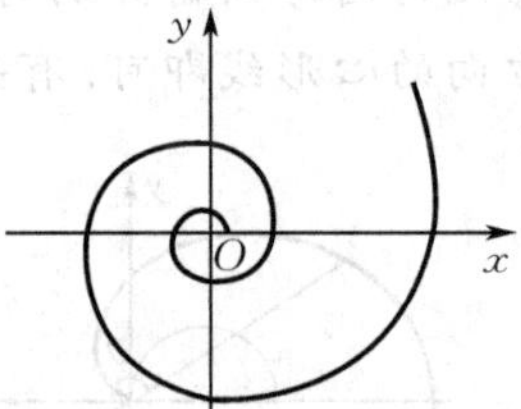

图 4.2.11

5. 玫瑰线

玫瑰线的极坐标方程有两种形式. 第一种形式的极坐标方程为 $\rho = a\cos n\theta$,第二种形式的极坐标方程为 $\rho = a\sin n\theta$. 例如,方程 $\rho = a\cos 3\theta$, $\rho = a\sin 3\theta$, $\rho = a\cos 2\theta$, $\rho = a\sin 2\theta$ 对应的几何图形分别是图 4.2.12、图 4.2.13、图 4.2.14、图 4.2.15 所示的三叶玫瑰线、四叶玫瑰线.

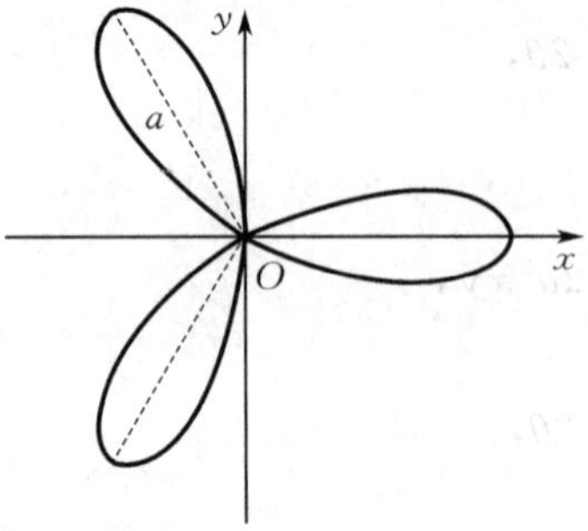

图 4.2.12

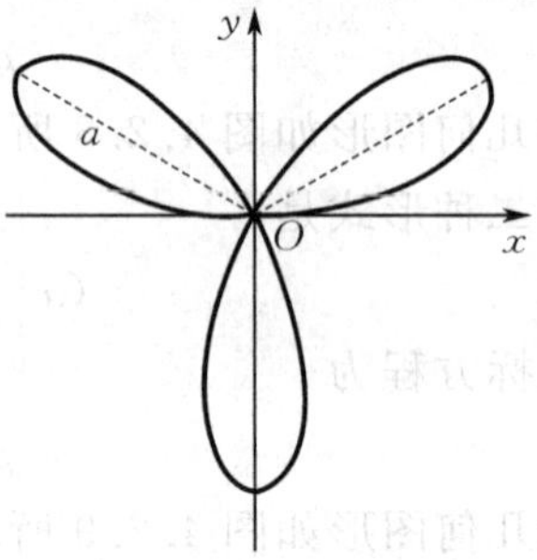

图 4.2.13

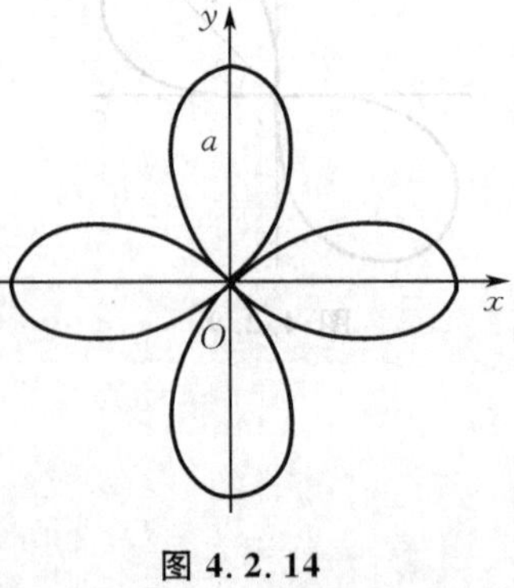

图 4.2.14

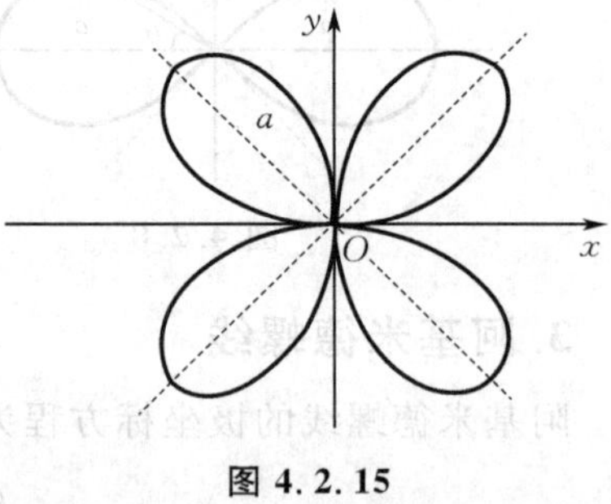

图 4.2.15

4.3　曲线的参数方程

4.3.1　参数方程的定义

通过4.2节的学习，已经知道，若选取OM_0绕点O逆时针旋转到OM的位置时，OM_0转过的角度为θ(见图 4.3.1)，则圆心在原点、半径为a的圆$x^2+y^2=a^2$可用极坐标方程

$$\begin{cases} x = a\cos\theta, \\ y = a\sin\theta, \end{cases} \quad \theta \in [0, 2\pi) \tag{4.3.1}$$

来表示.通常称(4.3.1)式为圆心在原点、半径为a的圆的参数方程，称变数θ为参数.θ具有直观的几何意义，它表示圆周上动点(x,y)和圆心的连线与x轴正向所夹的有向角，也就是极坐标系中的极角.

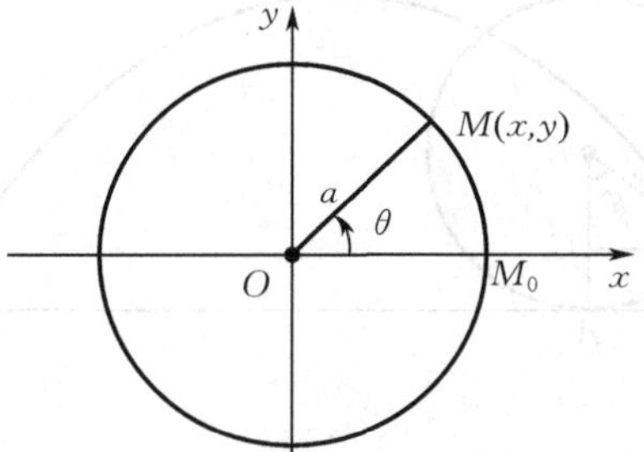

图 4.3.1

曲线的参数方程

定义 4　在平面直角坐标系中，如果曲线C上任意一点的坐标x,y都是某个变数t的函数，即

$$\begin{cases} x = f(t), \\ y = g(t), \end{cases} \quad t \in I, \tag{4.3.2}$$

并且对于$t \in I$的每一个允许值，由方程组(4.3.2)所确定的点$M(f(t), g(t))$都在曲线C上，那么方程组(4.3.2)就称为曲线C的**参数方程**，联系x,y的变数t称为**参变数**，简称**参数**.相对于参数方程而言，直接给出点的直角坐标间关系的二元方程$F(x,y)=0$称为**直角坐标方程**(或**普通方程**).

例 1　如果在自行车的轮子上喷一个红色印记点，那么当自行车在笔直的道路上行驶时，这个红色印记点会画出什么样的曲线呢？

分析：数学上把这个红色印记点画出的曲线称为圆滚线，简称摆线，其图形如图 4.3.2 所示.试建立该摆线的参数方程.

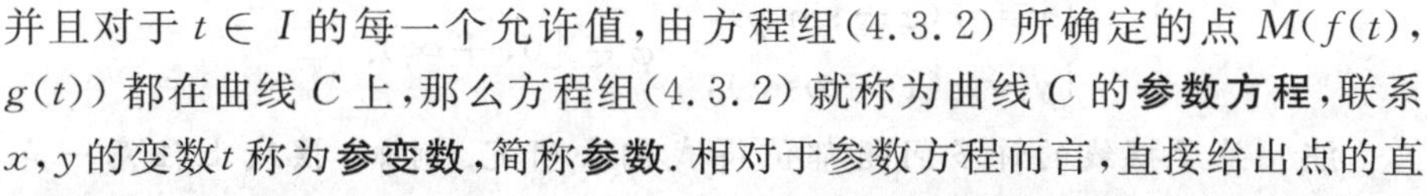

图 4.3.2

如果将自行车上的那个红色印记点记作给定半径为 r 的圆 B 上的点 M，可以设想在某个时刻，圆周上的这个固定点恰好在 x 轴上(称为初始位置)，并把这个初始位置置于原点 O，如图 4.3.3 所示. 若记 $\angle MBA=\varphi$，则圆 B 滚动 φ 角以后，红色印记点就从原点到达点 M 处了；当圆 B 滚动一周，即 φ 从 0 变到 2π，红色印记点就描绘出摆线的第一拱；再向前滚动一周，红色印记点就描绘出摆线的第二拱；继续滚动，可得摆线的第三拱、第四拱…… 所有这些拱的形状都是相同的，每一拱的拱高为 $2r$(即圆的直径)，拱宽为 $2\pi r$(即圆的周长).

解 通过上述分析，可将图 4.3.2 中的摆线看作圆 B 沿定直线(x 轴)滚动时圆上一点 M 的运动轨迹，如图 4.3.3 所示. 下面求该摆线的参数方程.

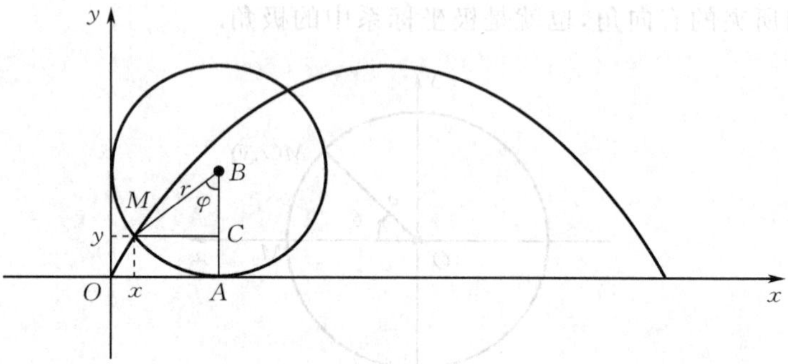

图 4.3.3

将 $\angle MBA=\varphi$ 作为参数，下面用 φ 来表示点 M 的坐标 x 和 y.

如图 4.3.3 所示，$|OA|=\overset{\frown}{MA}$ 的长度 $=r\varphi$，则

$$x=|OA|-|MC|=r\varphi-r\sin\varphi,\quad y=|BA|-|BC|=r-r\cos\varphi.$$

因此，摆线的参数方程为

$$\begin{cases}x=r(\varphi-\sin\varphi),\\ y=r(1-\cos\varphi),\end{cases}\quad \varphi\in[0,+\infty).$$

注 关于摆线的许多问题都值得我们去研究. 例如，摆线上任意一点切线的斜率(见图 4.3.4)、摆线的第一拱的长度(见图 4.3.5)、摆线与 x 轴所围区域的面积(见图 4.3.6) 等. 这些问题都将在高等数学的学习中得到解决.

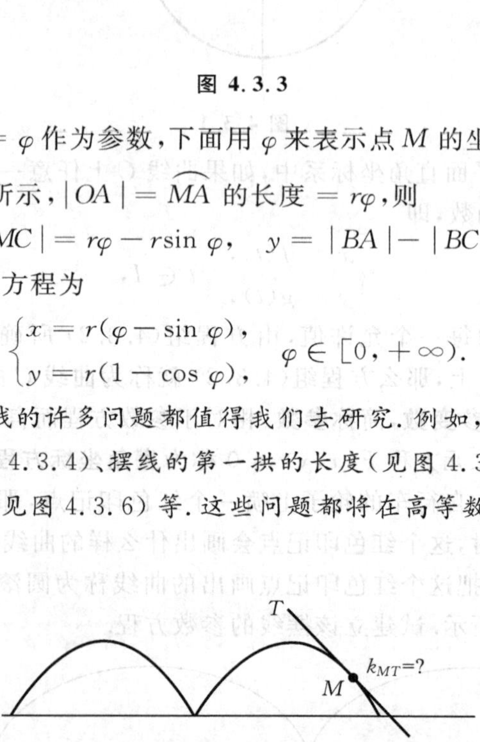

图 4.3.4

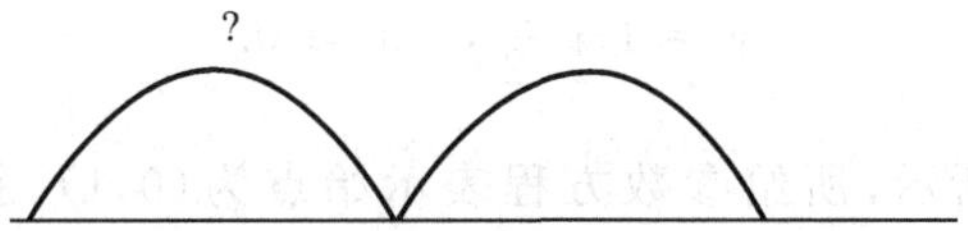

图 4.3.5

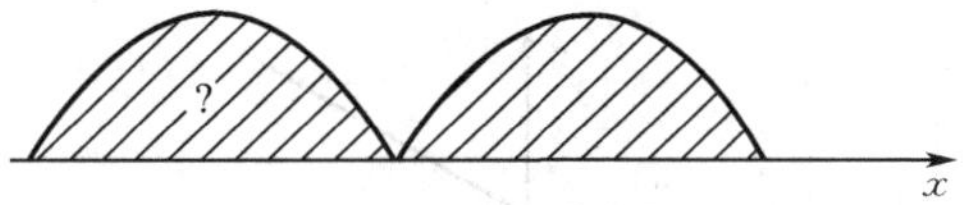

图 4.3.6

参数是联系变量 x,y 的桥梁,需注意下面几点.

(1) 参数方程中的参数可以有物理意义、几何意义,也可以没有明显意义.例如,例 1 中的实参数 φ 在弧度制下表示圆 B 滚动的角度,取值范围为 $[0,+\infty)$,具有明显的几何意义.

(2) 对同一曲线,选取的参数不同,所得曲线的参数方程形式也会不同.例如,若在圆的参数方程(4.3.1) 中取 $\theta=\omega t$,其中 ω 为转动速度,t 为转动时间,则圆的参数方程(4.3.1) 还可表示为

$$\begin{cases}x=a\cos\omega t,\\ y=a\sin\omega t,\end{cases}\quad t\in[0,+\infty).$$

(3) 求解实际问题时,要确定参数的取值范围.

4.3.2　参数方程和直角坐标方程的互化

曲线的参数方程和直角坐标方程只是曲线方程的两种不同形式而已,各有优点和缺点.通常,直角坐标方程中变量 x,y 的几何意义明确,而参数方程中参数 t 的选取灵活多样,弥补了由含有 x,y 的二元方程来表示平面曲线的不足.例如,当极角在一定的范围 $[0,2\pi)$ 内变化时,参数方程(4.3.1) 就"动态"地描绘出相应的圆周曲线了,而不像方程 $x^2+y^2=a^2$ 仅是"静态"地表示曲线上点的轨迹.

下面讨论平面曲线的参数方程和直角坐标方程的互化.

1. 将曲线的参数方程化为直角坐标方程

将曲线的参数方程化为直角坐标方程,有利于识别曲线的类型.一般地,可以通过消去参数方程中的参数而得到直角坐标方程,下面举例说明.

例 2　将参数方程

$$\begin{cases}x=2\sqrt{t},\\ y=1+\sqrt{t},\end{cases}\quad t\in[0,+\infty)$$

化为直角坐标方程,并说明它表示什么曲线.

解　由 $x=2\sqrt{t}\geqslant 0$,得 $\sqrt{t}=\dfrac{x}{2}$.将 $\sqrt{t}=\dfrac{x}{2}$ 代入 $y=1+\sqrt{t}$,可得与参数方程等价的直角坐标方程为

$$y = 1 + \frac{x}{2}, \quad x \geqslant 0.$$

如图 4.3.7 所示，所给参数方程表示始点为(0,1)、斜率为$\frac{1}{2}$的一条射线.

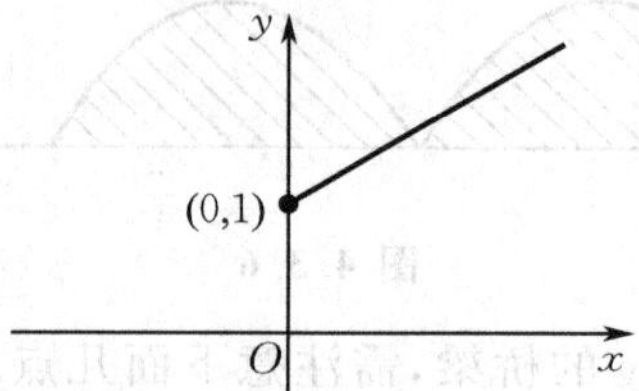

图 4.3.7

2. 将曲线的直角坐标方程化为参数方程

求曲线的参数方程的关键是选择参数，选择参数的常用方法有下面几种.

(1) 将直角坐标 x 或 y 作为参数.

例如，对函数曲线 $y = f(x)$，若把 x 看作参数 t，则有 $y = f(t)$，那么曲线的参数方程可表示为

$$\begin{cases} x = t, \\ y = f(t), \end{cases} \quad t \in D_f.$$

(2) 将 x 与 y 的比值作为参数.

例如，顶点在原点、焦点在 x 轴正半轴上且到准线的距离为 p 的抛物线的直角坐标方程是 $y^2 = 2px$，若令 $x = yt$，那么 $y = 2pt$. 当将 t 看作参数时，可得抛物线的参数方程为

$$\begin{cases} x = 2pt^2, \\ y = 2pt, \end{cases} \quad t \in \mathbf{R}.$$

(3) 利用三角恒等式选择参数.

例如，椭圆的直角坐标方程$\frac{x^2}{a^2} + \frac{y^2}{b^2} = 1(a > b > 0)$可以改写为$\left(\frac{x}{a}\right)^2 + \left(\frac{y}{b}\right)^2 = 1$，利用 $\sin^2 t + \cos^2 t = 1$，可得椭圆的参数方程为

$$\begin{cases} x = a\cos t, \\ y = b\sin t, \end{cases} \quad t \in [0, 2\pi).$$

又如，中心在原点、焦点在 x 轴上的双曲线的直角坐标方程$\frac{x^2}{a^2} - \frac{y^2}{b^2} = 1(a > 0, b > 0)$可以改写为$\left(\frac{x}{a}\right)^2 - \left(\frac{y}{b}\right)^2 = 1$，利用 $1 + \tan^2 t = \sec^2 t$，可得双曲线的参数方程为

$$\begin{cases} x = a\sec t, \\ y = b\tan t, \end{cases} \quad t \in [0, 2\pi), t \neq \frac{\pi}{2}, t \neq \frac{3\pi}{2}.$$

再如，星形线的直角坐标方程 $x^{\frac{2}{3}} + y^{\frac{2}{3}} = a^{\frac{2}{3}}$ 可以改写为 $\left[\left(\frac{x}{a}\right)^{\frac{1}{3}}\right]^2 + \left[\left(\frac{y}{a}\right)^{\frac{1}{3}}\right]^2 = 1$，利用 $\sin^2 t + \cos^2 t = 1$，可得星形线的参数方程为

$$\begin{cases} x = a\cos^3 t, \\ y = a\sin^3 t, \end{cases} \quad t \in [0, 2\pi).$$

(4) 由几何意义或问题的实际背景引进相应的参数.

例如，经过点 $M_0(x_0, y_0)$、倾斜角为 $\alpha\left(\alpha \neq \frac{\pi}{2}\right)$ 的直线 l 的直角坐标方程为

$$y - y_0 = \tan\alpha \cdot (x - x_0), \quad \alpha \in [0, \pi), \alpha \neq \frac{\pi}{2}.$$

若将直线上任意一点 $M(x, y)$ 与定点 M_0 的距离 $|M_0M|$ 作为参数 t（见图 4.3.8），则直线的参数方程为

$$\begin{cases} x = x_0 + t\cos\alpha, \\ y = y_0 + t\sin\alpha, \end{cases} \quad t \in \mathbf{R}, \alpha \in [0, \pi), \alpha \neq \frac{\pi}{2}.$$

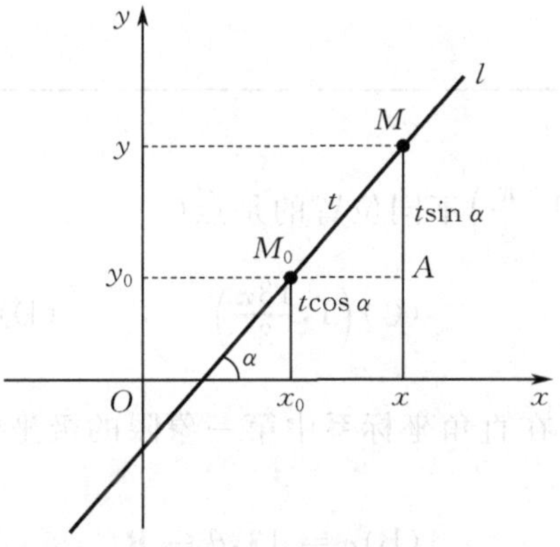

图 4.3.8

注　虽然这里引进的参数 t 表示距离，但为了保证点 (x, y) 是整条直线上的点，此时的 t 应该取全体实数.

还需说明的是，不是所有的参数方程都可以化为普通方程，也不是所有的普通方程都可以化为参数方程. 在互化的过程中必须使 x, y 的取值范围保持一致，否则，互化就是不等价的.

以上给出了几类常见曲线的参数方程，包括直线、圆、椭圆、双曲线、抛物线、星形线、摆线等，请读者仔细体会.

例 3　设曲线 C 的参数方程为 $\begin{cases} x = 3\sin\theta + 4\cos\theta, \\ y = 4\sin\theta - 3\cos\theta. \end{cases}$

(1) 在直角坐标系下，用集合的形式表示曲线 C 及其所围图形；

(2) 求直线 $l:\begin{cases}x=2t,\\ y=-t\end{cases}$ (t 为参数) 被曲线 C 所截的弦长.

解 消去参数方程 $\begin{cases}x=3\sin\theta+4\cos\theta,\\ y=4\sin\theta-3\cos\theta\end{cases}$ 中的参数 θ,得其普通方程为

$$x^2+y^2=25,$$

则曲线 C 表示圆心在原点、半径为 5 的圆.

(1) 在直角坐标系下,曲线 C 及其所围图形用集合的形式表示如下:

$$\{(x,y)\mid x^2+y^2\leqslant 25\}.$$

(2) 消去参数方程 $\begin{cases}x=2t,\\ y=-t\end{cases}$ 中的参数 t,得直线 l 的普通方程为 $y=-\frac{1}{2}x$. 由于直线 l 过曲线 C 的圆心,因此直线 l 被曲线 C 所截的弦长为 10.

通过本章的学习,我们对平面曲线的直角坐标方程、极坐标方程和参数方程三种表示形式有了初步的认识,在实际应用中这三种形式有时是可以相互转化的. 同一种曲线到底用哪种形式的方程表示更适合,是要根据实际问题解决过程中的需要来确定的.

习题 4

1. 选择题.

(1) 在极坐标系中,下列点中与点 $\left(1,\frac{\pi}{3}\right)$ 不同位置的是点(　　).

(A) $\left(1,\frac{4\pi}{3}\right)$　(B) $\left(1,\frac{7\pi}{3}\right)$　(C) $\left(1,\frac{13\pi}{3}\right)$　(D) $\left(1,-\frac{5\pi}{3}\right)$

(2) 曲线 $C:\begin{cases}x=5\sin\theta+12\cos\theta,\\ y=12\sin\theta-5\cos\theta\end{cases}$ 在直角坐标系中第一象限的极坐标方程为(　　).

(A) $\rho=13,\theta\in\left(0,\frac{\pi}{2}\right)$　(B) $\rho=13,\theta\in\mathbf{R}$

(C) $\rho=13,\theta\in\left[0,\frac{\pi}{2}\right]$　(D) $\rho=13,\theta\in[0,2\pi)$

(3) 下列方程中可以作为直线 $2x-y+1=0$ 的参数方程的是(　　).

(A) $\begin{cases}x=1+t,\\ y=3+t\end{cases}(t\in\mathbf{R})$　(B) $\begin{cases}x=1-t,\\ y=3-2t\end{cases}(t\in\mathbf{R})$

(C) $\begin{cases}x=1+t,\\ y=3+t\end{cases}(t\in\mathbf{R}_+)$　(D) $\begin{cases}x=1-t,\\ y=3-2t\end{cases}(t\in\mathbf{R}_+)$

(4) 在极坐标系中,点 $\left(2,\frac{\pi}{6}\right)$ 到圆 $\rho=2\sin\theta$ 的圆心的距离为(　　).

(A) 2　(B) $\sqrt{4+\frac{\pi^2}{9}}$　(C) $\sqrt{1+\frac{\pi^2}{9}}$　(D) $\sqrt{3}$

(5) 极坐标方程 $\rho^2+2\sqrt{2}\rho\sin\left(\theta-\frac{\pi}{4}\right)-4=0$ 所表示的图形为(　　).

(A) 圆　　(B) 直线　　(C) 椭圆　　(D) 双曲线

(6) 在极坐标系中,下列直线中与圆 $\rho=4\sin\theta$ 相切的直线为(　　).

(A) $\rho\sin\theta=2$　　(B) $\rho\cos\theta=2$　　(C) $\rho\cos\theta=4$　　(D) $\rho\cos\theta=-4$

(7) 曲线 $\begin{cases}x=1+t^2,\\ y=4t-3\end{cases}$ (t 为参数) 与 x 轴的交点的直角坐标是(　　).

(A) $(1,4)$　　(B) $(1,-3)$　　(C) $\left(\frac{25}{16},0\right)$　　(D) $\left(\pm\frac{25}{16},0\right)$

(8) 直线 $2x-y+1=0$ 上的点对应的极角取值范围为(　　).

(A) $[\arctan 2,\pi+\arctan 2]$　　(B) $(0,\arctan 2)$

(C) $\left[\frac{\pi}{2},\pi\right]$　　(D) $(\arctan 2,\pi-\arctan 2)$

2. 已知点的极坐标分别为 $\left(2,\frac{\pi}{4}\right)$,$\left(3,\frac{\pi}{6}\right)$,$\left(2,\frac{\pi}{2}\right)$,$(\sqrt{5},\pi)$,求它们的直角坐标.

3. 已知点的直角坐标分别为 $(1,\sqrt{3})$,$\left(0,-\frac{\sqrt{2}}{2}\right)$,$(2,0)$,$(-2\sqrt{3},-2)$,求它们的极坐标.

4. 把下列直角坐标方程转化成极坐标方程.

(1) $x=2$;　　(2) $y-2=0$;　　(3) $x-y-1=0$;

(4) $x^2-y^2=16$;　　(5) $y=ax^3$;　　(6) $bx+ay=c(a\neq 0)$.

5. 说明下列极坐标方程表示什么曲线类型.

(1) $\rho=1$;　　(2) $\theta=\frac{\pi}{2}(\rho\in\mathbf{R})$;　　(3) $\rho=4\sin\theta$;

(4) $\rho(2\cos\theta+5\sin\theta)-4=0$;　　(5) $\rho=-10\cos\theta$;

(6) $\rho=\sin\theta+\cos\theta$;　　(7) $\rho\cos\theta=1$;　　(8) $\rho=\cos\left(\frac{\pi}{4}-\theta\right)$;

(9) $\sin\theta=\frac{\sqrt{2}}{2}(\theta\in[0,2\pi],\rho\in\mathbf{R})$;　　(10) $\rho^2\cos 2\theta=1$.

6. 把曲线的普通方程化为参数方程.

(1) $y^3-x-1=0$,设 $y=t+1$,t 为参数;

(2) $x^{\frac{1}{3}}+y^{\frac{1}{3}}=a^{\frac{1}{3}}$,设 $x=a\cos^6\varphi$,φ 为参数;

(3) $x^3+x^2y=ax^2+y^2$,设 $y=tx$,t 为参数.

7. 把下列参数方程化为直角坐标方程,并说明它们各自表示什么曲线.

(1) $\begin{cases}x=3t^2-1,\\ y=t^2-1\end{cases}$ (t 为参数);　(2) $\begin{cases}x=2\cos\theta,\\ y=1+2\sin\theta\end{cases}$ $\left(\theta\in\left[-\frac{\pi}{2},\frac{\pi}{2}\right],为参数\right)$.

8. 求直线 $\begin{cases}x=1+2t,\\ y=2+t\end{cases}$ (t 为参数) 被曲线 $x^2+y^2=9$ 所截的弦长.

9. 已知曲线 C_1 的参数方程为 $\begin{cases}x=2\cos\varphi,\\ y=3\sin\varphi\end{cases}$ (φ 为参数),以原点为极点、x 轴的正半轴为极轴建立极坐标系,曲线 C_2 的极坐标方程为 $\rho=2$,正方形 $ABCD$ 的顶点都在曲线 C_2 上,且 A,

B,C,D 按逆时针顺序排列，点 A 的极坐标为 $\left(2,\dfrac{\pi}{3}\right)$.

(1) 求 A,B,C,D 的直角坐标；

(2) 设 P 为曲线 C_1 上任意一点，求 $|PA|^2+|PB|^2+|PC|^2+|PD|^2$ 的取值范围.

10. 设大炮与水平面成 α 角，以初速度 v_0 发射炮弹，且不计空气阻力，求炮弹运动轨迹的参数方程.

11. 列举几类特殊的直线与圆，比较它们的直角坐标方程和极坐标方程，并阐述用方程表示平面曲线时选择适当的坐标系的意义.

12. 归纳直线、圆锥曲线、心形线、星形线、摆线等常用曲线的参数方程.

第五章

复 数 简 介

我们知道，实系数一元二次代数方程$x^2+1=0$的判别式小于零，所以无实根. 这表明在代数方程的讨论中，实数集是不够完善的，即在实数范围内，-1不能开方. 当然，对于$x^2+1=0$这样的方程，有人觉得干脆不管它，认为直接说这个方程没有实根就可以了. 但文艺复兴时期的数学家从三次方程的求根公式中发现，对于具有三个互异实根的一般实系数三次方程，它的求根公式中不可避免地要出现复数，而且只有通过在复数域中的计算才能求出方程的三个实根. 这迫使人们开始接受复数.

随着科学和技术的进步，复数理论越来越显示出它的重要性，它不仅对数学本身的发展有着极其重要的意义，而且对很多技术领域也有重要意义，如微分方程的求解. 因此，将实数集扩充到复数集很有必要.

本章主要介绍复数的基本概念、复数的表示形式和复数的运算.

5.1 复数的基本概念

5.1.1 复数的定义

为了使方程 $x^2+1=0$ 有根，就必须把实数概念进一步扩充，引进虚数单位 $\sqrt{-1}$ 这个新的数，将其记作 i，它满足 $i^2+1=0$. 于是方程 $x^2+1=0$ 就有 i 和 $-$i 两个根.

定义 1 如果引入一个新数 i，使得 $i^2=-1$，那么称这个数 i 为**虚数单位**.

在引入虚数单位 i 后，规定：i 可以与实数进行四则运算. 进行四则运算时，实数集中原有的加、减、乘运算律仍然成立.

在上述规定下，i 可以与实数 y 相乘，再与实数 x 相加，便有了形如

$$x+y\mathrm{i}\quad (x,y\in\mathbf{R})$$

的数，称为**复数**，记作

$$z=x+y\mathrm{i},$$

称上式为复数 z 的**代数形式**，称 x 为复数 z 的**实部**，记作 $x=\mathrm{Re}\,z$；称 y 为复数 z 的**虚部**，记作 $y=\mathrm{Im}\,z$.

全体复数构成的集合称为**复数集**，记作 **C**，即

$$\mathbf{C}=\{x+y\mathrm{i}\mid x,y\in\mathbf{R}\}.$$

对于复数 $z=x+y\mathrm{i}(x,y\in\mathbf{R})$，

(1) 当 $y=0$ 时，复数 $z=x$ 是实数；

(2) 当 $y\neq 0$ 时，复数 $z=x+y\mathrm{i}$ 不是实数，称为虚数；

(3) 当 $y\neq 0,x=0$ 时，复数 $z=y\mathrm{i}$ 称为纯虚数.

因为虚部为零的复数实际上就是一个实数，所以复数集是实数集的进一步扩充，复数集包含实数集. 上述概念之间具有如下从属关系：

$$\text{复数}\begin{cases}\text{实数(虚部为零,即 } y=0)\\ \text{虚数(虚部不为零,即 } y\neq 0)\begin{cases}\text{纯虚数}(x=0)\\ \text{非纯虚数}(x\neq 0)\end{cases}\end{cases}$$

例 1 实数 a 为何值时，复数

$$z=(a^2-a-6)+(a^2+2a-15)\mathrm{i}$$

为(1) 实数；(2) 虚数；(3) 纯虚数？

解 因为 $\begin{cases}a^2-a-6=(a-3)(a+2),\\ a^2+2a-15=(a-3)(a+5),\end{cases}$ 所以

(1) 当 $a=3$ 或 $a=-5$ 时，z 为实数；

(2) 当 $a\neq 3$ 且 $a\neq -5$ 时，z 为虚数；

(3) 因为当实部 $a^2-a-6=0$，而虚部 $a^2+2a-15\neq 0$ 时，对应的复数为纯虚数，所以在此例中，只有当 $a=-2$ 时，z 才为纯虚数.

从自然数集到整数集，从整数集到有理数集，再从有理数集到实数集直至复数集，可以发现，随着数集的不断扩充，数集本身的内部结构逐渐完善，使得数集中总可以实施的运算逐渐增多. 一种运算的逆运算，往往会刺激数集的扩充. 例如，自然数集扩充到整数集，使加法运算的逆运算 —— 减法运算总可以进行；整数集扩充到有理数集，使乘法运算的逆运算 —— 除法运算总可以进行；实数集扩充到复数集，使乘方运算的逆运算 —— 开方运算总可以进行，从而使加、减、乘、除、乘方、开方这六种代数运算都能顺利进行. 这样看来，复数集似乎已经比较完善了，然而，随着生产、科学技术的发展和数学发展的需要，人们对数的创造和研究仍在继续.

5.1.2 复数的相等

问题 1 两个实数可以比较大小，那么两个复数之间可以比较大小吗？为此，先定义两个复数的相等.

定义 2 当两个复数的实部与虚部分别相等时，称**这两个复数相等**，即

$$a+bi=c+di \text{ 当且仅当 } a=c \text{ 且 } b=d(a,b,c,d\in \mathbf{R}).$$

特别地，当复数的实部与虚部都为 0 时，这个复数就是实数 0，即

$$z=a+bi=0(a,b\in \mathbf{R}) \text{ 当且仅当 } a=0 \text{ 且 } b=0.$$

例 2 设 $y-1-(y-x^2)i=3i$，求实数 x 和 y.

解 要两个复数相等，只需这两个复数的实部和虚部分别相等，即

$$\begin{cases} y-1=0, \\ y-x^2=-3, \end{cases}$$

解这个二元一次方程组，得

$$\begin{cases} x=2, \\ y=1, \end{cases} \text{ 或 } \begin{cases} x=-2, \\ y=1. \end{cases}$$

注 两个非实数的复数只能说相等或不相等，不能进行大小的比较. 例如，$2-i$ 与 $1+3i$、1 与 $-i$ 之间都不规定大小. 为了说清楚这个问题，下面只需说明“不能将虚数单位 i 与 0 比较大小”，也就是不能说“虚数是正数还是负数”即可.

事实上，若假设复数 i 和 0 可以比较大小，则要么 $i>0$，要么 $i<0$.

(1) 若 $i>0$.

此时在不等式两端同时乘大于 0 的复数 i，不等式不变号，则有

$$i^2>0\times i,$$

即 $-1>0$，矛盾.

(2) 若 $i<0$.

此时在不等式两端同时乘小于 0 的复数 i，不等式变号，则有

$$i^2>0\times i,$$

即 $-1>0$，矛盾.

综上所述，不管是 $i>0$，还是 $i<0$，都会得出矛盾不等式 $-1>0$，所以

复数i和0是不能比较大小的，从而任意两个复数也不能比较大小.因此，在复数集内不存在不等式的问题，实数集内不等式的性质自然也不能推广到复数集内.

5.1.3 复数的几何意义

问题2 所有实数能用一根数轴来表示，也就是说，数轴可以看成实数的一个几何模型.那么能否为复数找到一个几何模型，建立起复数与这个几何模型中点的一一对应关系呢？

德国数学家高斯在1806年公布了虚数的图形表示法.如图5.1.1所示，在直角坐标系xOy中，可借助横坐标为x、纵坐标为y的点$Z(x,y)$来表示复数$z=x+y\mathrm{i}$，于是平面上的全部点和复数集**C**之间建立了一一对应的关系，所以今后不再区分复数z和点Z.

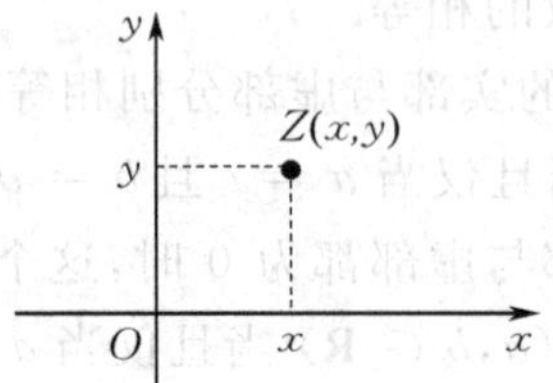

图 5.1.1

定义3 如图5.1.1所示，实数与x轴上的点一一对应，将x轴称为**实轴**；纯虚数与y轴上非原点的点一一对应，将y轴称为**虚轴**.并将表示复数时的xOy平面称为**复平面**(也称为高斯平面).

高斯不仅把复数$z=x+y\mathrm{i}$看作复平面上的点$Z(x,y)$，而且还将其看作一个"起点为原点O，终点为$Z(x,y)$"的**平面向量**，如图5.1.2中带箭头的线段OZ，记作$\overrightarrow{OZ}$.x，y分别是向量$\overrightarrow{OZ}$在x轴和y轴上的**分量**(或投影).于是，复数z与平面上的向量$\overrightarrow{OZ}=(x,y)$之间也建立了一一对应的关系.

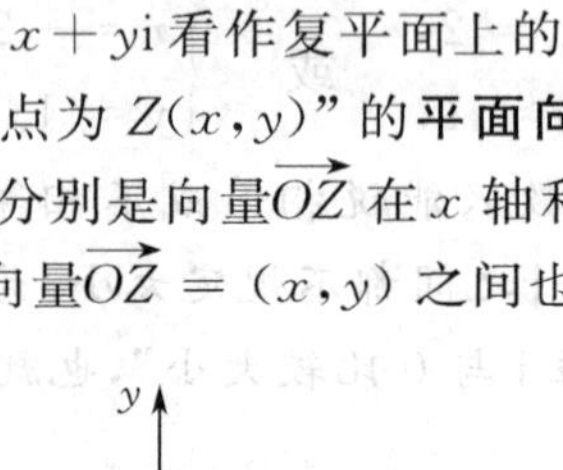

图 5.1.2

下面借助向量的大小和方向给出复数的模与辐角这两个重要概念.

定义4 如图5.1.2所示，将向量$\overrightarrow{OZ}$的长度$|\overrightarrow{OZ}|$称为复数$z=x+y\mathrm{i}$的**模**，记作$|z|$，即

$$|z|=\sqrt{x^2+y^2}. \tag{5.1.1}$$

显然，当 $y=0$ 时，$|z|=\sqrt{x^2}=|x|$. 这说明复数的模是实数绝对值概念的推广.

非零向量$\overrightarrow{OZ}(z\neq 0)$与实轴正方向所夹的角 θ 称为复数 z 的**辐角**，记作 $\theta=\text{Arg } z$，则在直角三角形 OZx 中，有

$$\tan \text{Arg } z=\tan\theta=\frac{y}{x}. \qquad (5.1.2)$$

显然，复数 $z=0$ 时的辐角 $\text{Arg } z$ 可以取任意值. 任意一个非零复数 $z=x+y\text{i}$ 的辐角 $\text{Arg } z$ 都有无穷多个取值，且任意两个辐角之间都相差 2π 的整数倍. 通常将在$[0,2\pi)$或$(-\pi,\pi]$内的辐角的值称为辐角的**主值**，记作$\theta_0=\arg z$，且有

$$\text{Arg } z=\arg z+2k\pi \quad (k=0,\pm 1,\pm 2,\cdots).$$

综上所述，非零复数 $z=x+y\text{i}$、平面上的点 $Z(x,y)$、向量$\overrightarrow{OZ}$以及复数 z 的模与辐角的主值$(|z|,\arg z)$之间具有一一对应的关系.

5.1.4 共轭复数

问题 3 任意一个实数 a 都有它的相反数 $-a$，而任意一个复数 $z=x+y\text{i}$ 都有它的共轭复数. 那么什么是共轭复数呢?

定义 5 设复数 $z=x+y\text{i}$，称复数 $x-y\text{i}$ 为 z 的**共轭复数**，并将 z 的共轭复数记作

$$\overline{z}=x-y\text{i},$$

即实部相同、虚部互为相反数的两个复数互为共轭复数.

例如，方程 $x^2+1=0$ 的两个根 i 和 $-$i 就互为共轭复数(通常称它们为**共轭根**).

显然，任何一个实数的共轭复数就是它本身，而两个共轭复数的辐角的主值互为相反数，即

$$\arg\overline{z}=-\arg z,$$

且 $\overline{\overline{z}}=z$，$|z|=|\overline{z}|$.

如图 5.1.3 所示，两个共轭复数所对应的点关于 x 轴对称.

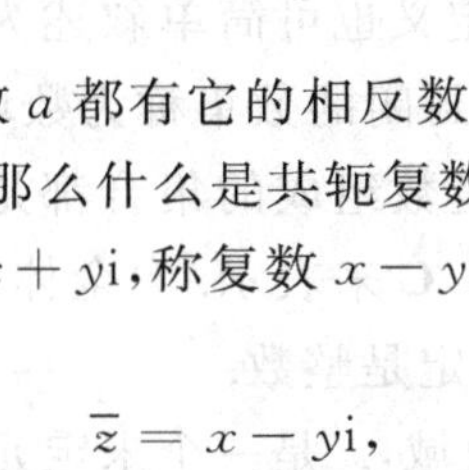

图 5.1.3

例 3 求复数 $z=\sqrt{3}+\text{i}$ 的共轭复数，以及它们对应的向量、模与辐角.

解 复数 $z=\sqrt{3}+\text{i}$ 的共轭复数为 $\overline{z}=\sqrt{3}-\text{i}$.

复数 z 对应的向量为$\overrightarrow{OZ}=(\sqrt{3},1)$，模为$|\overrightarrow{OZ}|=\sqrt{(\sqrt{3})^2+1^2}=2$，辐角为

$$\operatorname{Arg} z=\frac{\pi}{6}+2k\pi \quad (k=0,\pm 1,\pm 2,\cdots).$$

共轭复数 $\bar{z}=\sqrt{3}-\mathrm{i}$ 对应的向量为$\overrightarrow{OZ}=(\sqrt{3},-1)$，模为$|\overrightarrow{OZ}|=\sqrt{(\sqrt{3})^2+(-1)^2}=2$，辐角为

$$\operatorname{Arg} \bar{z}=-\frac{\pi}{6}+2k\pi \quad (k=0,\pm 1,\pm 2,\cdots).$$

5.1.5 在复数域内求解多项式方程

定义 6 设 P 是含有 0 和 1 的一个数集. 若 P 中任意两个数的和、差、积、商(除数不为 0) 仍在 P 中，则称 P 为一个**数域**.

如果数集 P 中任意两个数作某一运算后的结果仍在 P 中，那么称 P 对这个运算封闭. 因而数域的定义也可简单叙述为：含有 0 和 1 且对加法、减法、乘法、除法(除数不为 0) 封闭的数集称为数域. 全体有理数组成的集合、全体实数组成的集合、全体复数组成的集合都是数域，分别称为有理数域、实数域、复数域，依次用 **Q**,**R**,**C** 来表示. 但全体整数组成的集合不是数域，因为任意两个整数的商不一定是整数.

定义 7 设 P 是一个数域，x 是一个未定元，称形如

$$a_n x^n+a_{n-1}x^{n-1}+\cdots+a_1 x+a_0 \tag{5.1.3}$$

的式子为数域 P 上关于 x 的一元 n 次多项式，其中 n 为非负整数，$a_i\in P(i=0,1,2,\cdots,n)$，称 $a_i x^i$ 为 i 次项. 当 $a_n\neq 0$ 时，称 $a_n x^n$ 为首项，a_n 为首项系数，n 为多项式的次数.

数域 P 上的全体一元多项式的集合记作 $P[x]$. 一元 n 次多项式(5.1.3)还可简记为

$$f(x)=a_n x^n+a_{n-1}x^{n-1}+\cdots+a_1 x+a_0=\sum_{i=0}^{n}a_i x^i. \tag{5.1.4}$$

此外，还需注意以下几个问题.

(1) 若 $P[x]$ 中的两个多项式 $f(x)$ 与 $g(x)$ 的同次项系数相等，则这两个多项式相等，即

$$f(x)\equiv g(x).$$

(2) $P[x]$ 中的多项式作加、减、数乘、乘法运算后的结果仍然是 $P[x]$ 中的多项式，但作除法运算后就不一定是 $P[x]$ 中的多项式了，这就需要回顾一下带余除法. 下面举例说明.

例 4 设 $f_1(x)=2x^4-6x^3+3x^2-14$，$f_2(x)=2x^4-6x^3+3x^2+12x-14$，$g(x)=x^2-2$，求 $g(x)$ 除 $f_1(x)$ 与 $f_2(x)$ 所得的商和余式.

解 下面采用竖式除法计算 $g(x)$ 除 $f_1(x)$ 所得的商和余式，即

$$
\begin{array}{r|l}
 & \quad 2x^2 - \ 6x + \ 7 \\
\cline{2-2}
x^2+0x-2 & 2x^4-6x^3+3x^2+\ 0x-14 \\
 & \underline{2x^4+0x^3-4x^2} \\
 & \qquad -6x^3+7x^2+\ 0x \\
 & \qquad \underline{-6x^3-0x^2+12x} \\
 & \qquad\qquad 7x^2-12x-14 \\
 & \qquad\qquad \underline{7x^2-\ 0x-14} \\
 & \qquad\qquad\quad -12x+\ 0
\end{array}
$$

则所求商和余式分别为 $2x^2-6x+7$ 和 $-12x$.

同理可得,$g(x)$ 除 $f_2(x)$ 所得的商和余式分别为 $2x^2-6x+7$ 和 0. 从而可得

$$2x^4-6x^3+3x^2-14=2x^2-6x+7-\frac{12x}{x^2-2},$$

$$2x^4-6x^3+3x^2+12x-14=(2x^2-6x+7)(x^2-2). \quad (5.1.5)$$

(3) 在中学代数中,对多项式进行因式分解时总要求分解到不能再分解为止,但什么是分解到不能再分解呢?

下面来看看多项式(5.1.5)的因式分解:

$$2x^4-6x^3+3x^2+12x-14=(2x^2-6x+7)(x^2-2) \quad (\text{在有理数域上})$$

$$=(2x^2-6x+7)(x-\sqrt{2})(x+\sqrt{2})$$

(在实数域上)

$$=2\left(x-\frac{3+\sqrt{5}\mathrm{i}}{2}\right)\left(x-\frac{3-\sqrt{5}\mathrm{i}}{2}\right)(x-\sqrt{2})(x+\sqrt{2}).$$

(在复数域上)

(4) 当 $P[x]$ 中的多项式(5.1.4)的未定元 x 限定在数域 P 中取值时,多项式 $f(x)$ 为数域 P 上的函数,称为多项式函数. 特别地,若 $f(a)=0$,则称 a 为 $f(x)$ 在数域 P 中的根或零点.

通过(5.1.5)式的因式分解,可以发现多项式能不能分解与所讨论的数域有关. 其中,在复数域上进行因式分解时对 $2x^2-6x+7$ 用到了"对任意的实系数一元二次方程 $ax^2+bx+c=0(a\neq 0)$,当判别式 $\Delta=b^2-4ac<0$ 时,在复数域内均可求得两个**共轭根** $x_{1,2}=\dfrac{-b\pm\sqrt{-(b^2-4ac)}\,\mathrm{i}}{2a}$"这个结论,下面将推广这个结论(见定理 2 ~ 定理 3).

显然,从实数域扩充到复数域之后,许多问题变得更加清晰了. 例如,只有在引入复数之后,才能得到下列的代数基本定理,它彻底解决了代数方程究竟有几个根的基本问题.

定理 1(代数基本定理) 复数域上的一元 n 次多项式方程

$$a_nx^n+a_{n-1}x^{n-1}+\cdots+a_1x+a_0=0 \quad (a_n\neq 0)$$

在复数域中恰好有 n 个根.

代数基本定理的首个证明方法是高斯在1799年给出的，迄今已有很多种证法，但是每一种证法都需要用到其他数学学科的知识，所以在此略去不证.

定理2(复系数多项式在复数域上的因式分解定理) 次数$\geqslant 1$的复系数多项式在复数域上必可唯一地分解为一次因式的乘积.

对一元n次多项式(5.1.4)在复数域上进行因式分解，将相同的因式合并，可得到复数域上一元n次多项式(5.1.4)的标准分解式为如下形式：

$$f(x)=a_n(x-\alpha_1)^{r_1}(x-\alpha_2)^{r_2}\cdots(x-\alpha_s)^{r_s},$$

其中，$\alpha_1,\alpha_2,\cdots,\alpha_s$是互不相同的复数，也是互不相同的复根，$r_1,r_2,\cdots,r_s$都是正整数，且$r_1+r_2+\cdots+r_s=n$.

定理3 如果复数$z=a+bi(a,b\in\mathbf{R})$是实系数一元n次多项式(5.1.4)的一个根，则它的共轭复数$\bar{z}=a-bi$也是$f(x)$的一个根[称z与$\bar{z}$为$f(x)$的**共轭根**].

定理4(实系数多项式在实数域上的因式分解定理) 次数$\geqslant 1$的实系数多项式在实数域上必可唯一地分解为一次因式或判别式小于0的二次因式的乘积.

实数域上一元n次多项式(5.1.4)的标准分解式见(2.4.2)式.

例5 在复数域内求解方程$x^4-2x^3+5x^2=0$.

解 因为$x^4-2x^3+5x^2=x^2(x^2-2x+5)$，所以原方程的解可由$x^2=0,x^2-2x+5=0$解得，即

$$x_{1,2}=0,\quad x_3=1+2i,\quad x_4=1-2i.$$

5.2 复数的表示形式

如图5.1.2所示，假设复数$z=x+yi$的模为$|z|=r$，辐角为$\theta=\operatorname{Arg} z$，则由任意角余弦、正弦的定义可知，复数$z$的实部和虚部可以用模和辐角来表示，即

$$\begin{cases}x=r\cos\theta,\\y=r\sin\theta.\end{cases}$$

因此，复数还可表示为

$$z=r(\cos\theta+i\sin\theta).\tag{5.2.1}$$

称(5.2.1)式为复数z的三角形式，称$x+yi$为复数z的**代数形式**，称$(|z|,\arg z)$为复数z的几何形式，称$z=re^{i\theta}$为复数z的**指数形式**.

显然，复数z的指数形式将指数函数$y=e^x$的定义域扩大到了复数域. 由三角形式和指数形式，得

$$z=r(\cos\theta+i\sin\theta)=re^{i\theta},$$

整理上式，得

$$e^{i\theta} = \cos\theta + i\sin\theta. \tag{5.2.2}$$

(5.2.2) 式就是著名的**欧拉**(Euler) **公式**.

欧拉公式把复数的指数函数与三角函数联系起来了,它不仅出现在数学分析里,而且在复变函数论里也占有非常重要的地位,被誉为“数学中的天桥”.

将欧拉公式(5.2.2) 中的实数变量 θ 替换为 $-\theta$,得

$$e^{-i\theta} = \cos\theta - i\sin\theta. \tag{5.2.3}$$

将(5.2.2) 式和(5.2.3) 式分别相减与相加,得如下关于正弦函数与余弦函数的两个新公式(也称为欧拉公式):

$$\sin\theta = \frac{e^{i\theta} - e^{-i\theta}}{2i}, \quad \cos\theta = \frac{e^{i\theta} + e^{-i\theta}}{2}. \tag{5.2.4}$$

注　在高等数学中,学习了无穷级数之后,就有条件给出 $e^{i\theta}$ 的严格定义,并证明欧拉公式(5.2.2)(其严格证明可参见习题 5 的第 14 题). 从而可将(5.2.4) 式看成正弦函数和余弦函数新的定义,并能证明这个新的定义与中学中给出的几何定义是等价的. 如果将(5.2.4) 式中的实数变量 θ 替换为复数变量 z,就得到复数变量 z 的正弦函数 $\sin z$ 和余弦函数 $\cos z$,它们是高等数学的一门后继课程 —— 复变函数论中的一类初等函数.

特别地,将(5.2.2) 式中的 θ 取为 π,可得 $e^{i\pi} = \cos\pi + i\sin\pi$,整理便得到一个美丽的数学方程,即

$$e^{\pi i} + 1 = 0. \tag{5.2.5}$$

(5.2.5) 式将数学中最重要的五个数字神秘地联系在一起. 这五个数字分别是:**两个超越数**[自然对数的底数 e 和圆周率 π,超越数是指不满足任何整系数(有理系数) 代数方程的实数] 和**三个单位**(虚数单位 i、自然数的乘法单位元 1 和加法单位元 0).

复数的代数形式、三角形式和指数形式是可以相互转换的. 要将一个非零复数的代数形式 $z = x + yi$ 化为三角形式和指数形式,均需将其实部 x、虚部 y 分别代入(5.1.1) 式和(5.1.2) 式来计算 z 的模和辐角.

由于

$$e^{i(\theta+2k\pi)} = e^{i\theta}e^{i\cdot 2k\pi} = (\cos\theta + i\sin\theta)(\cos 2k\pi + i\sin 2k\pi) = \cos\theta + i\sin\theta,$$
$$\cos(\theta + 2k\pi) + i\sin(\theta + 2k\pi) = \cos\theta + i\sin\theta,$$

所以复数 z 的三角形式与指数形式以及欧拉公式中的 θ 可以取 z 的任意一个辐角. 但为使复数 z 的表达式既简洁又便于运算,在实际应用中,θ 常取辐角主值 $\arg z$,并通过

$$\tan \arg z = \frac{y}{x} \quad (-\pi < \arg z \leqslant \pi)$$

求得,且在确定主值 $\arg z$ 时,必须考虑非原点 $Z(x, y)$ 所在的象限:

$$\arg z=\begin{cases}\arctan\dfrac{y}{x}, & x>0, y\in\mathbf{R},\\ \arctan\dfrac{y}{x}+\pi, & x<0, y\geqslant 0,\\ \arctan\dfrac{y}{x}-\pi, & x<0, y<0,\\ \dfrac{\pi}{2}, & x=0, y>0,\\ -\dfrac{\pi}{2}, & x=0, y<0,\end{cases}$$

其中，$-\dfrac{\pi}{2}<\arctan\dfrac{y}{x}<\dfrac{\pi}{2}$.

例 将 $z=2\mathrm{e}^{\mathrm{i}\cdot\arccos\left(-\frac{\sqrt{2}}{2}\right)}$ 化为三角形式和代数式.

解 由题意知，$|z|=2, \theta_0=\arg z=\arccos\left(-\dfrac{\sqrt{2}}{2}\right)=\dfrac{3\pi}{4}$. 则所求的三角形式为

$$z=2\left(\cos\frac{3\pi}{4}+\mathrm{i}\sin\frac{3\pi}{4}\right),$$

代数式为

$$z=2\cos\theta_0+\mathrm{i}\cdot 2\sin\theta_0=-\sqrt{2}+\sqrt{2}\mathrm{i}.$$

5.3 复数的运算

问题 实数之间可以进行四则运算，复数之间也可以进行四则运算吗？

答案是肯定的. 下面探讨复数之间的加、减、乘、除、乘方及开方运算是如何进行的.

5.3.1 复数的四则运算

定义 6 设 $z_1=x_1+y_1\mathrm{i}, z_2=x_2+y_2\mathrm{i}$，定义复数

$$z_1\pm z_2=(x_1\pm x_2)+(y_1\pm y_2)\mathrm{i}$$

为 z_1 与 z_2 的和(差)，即复数的加(减)法是按实部与实部相加(减)，虚部与虚部相加(减)的法则进行的.

如图 5.3.1 所示，设非零复数 z_1, z_2 所对应的向量分别为 $\overrightarrow{Oz_1}, \overrightarrow{Oz_2}$，则当 $\overrightarrow{Oz_1}$ 与 $\overrightarrow{Oz_2}$ 不在一条直线上时，复数加法的几何意义为复数 z_1+z_2 所对应的向量就是从原点出发的对角线向量 $\overrightarrow{O(z_1+z_2)}$；复数减法的几何意义为复数 z_2-z_1 所对应的向量就是从原点出发的对角线向量 $\overrightarrow{O(z_2-z_1)}$. 当 z_1 与 z_2 所对应的向量的方向相同或相反时，分别有 $|z_1+z_2|=\big||z_1|+|z_2|\big|$ 或 $\big||z_1|-|z_2|\big|$，$|z_1-z_2|=\big||z_1|-|z_2|\big|$ 或 $\big||z_1|+|z_2|\big|$.

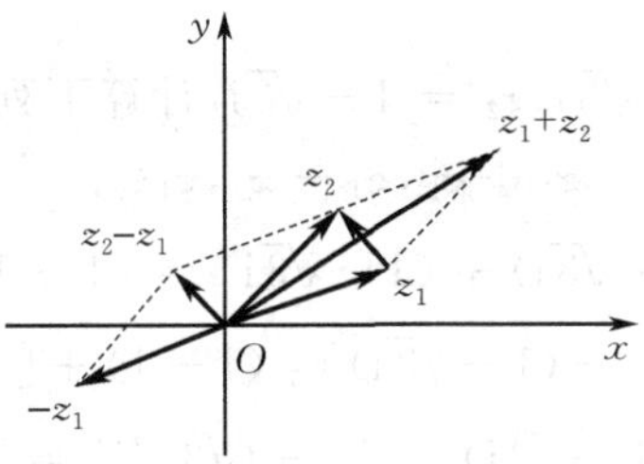

图 5.3.1

下面给出关于两个复数的和与差的模的两个不等式. 如图 5.3.1 所示，从点 z_1 出发到点 z_1+z_2 的向量 $\overrightarrow{z_1(z_1+z_2)}$ 等于向量 $\overrightarrow{Oz_2}$，向量 $\overrightarrow{Oz_1}$，$\overrightarrow{z_1(z_1+z_2)}$，$\overrightarrow{O(z_1+z_2)}$ 构成一个三角形的三条边. 因为三角形的两边之和大于第三条边，两边之差小于第三条边，所以有

$$\big||z_2|-|z_1|\big| \leqslant |z_1+z_2| \leqslant |z_1|+|z_2|.$$

用 $-z_1$ 代替上述不等式中的 z_1，又可得

$$\big||z_2|-|z_1|\big| \leqslant |z_2-z_1| \leqslant |z_1|+|z_2|,$$

当且仅当 $\operatorname{Arg} z_1=\operatorname{Arg} z_2$ 时，上述两个不等式中的等号成立.

当 z 为实数时，即得 2.4 节中的绝对值不等式. 绝对值不等式在以后高等数学的学习中会多次用到，希望读者一定要灵活应用这两个不等式.

定义 7 设 $z_1=x_1+y_1\mathrm{i}$，$z_2=x_2+y_2\mathrm{i}$，定义复数

$$z_1z_2=(x_1x_2-y_1y_2)+(x_1y_2+x_2y_1)\mathrm{i}$$

为 z_1 与 z_2 的**乘积**，即两个复数相乘，可按实多项式相乘的法则进行，即

$$\begin{aligned}(x_1+y_1\mathrm{i})(x_2+y_2\mathrm{i}) &= x_1x_2+x_1y_2\mathrm{i}+y_1x_2\mathrm{i}+y_1y_2\mathrm{i}^2\\ &=(x_1x_2-y_1y_2)+(x_1y_2+x_2y_1)\mathrm{i},\end{aligned}$$

其中，$\mathrm{i}^2=-1$.

与实数的运算法则一样，两个复数的差一般不满足交换律，但复数的加法、乘法都满足交换律与结合律，乘法对加法满足分配律，即对于任意的复数 $z_1,z_2,z_3\in\mathbf{C}$，均有以下运算律成立.

(1) $z_1+z_2=z_2+z_1$（**加法交换律**）；

(2) $(z_1+z_2)+z_3=z_1+(z_2+z_3)$（**加法结合律**）；

(3) $z_1\cdot z_2=z_2\cdot z_1$（**乘法交换律**）；

(4) $(z_1\cdot z_2)\cdot z_3=z_1\cdot(z_2\cdot z_3)$（**乘法结合律**）；

(5) $z_1\cdot(z_2+z_3)=z_1\cdot z_2+z_1\cdot z_3$（**乘法对加法的分配律**）.

上述运算律的证明，留给读者完成.

不仅如此，在实数域内所学过的等式性质对复数也成立，如当 $z_1=z_2$ 时，必有 $z_1z_3=z_2z_3$；所学过的和差的完全平方公式、平方差与立方差公式等对复数也成立，如 $z_1^2-z_2^2=(z_1+z_2)(z_1-z_2)$，由此可得 $(x+y\mathrm{i})(x-y\mathrm{i})=x^2+y^2$ 为一实数，即复数与其共轭复数相乘结果为一实数（它们的模

的平方).

例 1 设 $z_1 = 1+\sqrt{3}\mathrm{i}, z_2 = 1-\sqrt{3}\mathrm{i}$,计算下列各式的值:

$$z_1+z_2, z_1-z_2, z_1z_2.$$

解 $z_1+z_2 = (1+\sqrt{3}\mathrm{i})+(1-\sqrt{3}\mathrm{i}) = (1+1)+(\sqrt{3}-\sqrt{3})\mathrm{i} = 2,$

$z_1-z_2 = (1+\sqrt{3}\mathrm{i})-(1-\sqrt{3}\mathrm{i}) = (1-1)+[\sqrt{3}-(-\sqrt{3})]\mathrm{i} = 2\sqrt{3}\mathrm{i},$

$z_1z_2 = (1+\sqrt{3}\mathrm{i})(1-\sqrt{3}\mathrm{i}) = 1^2-(\sqrt{3})^2\mathrm{i}^2 = 1^2+(\sqrt{3})^2 = 4.$

定义 8 设 $z_1 = x_1+y_1\mathrm{i}, z_2 = x_2+y_2\mathrm{i}$,定义复数

$$\frac{z_1}{z_2} = \frac{x_1+y_1\mathrm{i}}{x_2+y_2\mathrm{i}} = \frac{x_1x_2+y_1y_2}{x_2^2+y_2^2}+\frac{x_2y_1-x_1y_2}{x_2^2+y_2^2}\mathrm{i}$$

为 z_1 与 z_2 的商,其中 $z_2 \neq 0$.

事实上,$\frac{z_1}{z_2} = \frac{x_1+y_1\mathrm{i}}{x_2+y_2\mathrm{i}} = \frac{(x_1+y_1\mathrm{i})(x_2-y_2\mathrm{i})}{(x_2+y_2\mathrm{i})(x_2-y_2\mathrm{i})}$,再由复数的乘法法则分别计算分子、分母即可得商的结果.

需说明的是:商$\frac{z_1}{z_2}$的分子、分母同乘分母的共轭复数$(x_2-y_2\mathrm{i})$的目的是让其分母实数化.例如,对例 1 中的 z_1 与 z_2,有

$$\begin{aligned}\frac{z_1}{z_2} &= \frac{1+\sqrt{3}\mathrm{i}}{1-\sqrt{3}\mathrm{i}} = \frac{(1+\sqrt{3}\mathrm{i})(1+\sqrt{3}\mathrm{i})}{(1-\sqrt{3}\mathrm{i})(1+\sqrt{3}\mathrm{i})} \\ &= \frac{1^2+2\times1\times\sqrt{3}\mathrm{i}-(\sqrt{3})^2}{1^2+(\sqrt{3})^2} = \frac{-2+2\sqrt{3}\mathrm{i}}{4} = -\frac{1}{2}+\frac{\sqrt{3}}{2}\mathrm{i}.\end{aligned}$$

特别地,当 $|z| = 1$ 时,$\frac{1}{z} = \bar{z}$,即模为 1 的复数与其倒数共轭.

注 复数的代数形式的乘除法则较为烦琐,而引入复数的三角形式或指数形式的一个重要原因在于用三角形式或指数形式进行复数的乘除、乘方与开方相对于代数形式较为简单.下面介绍复数的三角形式和指数形式的乘除法则.

若 $z_1 = r_1\mathrm{e}^{\mathrm{i}\theta_1}, z_2 = r_2\mathrm{e}^{\mathrm{i}\theta_2}$,则

$$\begin{aligned}z_1z_2 &= r_1\mathrm{e}^{\mathrm{i}\theta_1}\cdot r_2\mathrm{e}^{\mathrm{i}\theta_2} = r_1r_2\mathrm{e}^{\mathrm{i}(\theta_1+\theta_2)} \\ &= r_1r_2[\cos(\theta_1+\theta_2)+\mathrm{i}\sin(\theta_1+\theta_2)].\end{aligned}$$

当 $z_2 \neq 0$ 时,

$$\begin{aligned}\frac{z_1}{z_2} &= \frac{r_1\mathrm{e}^{\mathrm{i}\theta_1}}{r_2\mathrm{e}^{\mathrm{i}\theta_2}} = \frac{r_1}{r_2}\mathrm{e}^{\mathrm{i}(\theta_1-\theta_2)} \\ &= \frac{r_1}{r_2}[\cos(\theta_1-\theta_2)+\mathrm{i}\sin(\theta_1-\theta_2)].\end{aligned}$$

显然,两个复数相乘(除),等于它们的模相乘(除),而辐角主值相加(减),所以有如下结论.

(1) $|z_1z_2| = |z_1||z_2|, \arg z_1z_2 = \arg z_1+\arg z_2$.

(2) $\left|\frac{z_1}{z_2}\right| = \frac{|z_1|}{|z_2|}, \arg\frac{z_1}{z_2} = \arg z_1-\arg z_2$.

由此可得，两个复数相乘的几何意义：如果非零复数 z_1，z_2 所对应的向量分别为$\overrightarrow{Oz_1}$，$\overrightarrow{Oz_2}$，则将$\overrightarrow{Oz_1}$ 绕原点逆时针旋转 θ_2 角，再将$\overrightarrow{Oz_1}$ 的模变为原来的 r_2 倍，得到的向量$\overrightarrow{O(z_1z_2)}$ 对应的复数就是 z_1z_2，如图 5.3.2 所示.

两个复数相除的几何意义：如果非零复数 z_1，z_2 所对应的向量分别为$\overrightarrow{Oz_1}$，$\overrightarrow{Oz_2}$，则将$\overrightarrow{Oz_1}$ 绕原点顺时针旋转 θ_2，再将$\overrightarrow{Oz_1}$ 的模变为原来的$\frac{1}{r_2}$，得到的向量对应的复数就是$\frac{z_1}{z_2}$.

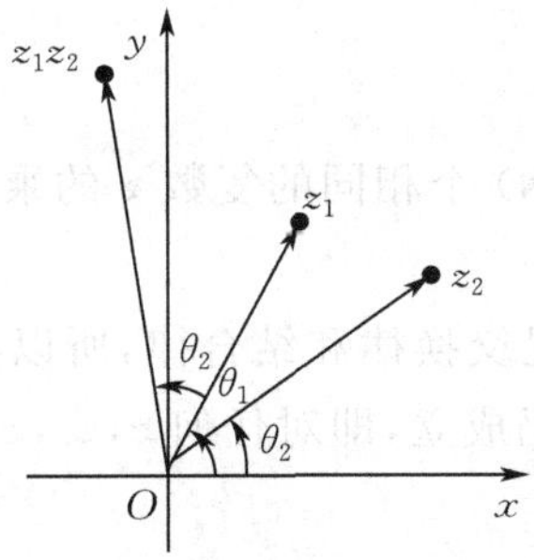

图 5.3.2

例如，由 5.1 节例 3 知

$$z_1=\sqrt{3}+\mathrm{i}=2\left(\cos\frac{\pi}{6}+\mathrm{i}\sin\frac{\pi}{6}\right),$$

$$z_2=\sqrt{3}-\mathrm{i}=2\left[\cos\left(-\frac{\pi}{6}\right)+\mathrm{i}\sin\left(-\frac{\pi}{6}\right)\right],$$

所以向量 z_1z_2 是将向量 z_1 绕着原点逆时针旋转$-\frac{\pi}{6}$，再将 z_1 的模变为原来的 2 倍得到的. 该向量的起点在原点，终点在 x 轴上，模为 4，即向量 $z_1z_2=4$.

由复数的运算法则，易证明共轭复数还具有以下性质.

性质 1　$z+\overline{z}=2\mathrm{Re}\,z$，$z-\overline{z}=2\mathrm{i}\mathrm{Im}\,z$.

性质 2　$z\overline{z}=|z|^2$.

性质 3　$\overline{z_1\pm z_2}=\overline{z_1}\pm\overline{z_2}$.

事实上，若设 $z_1=x_1+y_1\mathrm{i}$，$z_2=x_2+y_2\mathrm{i}$，则 $z_1\pm z_2=(x_1\pm x_2)+(y_1\pm y_2\mathrm{i})$，且

$$\overline{z_1}\pm\overline{z_2}=(x_1\pm x_2)-(y_1\pm y_2)\mathrm{i},$$

故$\overline{z_1\pm z_2}=\overline{z_1}\pm\overline{z_2}$.

性质 4　$\overline{z_1z_2}=\overline{z_1}\,\overline{z_2}$，$\overline{\left(\frac{z_1}{z_2}\right)}=\frac{\overline{z_1}}{\overline{z_2}}(z_2\neq 0)$.

性质 4 是关于两个共轭复数的乘积和商的性质，为简便起见，下面利用复数的指数形式来证明.

假设 $z_1=r_1\mathrm{e}^{\mathrm{i}\theta_1}$，$z_2=r_2\mathrm{e}^{\mathrm{i}\theta_2}$，则$\overline{z_1}=r_1\mathrm{e}^{-\mathrm{i}\theta_1}$，$\overline{z_2}=r_2\mathrm{e}^{-\mathrm{i}\theta_2}$，从而有

$$z_1z_2=r_1r_2\mathrm{e}^{\mathrm{i}(\theta_1+\theta_2)},\quad \overline{z_1}\,\overline{z_2}=r_1\mathrm{e}^{-\mathrm{i}\theta_1}\cdot r_2\mathrm{e}^{-\mathrm{i}\theta_2}=r_1r_2\mathrm{e}^{-\mathrm{i}(\theta_1+\theta_2)},$$

故$\overline{z_1 z_2} = \overline{z_1}\ \overline{z_2}$.

当 $z_2 \neq 0$ 时，$r_2 \neq 0$，且$\dfrac{z_1}{z_2} = \dfrac{r_1}{r_2}\mathrm{e}^{\mathrm{i}(\theta_1-\theta_2)}$，$\dfrac{\overline{z_1}}{\overline{z_2}} = \dfrac{r_1 \mathrm{e}^{-\mathrm{i}\theta_1}}{r_2 \mathrm{e}^{-\mathrm{i}\theta_2}} = \dfrac{r_1}{r_2}\mathrm{e}^{-\mathrm{i}(\theta_1-\theta_2)}$，

则$\overline{\left(\dfrac{z_1}{z_2}\right)} = \dfrac{\overline{z_1}}{\overline{z_2}}(z_2 \neq 0)$.

性质1～性质2的证明留给读者.性质3和性质4说明了两个复数的和(差、积、商，商的分母非零)的共轭复数等于相应的共轭复数的和(差、积、商).

5.3.2 复数的乘幂

定义 9 称 $n(n \in \mathbf{N})$ 个相同的复数 z 的乘积为复数 z 的 n 次**幂**(或 n **次方**)，记作 z^n.

因为复数的乘法满足交换律和结合律，所以实数集 $\mathbf{R}$ 中正整数指数幂的运算律在复数集 $\mathbf{C}$ 中仍成立，即对任何 $z, z_1, z_2 \in \mathbf{C}, n, m \in \mathbf{N}$，有**复数的乘幂运算律**：

$$z^m \cdot z^n = z^{m+n}, \quad (z^m)^n = z^{mn}, \quad (z_1 \cdot z_2)^n = z_1^n z_2^n.$$

例如，$\mathrm{i}^3 = \mathrm{i}^2 \times \mathrm{i} = -\mathrm{i}$，$(-\mathrm{i})^3 = (-\mathrm{i})^2 \times (-\mathrm{i}) = (-1) \times (-\mathrm{i}) = -\mathrm{i}$，$\mathrm{i}^4 = \mathrm{i}^2 \times \mathrm{i}^2 = 1$.

由 $|z_1 z_2| = |z_1||z_2|$，$\mathrm{Arg}(z_1 z_2) = \mathrm{Arg}\, z_1 + \mathrm{Arg}\, z_2$ 得

$$|z^n| = |z|^n, \quad \mathrm{Arg}\, z^n = n \cdot \mathrm{Arg}\, z,$$

即复数 z 的 $n(n \in \mathbf{N})$ 次幂的模等于复数的模 $|z|$ 的 n 次幂，它的辐角等于辐角 $\mathrm{Arg}\, z$ 的 n 倍.

若 $z = r(\cos\theta + \mathrm{i}\sin\theta)$，则有

$$z^n = r^n(\cos n\theta + \mathrm{i}\sin n\theta). \tag{5.3.1}$$

特别地，在(5.3.1)式中取 $r = 1$，则有**棣莫弗**(De Moivre)**公式**

$$(\cos\theta + \mathrm{i}\sin\theta)^n = \cos n\theta + \mathrm{i}\sin n\theta. \tag{5.3.2}$$

与实数类似，当 z 为非零复数，且 n 为正整数时，可以规定 $z^0 = 1, z^{-n} = \dfrac{1}{z^n}$.

例 2 求复数$(1+\mathrm{i})^5$ 的值.

解 令 $z = 1 + \mathrm{i}$，则由 $\tan\arg z = \dfrac{y}{x} = 1$ 得 $\arg z = \dfrac{\pi}{4}$.

又因为 $|z| = \sqrt{1^2 + (-1)^2} = \sqrt{2}$，所以 $1 + \mathrm{i} = \sqrt{2}\left(\cos\dfrac{\pi}{4} + \mathrm{i}\sin\dfrac{\pi}{4}\right)$.

故

$$(1+\mathrm{i})^4 = 2^{\frac{5}{2}}\left(\cos\frac{5\pi}{4} + \mathrm{i}\sin\frac{5\pi}{4}\right) = -4 - 4\mathrm{i}.$$

例 3 已知复数 $z = \dfrac{\sqrt{3}}{2} + \dfrac{1}{2}\mathrm{i}$，$\omega = \dfrac{\sqrt{2}}{2} + \dfrac{\sqrt{2}}{2}\mathrm{i}$，求复数 $z\omega + z\omega^3$ 的模及辐角主值.

解 因为复数 $z=\frac{\sqrt{3}}{2}+\frac{1}{2}\mathrm{i},\omega=\frac{\sqrt{2}}{2}+\frac{\sqrt{2}}{2}\mathrm{i}$ 的三角形式分别为

$$z=\cos\frac{\pi}{6}+\mathrm{i}\sin\frac{\pi}{6},\quad \omega=\cos\frac{\pi}{4}+\mathrm{i}\sin\frac{\pi}{4},$$

则

$$\begin{aligned}
z\omega+z\omega^3&=\left(\cos\frac{\pi}{6}+\mathrm{i}\sin\frac{\pi}{6}\right)\left(\cos\frac{\pi}{4}+\mathrm{i}\sin\frac{\pi}{4}\right)\\
&\quad+\left(\cos\frac{\pi}{6}+\mathrm{i}\sin\frac{\pi}{6}\right)\left(\cos\frac{3\pi}{4}+\mathrm{i}\sin\frac{3\pi}{4}\right)\\
&=\left(\cos\frac{5\pi}{12}+\mathrm{i}\sin\frac{5\pi}{12}\right)+\left(\cos\frac{11\pi}{12}+\mathrm{i}\sin\frac{11\pi}{12}\right)\\
&=\left(\cos\frac{5\pi}{12}+\cos\frac{11\pi}{12}\right)+\left(\sin\frac{5\pi}{12}+\sin\frac{11\pi}{12}\right)\mathrm{i}\\
&=2\cos\frac{2\pi}{3}\cos\frac{\pi}{4}+\mathrm{i}\cdot 2\sin\frac{2\pi}{3}\cos\frac{\pi}{4}\\
&=2\cos\frac{\pi}{4}\left(\cos\frac{2\pi}{3}+\mathrm{i}\sin\frac{2\pi}{3}\right)=\sqrt{2}\left(\cos\frac{2\pi}{3}+\mathrm{i}\sin\frac{2\pi}{3}\right),
\end{aligned}$$

故所求复数的模为$\sqrt{2}$，辐角主值为$\frac{2\pi}{3}$.

注 利用复数的三角形式进行乘除运算，有时可简化计算过程.

5.3.3 复数的开方运算

设 z 的一个 n 次方根为 $\omega=\rho(\cos\varphi+\mathrm{i}\sin\varphi)$，则利用(5.3.1)式，有

$$\omega^n=\rho^n(\cos n\varphi+\mathrm{i}\sin n\varphi),$$

从而有 $r=\rho^n, n\varphi=\theta+2k\pi(k=0,\pm1,\pm2,\cdots)$，即

$$\rho=\sqrt[n]{r},\quad \varphi=\frac{\theta+2k\pi}{n}=\frac{\theta}{n}+\frac{2k\pi}{n}\quad (k=0,\pm1,\pm2,\cdots). \tag{5.3.3}$$

观察(5.3.3)式，当 k 从 0 取到 $n-1$ 时，所得角的终边互不相同，即

$$\varphi=\frac{\theta}{n},\frac{\theta+2\pi}{n},\frac{\theta+4\pi}{n},\cdots,\frac{\theta+2(n-1)\pi}{n};$$

但当 k 从 n 开始取值后，前面的终边又开始周期性出现了，即

$$\varphi=\frac{\theta}{n}+2\pi,\frac{\theta+2\pi}{n}+2\pi,\frac{\theta+4\pi}{n}+2\pi,\cdots,\frac{\theta+2(n-1)\pi}{n}+2\pi,\cdots.$$

因此，z 有 n 个不同的 n 次方根，即

$$\omega_k=\sqrt[n]{r}\left(\cos\frac{\theta+2k\pi}{n}+\mathrm{i}\sin\frac{\theta+2k\pi}{n}\right)\quad (k=0,1,2,\cdots,n-1).$$

结论 复数 $z=r(\cos\theta+\mathrm{i}\sin\theta)$ 的 n 个 n 次方根均匀地分布在以原点为圆心，以它的模的 n 次算术根为半径的圆周上，相邻两个根之间的辐角相差$\frac{2\pi}{n}$. 特别地，称 $z=1$ 的 n 次方根为 n **次单位根**，分别为

$$\cos\frac{2k\pi}{n}+\mathrm{i}\sin\frac{2k\pi}{n}\quad(k=0,1,2,\cdots,n-1).$$

例 4 求解下列各题.

(1) $\sqrt[4]{-1}$; (2) 复数 $1-\mathrm{i}$ 的 3 次方根.

解 (1) 因为求 $\sqrt[4]{-1}$ 即为求 -1 的 4 次方根,则可设 -1 的一个 4 次方根为 $\omega=\rho(\cos\varphi+\mathrm{i}\sin\varphi)$,从而有

$$\omega^4=\rho^4(\cos 4\varphi+\mathrm{i}\sin 4\varphi).$$

而 $-1=\cos(-\pi)+\mathrm{i}\sin(-\pi)$,于是 $1=\rho^4$,$4\varphi=-\pi+2k\pi(k=0,1,2,3)$,即

$$\rho=1,\quad \varphi=\frac{-\pi+2k\pi}{4}=\frac{-\pi}{4}+\frac{k\pi}{2}\quad(k=0,1,2,3).$$

因此,-1 的 4 个 4 次方根为 $\omega_k=\cos\left(\frac{-\pi}{4}+\frac{k\pi}{2}\right)+\mathrm{i}\sin\left(\frac{-\pi}{4}+\frac{k\pi}{2}\right)(k=0,1,2,3)$,即

$$\omega_0=\cos\left(-\frac{\pi}{4}\right)+\mathrm{i}\sin\left(-\frac{\pi}{4}\right)=\frac{\sqrt{2}}{2}-\frac{\sqrt{2}}{2}\mathrm{i},\quad \omega_1=\cos\frac{\pi}{4}+\mathrm{i}\sin\frac{\pi}{4}=\frac{\sqrt{2}}{2}+\frac{\sqrt{2}}{2}\mathrm{i},$$

$$\omega_2=\cos\frac{3\pi}{4}+\mathrm{i}\sin\frac{3\pi}{4}=-\frac{\sqrt{2}}{2}+\frac{\sqrt{2}}{2}\mathrm{i},\quad \omega_3=\cos\frac{5\pi}{4}+\mathrm{i}\sin\frac{5\pi}{4}=-\frac{\sqrt{2}}{2}-\frac{\sqrt{2}}{2}\mathrm{i}.$$

(2) 因为 $1-\mathrm{i}=\sqrt{2}\left(\frac{\sqrt{2}}{2}-\frac{\sqrt{2}}{2}\mathrm{i}\right)=\sqrt{2}\left[\cos\left(-\frac{\pi}{4}\right)+\mathrm{i}\sin\left(-\frac{\pi}{4}\right)\right]$,所以 $1-\mathrm{i}$ 的 3 个 3 次方根为

$$\omega_k=\sqrt[6]{2}\left(\cos\frac{-\frac{\pi}{4}+2k\pi}{3}+\mathrm{i}\sin\frac{-\frac{\pi}{4}+2k\pi}{3}\right)$$

$$=\sqrt[6]{2}\left[\cos\left(-\frac{\pi}{12}+\frac{2k\pi}{3}\right)+\mathrm{i}\sin\left(-\frac{\pi}{12}+\frac{2k\pi}{3}\right)\right]\quad(k=0,1,2).$$

注 请读者自行验证,当例 4(1) 记作 $-1=\cos\pi+\mathrm{i}\sin\pi$,(2) 记作 $1-\mathrm{i}=\sqrt{2}\left(\cos\frac{7\pi}{4}+\mathrm{i}\sin\frac{7\pi}{4}\right)$时,结论和上述求解结果完全一致.

三角恒等变换公式的证明

5.4 三角恒等变换公式的证明

5.4.1 和角与差角公式

下面从欧拉公式(5.2.2)出发,证明 2.1 节中给出的几类重要的三角恒等变换公式.

因为
$$\begin{aligned}\mathrm{e}^{\mathrm{i}(\alpha+\beta)}&=\mathrm{e}^{\mathrm{i}\alpha}\mathrm{e}^{\mathrm{i}\beta}=(\cos\alpha+\mathrm{i}\sin\alpha)(\cos\beta+\mathrm{i}\sin\beta)\\&=\cos\alpha\cos\beta+\cos\alpha\cdot\mathrm{i}\sin\beta+\mathrm{i}\sin\alpha\cos\beta+\mathrm{i}^2\sin\alpha\sin\beta\\&=(\cos\alpha\cos\beta-\sin\alpha\sin\beta)+\mathrm{i}(\cos\alpha\sin\beta+\sin\alpha\cos\beta),\end{aligned}$$

且 $\cos(\alpha+\beta)=\mathrm{Re}[\mathrm{e}^{\mathrm{i}(\alpha+\beta)}]$,$\sin(\alpha+\beta)=\mathrm{Im}[\mathrm{e}^{\mathrm{i}(\alpha+\beta)}]$,所以

$$\cos(\alpha+\beta)=\cos\alpha\cos\beta-\sin\alpha\sin\beta,$$
$$\sin(\alpha+\beta)=\sin\alpha\cos\beta+\cos\alpha\sin\beta.$$

上述公式简记作 $C_{\alpha+\beta}$，$S_{\alpha+\beta}$，只需把公式中的 β 换成 $-\beta$，便可得到如下 $C_{\alpha-\beta}$，$S_{\alpha-\beta}$ 公式：

$$\cos(\alpha-\beta)=\cos\alpha\cos\beta+\sin\alpha\sin\beta,$$
$$\sin(\alpha-\beta)=\sin\alpha\cos\beta-\cos\alpha\sin\beta.$$

根据两角和的正弦、余弦公式，可得

$$\tan(\alpha+\beta)=\frac{\sin\alpha\cos\beta+\cos\alpha\sin\beta}{\cos\alpha\cos\beta-\sin\alpha\sin\beta}=\frac{\dfrac{\sin\alpha\cos\beta+\cos\alpha\sin\beta}{\cos\alpha\cos\beta}}{\dfrac{\cos\alpha\cos\beta-\sin\alpha\sin\beta}{\cos\alpha\cos\beta}}$$
$$=\frac{\tan\alpha+\tan\beta}{1-\tan\alpha\tan\beta}.$$

上述两角和的正切公式简记作 $T_{\alpha+\beta}$，其中 α,β 的取值应使公式中的各项都有意义.

只需把公式 $T_{\alpha+\beta}$ 中的 β 换成 $-\beta$，便可得如下两角差的正切公式：

$$\tan(\alpha-\beta)=\frac{\tan\alpha-\tan\beta}{1+\tan\alpha\tan\beta},$$

简记作 $T_{\alpha-\beta}$，其中 α,β 的取值应使公式中的各项都有意义.

例 1 求 $\sin 15°$，$\tan 75°$.

解 因为 $75°=30°+45°$，$15°=45°-30°$，则由 $C_{\alpha-\beta}$，$T_{\alpha+\beta}$ 分别得

$$\sin 15°=\sin(45°-30°)=\sin 45°\cos 30°-\cos 45°\sin 30°$$
$$=\frac{\sqrt{2}}{2}\times\frac{\sqrt{3}}{2}-\frac{\sqrt{2}}{2}\times\frac{1}{2}=\frac{\sqrt{6}-\sqrt{2}}{4},$$

$$\tan 75°=\tan(45°+30°)=\frac{\tan 45°+\tan 30°}{1-\tan 45°\tan 30°}=\frac{1+\dfrac{\sqrt{3}}{3}}{1-1\times\dfrac{\sqrt{3}}{3}}=2+\sqrt{3}.$$

例 2 已知 $\sin\alpha=\dfrac{4}{5}$，$\alpha\in\left(0,\dfrac{\pi}{2}\right)$，$\cos\beta=\dfrac{5}{13}$，$\beta\in\left(-\dfrac{\pi}{2},0\right)$，求 $\sin(\alpha+\beta)$.

解 由 $\sin\alpha=\dfrac{4}{5}$，$\alpha\in\left(0,\dfrac{\pi}{2}\right)$，可得

$$\cos\alpha=\sqrt{1-\sin^2\alpha}=\sqrt{1-\left(\frac{4}{5}\right)^2}=\frac{3}{5};$$

由 $\cos\beta=\dfrac{5}{13}$，$\beta\in\left(-\dfrac{\pi}{2},0\right)$，可得

$$\sin\beta=-\sqrt{1-\cos^2\beta}=-\sqrt{1-\left(\frac{5}{13}\right)^2}=-\frac{12}{13}.$$

于是

$$\sin(\alpha+\beta)=\sin\alpha\cos\beta+\cos\alpha\sin\beta=\frac{4}{5}\times\frac{5}{13}+\frac{3}{5}\times\left(-\frac{12}{13}\right)=-\frac{16}{65}.$$

5.4.2 辅助角公式

实际应用中,当 a,b 为非零常数时,要求解函数 $f(x)=a\sin x+b\cos x$ 的周期、最值等问题,通常需要将其化为正弦函数 $f(x)=A\sin(x+\varphi)$ 的形式,其关键就是找到合适的 A 和 φ,使得

$$a\sin x+b\cos x=A\sin(x+\varphi)$$

恒成立.将上式右端用 $S_{\alpha+\beta}$ 展开,得恒等式

$$a\sin x+b\cos x\equiv A\cos\varphi\sin x+A\sin\varphi\cos x,$$

则必有 $a=A\cos\varphi,b=A\sin\varphi$,于是 $a^2+b^2=(A\cos\varphi)^2+(A\sin\varphi)^2=A^2$.据此,若取 $A=\sqrt{a^2+b^2}$,可找到 φ 满足

$$\cos\varphi=\frac{a}{\sqrt{a^2+b^2}},\quad \sin\varphi=\frac{b}{\sqrt{a^2+b^2}}.$$

综上,不妨假设 $a>0$,则有

$$f(x)=a\sin x+b\cos x=\sqrt{a^2+b^2}\sin(x+\varphi),\quad \varphi\in\left[-\frac{\pi}{2},\frac{\pi}{2}\right], \tag{5.4.1}$$

其中 $\tan\varphi=\dfrac{b}{a}$.称(5.4.1)式为辅助角公式,其主要作用是将多个三角函数的代数和化成单个函数,从而便于研究其图形、性质以及最值等问题.

注 读者也可将函数 $f(x)=a\sin x+b\cos x$ 化为余弦函数 $B\cos(x+\varphi)$ 的形式.

例 3 求函数 $f(x)=\sin x+\cos x$ 的周期、最小值与最小值点.

解 因为

$$\begin{aligned}f(x)&=\sin x+\cos x=\sqrt{2}\left(\frac{\sqrt{2}}{2}\sin x+\frac{\sqrt{2}}{2}\cos x\right)\\&=\sqrt{2}\left(\sin x\cos\frac{\pi}{4}+\cos x\sin\frac{\pi}{4}\right)=\sqrt{2}\sin\left(x+\frac{\pi}{4}\right),\end{aligned}$$

所以 $f(x)$ 的周期为 2π,最小值为 $-\sqrt{2}$,由

$$x_{\min}+\frac{\pi}{4}=-\frac{\pi}{2}+2k\pi\quad(k\in\mathbf{Z}),$$

解得最小值点为 $x_{\min}=-\dfrac{3\pi}{4}+2k\pi(k\in\mathbf{Z})$.

5.4.3 倍角公式

在棣莫弗公式(5.3.2)中,取 $n=2$,有 $(\cos\theta+\mathrm{i}\sin\theta)^2=\cos 2\theta+\mathrm{i}\sin 2\theta$,即

$$\cos^2\theta-\sin^2\theta+\mathrm{i}\cdot 2\sin\theta\cos\theta=\cos 2\theta+\mathrm{i}\sin 2\theta.$$

由上式,得如下二倍角公式 $S_{2\alpha}$,$C_{2\alpha}$,即

$$\sin 2\alpha=2\sin\alpha\cos\alpha,$$

$$\cos 2\alpha=\cos^2\alpha-\sin^2\alpha=2\cos^2\alpha-1=1-2\sin^2\alpha.$$

将$S_{2\alpha}$与$C_{2\alpha}$作比值，得$T_{2\alpha}$，即

$$\tan 2\alpha=\frac{2\tan\alpha}{1-\tan^2\alpha}\quad\left(\alpha\neq k\pi+\frac{\pi}{2}\text{ 且 }\alpha\neq\frac{k}{2}\pi+\frac{\pi}{4},k\in\mathbf{Z}\right).$$

若"逆用"上述三个二倍角公式，则三角函数式的次数降低，得降幂公式，即

$$\sin^2\alpha=\frac{1-\cos 2\alpha}{2},\quad \cos^2\alpha=\frac{1+\cos 2\alpha}{2},\quad \tan^2\alpha=\frac{1-\cos 2\alpha}{1+\cos 2\alpha}. \tag{5.4.2}$$

类似地，在棣莫弗公式(5.3.2)中，取$n=3$，有

$$(\cos\theta+\mathrm{i}\sin\theta)^3=\cos 3\theta+\mathrm{i}\sin 3\theta,$$

整理可得如下三倍角公式$S_{3\alpha}$，$C_{3\alpha}$，$T_{3\alpha}$，即

$$\sin 3\alpha=3\sin\alpha-4\sin^3\alpha,\quad \cos 3\alpha=4\cos^3\alpha-3\cos\alpha,$$

$$\tan 3\alpha=\frac{3\tan\alpha-\tan^3\alpha}{1-3\tan^2\alpha}.$$

更一般地，利用棣莫弗公式，可将倍角$n\alpha$的正弦$\sin n\alpha$和余弦$\cos n\alpha$用$\sin\alpha$和$\cos\alpha$的方幂表示出来.

5.4.4 半角公式

降幂公式(5.4.2)还可变形为半角的正弦、余弦、正切公式，分别记作$S_{\frac{\alpha}{2}}$，$C_{\frac{\alpha}{2}}$，$T_{\frac{\alpha}{2}}$，即

$$\sin\frac{\alpha}{2}=\pm\sqrt{\frac{1-\cos\alpha}{2}},\quad \cos\frac{\alpha}{2}=\pm\sqrt{\frac{1+\cos\alpha}{2}},\quad \tan\frac{\alpha}{2}=\pm\sqrt{\frac{1-\cos\alpha}{1+\cos\alpha}}.$$

需要注意的是，上述三式右端都是平方根的形式，但如果知道了角$\frac{\alpha}{2}$的终边所在象限，就能确定半角的具体三角函数值了.

由于

$$\frac{\sin\alpha}{1+\cos\alpha}=\frac{2\sin\frac{\alpha}{2}\cos\frac{\alpha}{2}}{1+2\cos^2\frac{\alpha}{2}-1}=\frac{2\sin\frac{\alpha}{2}\cos\frac{\alpha}{2}}{2\cos^2\frac{\alpha}{2}}=\tan\frac{\alpha}{2},$$

$$\frac{1-\cos\alpha}{\sin\alpha}=\frac{1-\left(1-2\sin^2\frac{\alpha}{2}\right)}{2\sin\frac{\alpha}{2}\cos\frac{\alpha}{2}}=\frac{2\sin^2\frac{\alpha}{2}}{2\sin\frac{\alpha}{2}\cos\frac{\alpha}{2}}=\tan\frac{\alpha}{2},$$

因此半角的正切公式$T_{\frac{\alpha}{2}}$还可表示为

$$\tan\frac{\alpha}{2}=\pm\sqrt{\frac{1-\cos\alpha}{1+\cos\alpha}}=\frac{\sin\alpha}{1+\cos\alpha}=\frac{1-\cos\alpha}{\sin\alpha}.$$

5.4.5 万能公式

利用二倍角公式，有

$$\sin\alpha=2\sin\frac{\alpha}{2}\cos\frac{\alpha}{2}=\frac{2\sin\frac{\alpha}{2}\cos\frac{\alpha}{2}}{\sin^2\frac{\alpha}{2}+\cos^2\frac{\alpha}{2}}=\frac{2\tan\frac{\alpha}{2}}{1+\tan^2\frac{\alpha}{2}},$$

$$\cos\alpha=\cos^2\frac{\alpha}{2}-\sin^2\frac{\alpha}{2}=\frac{\cos^2\frac{\alpha}{2}-\sin^2\frac{\alpha}{2}}{\sin^2\frac{\alpha}{2}+\cos^2\frac{\alpha}{2}}=\frac{1-\tan^2\frac{\alpha}{2}}{1+\tan^2\frac{\alpha}{2}},$$

$$\tan\alpha=\tan\left(\frac{\alpha}{2}+\frac{\alpha}{2}\right)=\frac{2\tan\frac{\alpha}{2}}{1-\tan^2\frac{\alpha}{2}}.$$

上述三个公式称为万能公式.

例 4 求 $\cos\frac{\pi}{11}\cos\frac{2\pi}{11}\cos\frac{3\pi}{11}\cos\frac{4\pi}{11}\cos\frac{5\pi}{11}$ 的值.

解 由倍角公式可得

$$\cos\frac{\pi}{11}\cos\frac{2\pi}{11}\cos\frac{3\pi}{11}\cos\frac{4\pi}{11}\cos\frac{5\pi}{11}=\frac{\sin\frac{2\pi}{11}}{2\sin\frac{\pi}{11}}\cdot\frac{\sin\frac{4\pi}{11}}{2\sin\frac{2\pi}{11}}\cdot\frac{\sin\frac{6\pi}{11}}{2\sin\frac{3\pi}{11}}\cdot\frac{\sin\frac{8\pi}{11}}{2\sin\frac{4\pi}{11}}\cdot\frac{\sin\frac{10\pi}{11}}{2\sin\frac{5\pi}{11}}$$

$$=\frac{1}{2^5}\cdot\frac{\sin\frac{10\pi}{11}\cdot\sin\frac{8\pi}{11}\cdot\sin\frac{6\pi}{11}}{\sin\frac{\pi}{11}\cdot\sin\frac{3\pi}{11}\cdot\sin\frac{5\pi}{11}}$$

$$=\frac{1}{2^5}=\frac{1}{32}.$$

例 5 设 $5\pi<\theta<6\pi$,$\cos\frac{\theta}{2}=\alpha$,$|\alpha|<1$,求 $\sin\frac{\theta}{4}$,$\cos\frac{\theta}{4}$,$\tan\theta$.

解 因为 $5\pi<\theta<6\pi$,所以 $\frac{5\pi}{2}<\frac{\theta}{2}<3\pi$,$\frac{5\pi}{4}<\frac{\theta}{4}<\frac{3\pi}{2}$,则

$$\sin\frac{\theta}{4}=-\sqrt{\frac{1-\cos\frac{\theta}{2}}{2}}=-\sqrt{\frac{1-\alpha}{2}},\quad \cos\frac{\theta}{4}=-\sqrt{\frac{1+\cos\frac{\theta}{2}}{2}}=-\sqrt{\frac{1+\alpha}{2}},$$

从而有 $\tan\frac{\theta}{2}=\sqrt{\frac{1-\alpha}{1+\alpha}}$.故

$$\tan\theta=\frac{2\tan\frac{\theta}{2}}{1-\tan^2\frac{\theta}{2}}=\frac{2\sqrt{\frac{1-\alpha}{1+\alpha}}}{1-\frac{1-\alpha}{1+\alpha}}=\frac{\sqrt{1-\alpha^2}}{\alpha}.$$

5.4.6 积化和差与和差化积公式

在高等数学中,有时需要把三角函数的积化为和(或差)的形式,有时

又需要把和(或差)化为积的形式.下面来讨论这两种形式的互化.

1. 积化和差公式

对任意角 α,β,将两角和与差的正弦公式 $S_{\alpha+\beta}$ 与 $S_{\alpha-\beta}$ 相加,整理可得

$$\sin\alpha\cos\beta=\frac{1}{2}[\sin(\alpha+\beta)+\sin(\alpha-\beta)];$$

将 $S_{\alpha+\beta}$ 与 $S_{\alpha-\beta}$ 相减,整理可得

$$\cos\alpha\sin\beta=\frac{1}{2}[\sin(\alpha+\beta)-\sin(\alpha-\beta)].$$

类似地,将两角和与差的余弦公式 $C_{\alpha+\beta}$ 与 $C_{\alpha-\beta}$ 相加,整理可得

$$\cos\alpha\cos\beta=\frac{1}{2}[\cos(\alpha+\beta)+\cos(\alpha-\beta)];$$

将 $C_{\alpha+\beta}$ 与 $C_{\alpha-\beta}$ 相减,整理可得

$$\sin\alpha\sin\beta=\frac{1}{2}[\cos(\alpha-\beta)-\cos(\alpha+\beta)].$$

上述四个公式的左端都是积的形式,右端都是和或差的形式,因此称它们为积化和差公式.

2. 和差化积公式

在四个积化和差公式中,令 $\alpha+\beta=A,\alpha-\beta=B$,则 $\alpha=\frac{A+B}{2},\beta=\frac{A-B}{2}$,且有

$$\sin\frac{A+B}{2}\cos\frac{A-B}{2}=\frac{1}{2}(\sin A+\sin B),$$

$$\cos\frac{A+B}{2}\sin\frac{A-B}{2}=\frac{1}{2}(\sin A-\sin B),$$

$$\cos\frac{A+B}{2}\cos\frac{A-B}{2}=\frac{1}{2}(\cos A+\cos B),$$

$$\sin\frac{A+B}{2}\sin\frac{A-B}{2}=\frac{1}{2}(\cos B-\cos A).$$

整理上述四个等式,得下面四个和差化积公式:

$$\sin A+\sin B=2\sin\frac{A+B}{2}\cos\frac{A-B}{2},$$

$$\sin A-\sin B=2\cos\frac{A+B}{2}\sin\frac{A-B}{2},$$

$$\cos A+\cos B=2\cos\frac{A+B}{2}\cos\frac{A-B}{2},$$

$$\cos A-\cos B=-2\sin\frac{A+B}{2}\cos\frac{A-B}{2}.$$

例 6　求函数 $y=\cos\left(\frac{\pi}{3}+2x\right)\sin\left(\frac{\pi}{3}-2x\right)$ 的最大值.

解　由积化和差公式,得

$$\cos\left(\frac{\pi}{3}+2x\right)\sin\left(\frac{\pi}{3}-2x\right)=\frac{1}{2}\left(\sin\frac{2\pi}{3}-\sin 4x\right)$$
$$=\frac{1}{2}\left(\frac{\sqrt{3}}{2}-\sin 4x\right)=\frac{\sqrt{3}}{4}-\frac{1}{2}\sin 4x,$$

故所求函数的最大值为$\frac{\sqrt{3}}{4}+\frac{1}{2}$.

例 7 已知 $\sin\alpha+\sin\beta=\frac{4}{5}$,$\cos\alpha+\cos\beta=-\frac{3}{5}$,求 $\cos(\alpha+\beta)$.

解 对 $\sin\alpha+\sin\beta=\frac{4}{5}$,$\cos\alpha+\cos\beta=-\frac{3}{5}$ 的左端进行和差化积,得

$$2\sin\frac{\alpha+\beta}{2}\cos\frac{\alpha-\beta}{2}=\frac{4}{5},\quad 2\cos\frac{\alpha+\beta}{2}\cos\frac{\alpha-\beta}{2}=-\frac{3}{5},$$

上述两式相除,得 $\tan\frac{\alpha+\beta}{2}=-\frac{4}{3}$. 于是由万能公式,得

$$\cos(\alpha+\beta)=\frac{1-\tan^2\frac{\alpha+\beta}{2}}{1+\tan^2\frac{\alpha+\beta}{2}}=\frac{1-\left(-\frac{4}{3}\right)^2}{1+\left(-\frac{4}{3}\right)^2}=-\frac{7}{25}.$$

复数被广泛用于理论研究和生活实践中,如流体力学、相对论、量子力学、应用数学、普通物理学、系统分析、信号分析等. 对于信号分析与处理中非常重要的三大变换 —— 傅里叶变换、拉普拉斯变换和 z 变换,在进行变换时都会涉及复数. 在求解微分方程时,可以利用拉普拉斯变换将微分方程转化为代数方程来求解,这些都是研究许多工程和金融问题的基本工具.

习题 5

1. 填空题.

(1) 设复数 z 满足 $(2+\mathrm{i})z=1+2\mathrm{i}+3\mathrm{i}^2+4\mathrm{i}^3$,则 z 的代数形式为__________,模为__________,共轭复数为__________.

(2) $a=1$ 是函数 $y=\cos^2 ax-\sin^2 ax$ 在最小正周期为 π 的____________(填“充分不必要”“必要不充分”“充要” 或“既不充分也不必要”) 条件.

(3) 下列类比推理中,正确的是__________.

① 已知 $a,b\in\mathbf{R}$,若 $a-b=0\Rightarrow a=b$,类比得已知 $z_1,z_2\in\mathbf{C}$,若 $z_1-z_2=0\Rightarrow z_1=z_2$;

② 已知 $a,b\in\mathbf{R}$,若 $a-b>0\Rightarrow a>b$,类比得已知 $z_1,z_2\in\mathbf{C}$,若 $z_1-z_2>0\Rightarrow z_1>z_2$;

③ 由实数绝对值的性质 $|x|^2=x^2$,类比得复数 z 的性质 $|z|^2=z^2$;

④ 已知 $a,b,c,d\in\mathbf{R}$,若复数 $a+b\mathrm{i}=c+d\mathrm{i}$,则 $a=c,b=d$,类比得已知 $a,b,c,d\in\mathbf{Q}$,若复数 $a+b\sqrt{2}=c+d\sqrt{2}$,则 $a=c,b=d$;

⑤ 若 $x\in\mathbf{R}$,则 $|x|<1\Rightarrow-1<x<1$,类比得若 $z\in\mathbf{C}$,则 $|z|<1\Rightarrow-1<z<1$.

(4) 如果复数$\dfrac{2+ai}{1+2i}$的实部与虚部相等,则 $a=$ ________.

(5) 化简$\dfrac{\cos\alpha+\cos 3\alpha+\cos 5\alpha+\cos 7\alpha}{\sin\alpha+\sin 3\alpha+\sin 5\alpha+\sin 7\alpha}=$ ________.

(6) 若$\dfrac{\sin\alpha}{1+\cos\alpha}=\dfrac{1}{2}$,则 $\sin\alpha+\cos\alpha=$ ________.

(7) 在复平面内,复数$\dfrac{5i}{2-i}$的对应点位于第________象限.

(8)3 次单位根分别为________,________,________.

(9)i^n($n\in\mathbf{N}$)的取值规律为________.

(10) 设复数 z 满足 $z+|\bar{z}|=2+i$,那么$|z|=$ ________.

2. 实数 a 为何值时,$z=\ln(a^2-2a-2)+(a^2+3a+2)i$ 为(1) 实数;(2) 虚数;(3) 纯虚数?

3. 在复数域内求解下列方程.

(1)$x^2+2=0$;　　(2)$x^2+2x+3=0$;　　(3)$x^2+x+c=0$.

4. 求解或证明下列各题.

(1) 已知$\dfrac{x-yi}{1+i}=1-i$,求实数 x,y 的值;

(2) 已知$(x+1)^2+(y+1)i=-(1-i)^4$,求实数 x,y 的值;

(3) 假设关于 x 的实系数方程 $ax^2+bx+c=0$ 有两个虚根 x_1,x_2,且$(1-3ai)i=c-\dfrac{a}{i}$,$|x_1-x_2|=1$,求 b 的值;

(4) 已知$\dfrac{\bar{z}}{z}=a+bi$,证明:$a^2+b^2=1$;

(5) 已知平面内三个并列且相等的正方形(见图 1),试利用复数求 $\alpha+\beta+\gamma$ 的值.

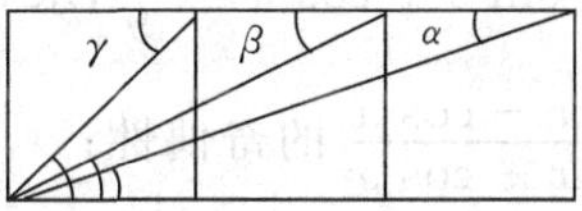

图 1

5. 把下列复数化为三角形式.

(1)$z=\cos\dfrac{\pi}{4}-i\sin\dfrac{\pi}{4}$;　　(2)$z=-\left(\cos\dfrac{\pi}{3}+i\sin\dfrac{\pi}{3}\right)$;

(3)$z=\sin\dfrac{3\pi}{4}+i\cos\dfrac{3\pi}{4}$;　　(4)$z=1+\cos\alpha+i\sin\alpha$.

6. 求下列各式的值.

(1)$z=2(7+5i)+i(4+3i)-(5+4i)$;　　(2)$z=\dfrac{1+2i}{3-4i}$;

(3)$(-1+\sqrt{3}i)^{50}$;　　(4)$\dfrac{(1+i)^3(\sqrt{3}-i)}{1+\sqrt{3}i}$;

(5) $1+z+z^2+\cdots+z^{2\,017}$，其中 $z=-\dfrac{1}{2}+\dfrac{\sqrt{3}}{2}\mathrm{i}$.

7. 如图 2 所示，利用复数证明图中三角形的三个内角之和等于 π.

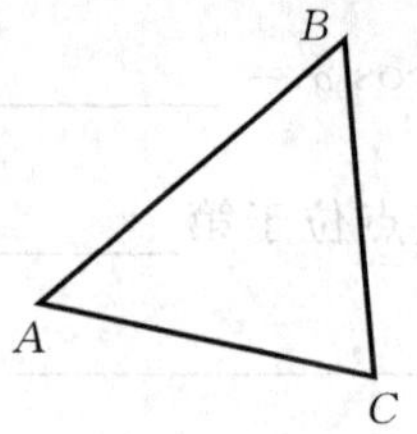

图 2

8. 求解下列各题.

(1) $\sqrt{\mathrm{i}}$；　(2) $\sqrt[4]{-4}$；　(3) $\sqrt[5]{1-\mathrm{i}}$.

9. 化简下列各式.

(1) $\dfrac{(\cos\theta+\mathrm{i}\sin\theta)^2}{[\cos(\theta+\varphi)+\mathrm{i}\sin(\theta+\varphi)][\cos(\theta-\varphi)+\mathrm{i}\sin(\theta-\varphi)]}$；

(2) $\sqrt{\dfrac{1}{2}+\dfrac{1}{2}\sqrt{\dfrac{1}{2}+\dfrac{1}{2}\cos 2\alpha}}+\cos\dfrac{\alpha}{2}\left(\dfrac{5}{2}\pi<\alpha<3\pi\right)$；

(3) $\sqrt{1+\sin\theta}-\sqrt{1-\sin\theta}, \theta\in(0,\pi)$.

10. 求解下列各题.

(1) 若实数 α 满足 $\cos\alpha=\tan\alpha$，求 $\dfrac{1}{\sin\alpha}+\cos^4\alpha$；

(2) 已知 $\sin(\pi-\alpha)=\log_8\dfrac{1}{4}$，且 $\alpha\in\left(-\dfrac{\pi}{2},0\right)$，求 $\tan(2\pi-\alpha)$；

(3) 已知 θ 是第三象限的角，且 $\sin^4\theta+\cos^4\theta=\dfrac{5}{9}$，求 $\sin 2\theta$ 的值；

(4) 判断函数 $f(x)=\dfrac{1+\sin x-\cos x}{1+\sin x+\cos x}$ 的奇偶性；

(5) 计算 $\cos 20^\circ\cos 40^\circ\cos 80^\circ$；

(6) 若 $\cos 2\alpha=\dfrac{\sqrt{2}}{3}$，求 $\sin^4\alpha+\cos^4\alpha$ 的值；

(7) 已知 $\sin\alpha=\dfrac{4}{5}, \alpha\in\left(\dfrac{\pi}{2},\pi\right)$，求 $\sin 2\alpha, \cos 2\alpha, \cos\dfrac{\alpha}{2}, \tan\dfrac{\alpha}{2}$；

(8) 求 $\cos^2 20^\circ+\cos^2 100^\circ+\cos^2 140^\circ$ 的值；

(9) 求 $\cos\dfrac{2\pi}{7}+\cos\dfrac{4\pi}{7}+\cos\dfrac{6\pi}{7}$ 的值.

11. 证明下列各题.

(1) 证明：$\cos^8 A-\sin^8 A=\cos 2A\cdot\left(1-\dfrac{1}{2}\sin^2 2A\right)$；

(2) 证明：在 $\triangle ABC$ 中，有 $\cos A+\cos B+\cos C=1+4\sin\dfrac{A}{2}\sin\dfrac{B}{2}\sin\dfrac{C}{2}$；

(3) 证明：在 $\triangle ABC$ 中，有 $\tan A+\tan B+\tan C=\tan A\tan B\tan C$.

12. 求解下列各题.

(1) 若复数 $|z-3\mathrm{i}|=5$，求 $|z+2|$ 的最大值与最小值；

(2) 已知 $|z_1|=3$，$|z_2|=5$，$|z_1-z_2|=\sqrt{10}$，求 $|z_1+z_2|$ 的值.

13. 试推证正弦、余弦的 n 倍角公式.

14. 试探讨如何利用泰勒级数证明欧拉公式(5.2.2).

第六章

行　列　式

高等代数是机器学习的数学基石，是初等代数理论的延伸，其理论和方法在各个学科中得到了广泛的应用. 解方程是代数的一个基本问题. 行列式是高等代数中的一个基本而重要的工具，它的理论产生于17世纪末，源于解线性方程组. 行列式最早是一种速记的表达式，现在已经是数学中一种非常有用的工具. 例如，在高等数学中，当讨论由方程组确定的隐函数的导数以及重积分的换元法时，需要求解雅可比(Jacobi) 式这类行列式的值是不是零；在微分方程中，为了求方程的通解，需要通过行列式的值是不是零来判断微分方程的解是否线性相关.

通过本章的学习，我们将看到正是行列式的引入，才使得方程个数与变量个数相同的线性方程组的解以极其完美的形式展现在人们的面前. 本章主要介绍二阶、三阶行列式以及 n 阶行列式的定义、性质、计算及其在求解线性方程组中的应用.

6.1 二阶与三阶行列式

6.1.1 二阶行列式

一般地，将一次方程组称为**线性方程组**. 线性方程组的理论在数学中是基本的也是重要的内容.

在中学代数中，已经学过用消元法求解如下二元线性方程组：

$$\begin{cases} a_{11}x_1 + a_{12}x_2 = b_1, \\ a_{21}x_1 + a_{22}x_2 = b_2. \end{cases} \tag{6.1.1}$$

为消去未知数 x_2，以 a_{22} 和 a_{12} 分别乘方程组(6.1.1)中两个方程的两端，然后将所得两个方程相减，得

$$(a_{11}a_{22} - a_{12}a_{21})x_1 = b_1a_{22} - b_2a_{12}. \tag{6.1.2}$$

类似地，消去未知数 x_1，得

$$(a_{11}a_{22} - a_{12}a_{21})x_2 = b_2a_{11} - b_1a_{21}. \tag{6.1.3}$$

当 $a_{11}a_{22} - a_{12}a_{21} \neq 0$ 时，由(6.1.2)式和(6.1.3)式得线性方程组的唯一解为

$$x_1 = \frac{b_1a_{22} - b_2a_{12}}{a_{11}a_{22} - a_{12}a_{21}}, \quad x_2 = \frac{b_2a_{11} - b_1a_{21}}{a_{11}a_{22} - a_{12}a_{21}}. \tag{6.1.4}$$

(6.1.4)式不容易记忆，但仔细观察会发现(6.1.4)式中的分子、分母都是四个数分两对相乘再相减而得，其中分母 $a_{11}a_{22} - a_{12}a_{21}$ 是由方程组(6.1.1)的四个系数确定的. 下面将这四个数按它们在方程组(6.1.1)中的位置，排成两行两列(横排简称行，竖排简称列)的数表

$$\begin{matrix} a_{11} & a_{12} \\ a_{21} & a_{22} \end{matrix} \tag{6.1.5}$$

定义 1 记号

$$\begin{vmatrix} a_{11} & a_{12} \\ a_{21} & a_{22} \end{vmatrix}$$

称为由数表(6.1.5)所确定的**二阶行列式**. 上述记号表示一种运算，其值为 $a_{11}a_{22} - a_{12}a_{21}$，即

$$\begin{vmatrix} a_{11} & a_{12} \\ a_{21} & a_{22} \end{vmatrix} = a_{11}a_{22} - a_{12}a_{21}, \tag{6.1.6}$$

其中，数 $a_{ij}(i=1,2;j=1,2)$ 称为行列式(6.1.6)的**元素或元**，a_{11}，a_{22} 称为**主对角元**，a_{21}，a_{12} 称为**副对角元**. 元素 a_{ij} 的第一个下标 i 称为**行标**，表明该元素位于第 i 行；其第二个下标 j 称为**列标**，表明该元素位于第 j 列.

注 形如 (a,b) 的有序数对称为平面直角坐标系中的行向量，形如 $\begin{pmatrix} a \\ b \end{pmatrix}$ 的有序数对称为平面直角坐标系中的列向量. 例如，以数表(6.1.5)中两列元素为坐标可得平面直角坐标系中的两个列向量：

$$\boldsymbol{\alpha}_1 = \begin{pmatrix} a_{11} \\ a_{21} \end{pmatrix}, \quad \boldsymbol{\alpha}_2 = \begin{pmatrix} a_{12} \\ a_{22} \end{pmatrix}. \tag{6.1.7}$$

二阶行列式的计算结果可以用**对角线法则**来记忆，如图 6.1.1 所示，连接主对角元的实线称为**主对角线**，连接副对角元的虚线称为**副对角线**，二阶行列式的值就是主对角线上两个元素之积减去副对角线上两个元素之积所得的差.

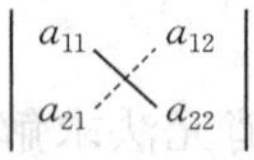

图 6.1.1

于是，(6.1.4) 式中 x_1 与 x_2 的分子也可以写成二阶行列式，即

$$b_1a_{22} - b_2a_{12} = \begin{vmatrix} b_1 & a_{12} \\ b_2 & a_{22} \end{vmatrix}, \quad b_2a_{11} - b_1a_{21} = \begin{vmatrix} a_{11} & b_1 \\ a_{21} & b_2 \end{vmatrix}.$$

若记

$$D = \begin{vmatrix} a_{11} & a_{12} \\ a_{21} & a_{22} \end{vmatrix}, \quad D_1 = \begin{vmatrix} b_1 & a_{12} \\ b_2 & a_{22} \end{vmatrix}, \quad D_2 = \begin{vmatrix} a_{11} & b_1 \\ a_{21} & b_2 \end{vmatrix},$$

那么，当 $D \neq 0$ 时，二元线性方程组(6.1.1) 的唯一解(6.1.4) 就可以用二阶行列式来表示了，即

$$x_1 = \frac{D_1}{D} = \frac{\begin{vmatrix} b_1 & a_{12} \\ b_2 & a_{22} \end{vmatrix}}{\begin{vmatrix} a_{11} & a_{12} \\ a_{21} & a_{22} \end{vmatrix}}, \quad x_2 = \frac{D_2}{D} = \frac{\begin{vmatrix} a_{11} & b_1 \\ a_{21} & b_2 \end{vmatrix}}{\begin{vmatrix} a_{11} & a_{12} \\ a_{21} & a_{22} \end{vmatrix}}. \tag{6.1.8}$$

(6.1.8) 式中的分母 D 是由方程组(6.1.1) 的系数所确定的二阶行列式，称为方程组(6.1.1) 的**系数行列式**；D_1 是用常数列 b_1, b_2 替换 D 中第一列 a_{11}, a_{21} 后所得的二阶行列式；D_2 是用常数列 b_1, b_2 替换 D 中第二列 a_{12}，a_{22} 后所得的二阶行列式.

例 1 解二元线性方程组

$$\begin{cases} 5x_1 - x_2 = 2, \\ 3x_1 + 2x_2 = 9. \end{cases}$$

解 因为所给方程组的系数行列式为

$$D = \begin{vmatrix} 5 & -1 \\ 3 & 2 \end{vmatrix} = 10 - (-3) = 13 \neq 0,$$

所以方程组有唯一解. 而

$$D_1 = \begin{vmatrix} 2 & -1 \\ 9 & 2 \end{vmatrix} = 4 - (-9) = 13, \quad D_2 = \begin{vmatrix} 5 & 2 \\ 3 & 9 \end{vmatrix} = 45 - 6 = 39,$$

故 $x_1 = \dfrac{D_1}{D} = 1, x_2 = \dfrac{D_2}{D} = 3$.

6.1.2 三阶行列式

1. 三阶行列式的对角线法则

类似于二元线性方程组，也可以用三阶行列式来表示三元线性方程组

$$\begin{cases} a_{11}x_1 + a_{12}x_2 + a_{13}x_3 = b_1, \\ a_{21}x_1 + a_{22}x_2 + a_{23}x_3 = b_2, \\ a_{31}x_1 + a_{32}x_2 + a_{33}x_3 = b_3 \end{cases} \tag{6.1.9}$$

的解.将三元线性方程组中未知数前面的九个系数按它们在方程组(6.1.9)中的位置,排成三行三列的数表

$$\begin{matrix} a_{11} & a_{12} & a_{13} \\ a_{21} & a_{22} & a_{23} \\ a_{31} & a_{32} & a_{33} \end{matrix} \tag{6.1.10}$$

定义 2 记号

$$\begin{vmatrix} a_{11} & a_{12} & a_{13} \\ a_{21} & a_{22} & a_{23} \\ a_{31} & a_{32} & a_{33} \end{vmatrix}$$

称为由数表(6.1.10)所确定的**三阶行列式**.上述记号表示一种运算,其值为 $a_{11}a_{22}a_{33} + a_{12}a_{23}a_{31} + a_{13}a_{21}a_{32} - a_{13}a_{22}a_{31} - a_{12}a_{21}a_{33} - a_{11}a_{23}a_{32}$,即

$$\begin{vmatrix} a_{11} & a_{12} & a_{13} \\ a_{21} & a_{22} & a_{23} \\ a_{31} & a_{32} & a_{33} \end{vmatrix} = a_{11}a_{22}a_{33} + a_{12}a_{23}a_{31} + a_{13}a_{21}a_{32} - a_{13}a_{22}a_{31} - a_{12}a_{21}a_{33} - a_{11}a_{23}a_{32}. \tag{6.1.11}$$

三阶行列式中元素 $a_{ij}\,(i = 1,2,3; j = 1,2,3)$ 的含义与二阶行列式(6.1.6)中元素 $a_{ij}\,(i = 1,2; j = 1,2)$ 的含义相同,在此就不赘述了.

注 形如(a,b,c)的有序数组称为空间直角坐标系中的行向量,形如$\begin{pmatrix} a \\ b \\ c \end{pmatrix}$的有序数组称为空间直角坐标系中的列向量.例如,以数表(6.1.10)中三列元素为坐标可得空间直角坐标系中的三个列向量:

$$\boldsymbol{\alpha}_1 = \begin{pmatrix} a_{11} \\ a_{21} \\ a_{31} \end{pmatrix}, \quad \boldsymbol{\alpha}_2 = \begin{pmatrix} a_{12} \\ a_{22} \\ a_{32} \end{pmatrix}, \quad \boldsymbol{\alpha}_3 = \begin{pmatrix} a_{13} \\ a_{23} \\ a_{33} \end{pmatrix}. \tag{6.1.12}$$

三阶行列式的展开式(6.1.11)表明,三阶行列式含有六项,每一项均为行列式中位于不同行、不同列的三个元素的乘积,再赋予正负号,其运算规律遵循如图 6.1.2 所示的对角线法则:将图中三条实线看作平行于主对角线的连线,三条虚线看作平行于副对角线的连线,并给实线上三个元素的乘积赋予正号,虚线上三个元素的乘积赋予负号.

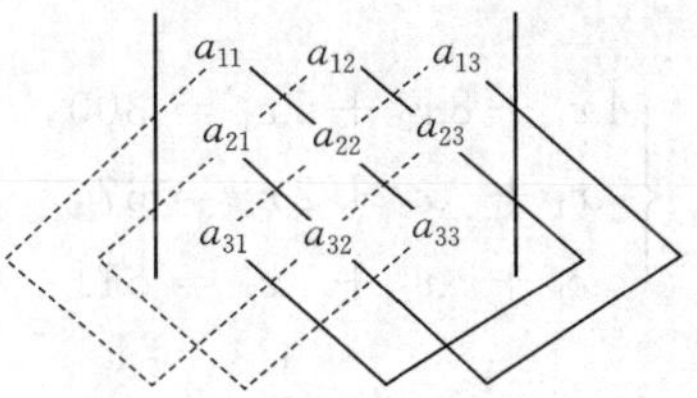

图 6.1.2

例 2 计算行列式 $D=\begin{vmatrix}1&2&3\\4&0&5\\-1&0&6\end{vmatrix}$.

解 $D=1\times0\times6+2\times5\times(-1)+3\times4\times0-1\times5\times0$

$-2\times4\times6-3\times0\times(-1)$

$=0-10+0-0-48+0=-58.$

下面用三阶行列式来表示三元线性方程组(6.1.9)的解.若记

$$D=\begin{vmatrix}a_{11}&a_{12}&a_{13}\\a_{21}&a_{22}&a_{23}\\a_{31}&a_{32}&a_{33}\end{vmatrix},\quad D_1=\begin{vmatrix}b_1&a_{12}&a_{13}\\b_2&a_{22}&a_{23}\\b_3&a_{32}&a_{33}\end{vmatrix},$$

$$D_2=\begin{vmatrix}a_{11}&b_1&a_{13}\\a_{21}&b_2&a_{23}\\a_{31}&b_3&a_{33}\end{vmatrix},\quad D_3=\begin{vmatrix}a_{11}&a_{12}&b_1\\a_{21}&a_{22}&b_2\\a_{31}&a_{32}&b_3\end{vmatrix},$$

则当三元线性方程组(6.1.9)的系数行列式 $D\neq0$ 时,方程组有唯一解

$$x_1=\frac{D_1}{D},\quad x_2=\frac{D_2}{D},\quad x_3=\frac{D_3}{D},$$

其中,D_1 是用常数列 b_1,b_2,b_3 替换 D 中第一列 a_{11},a_{21},a_{31} 后所得的三阶行列式;D_2 是用常数列 b_1,b_2,b_3 替换 D 中第二列 a_{12},a_{22},a_{32} 后所得的三阶行列式;D_3 是用常数列 b_1,b_2,b_3 替换 D 中第三列 a_{13},a_{23},a_{33} 后所得的三阶行列式.

例 3 某农场 300 名职工耕种 51 hm^2 土地,计划种植水稻、棉花和蔬菜,已知种植每公顷农作物所需劳动力和投入的设备资金如表 6.1.1 所示.

表 6.1.1

农作物品种	所需劳动力 /(人 / hm^2)	所需投入的设备资金 /(万元 / hm^2)
水稻	4	1
棉花	8	1
蔬菜	5	2

已知农场计划在设备上投入 67 万元,应该怎样安排这三种农作物的种植面积,才能使所有职工都有工作,而且投入的设备资金正好够用?

解 设水稻、棉花、蔬菜的种植面积(单位:hm^2)分别为 x_1,x_2,x_3,由题意得线性方程组

$$\begin{cases}4x_1+8x_2+5x_3=300,\\x_1+x_2+2x_3=67,\\x_1+x_2+x_3=51.\end{cases}$$

因为

$$D=\begin{vmatrix}4&8&5\\1&1&2\\1&1&1\end{vmatrix}=4\times1\times1+1\times1\times5+8\times2\times1-1\times1\times5$$

$$-1\times8\times1-4\times1\times2=4\neq0,$$

$$D_1=\begin{vmatrix}300&8&5\\67&1&2\\51&1&1\end{vmatrix}=300\times1\times1+67\times1\times5+51\times8\times2$$

$$-51\times1\times5-67\times8\times1-300\times1\times2=60,$$

$$D_2=\begin{vmatrix}4&300&5\\1&67&2\\1&51&1\end{vmatrix}=4\times67\times1+1\times51\times5+1\times300\times2$$

$$-1\times67\times5-1\times300\times1-4\times51\times2=80,$$

$$D_3=\begin{vmatrix}4&8&300\\1&1&67\\1&1&51\end{vmatrix}=4\times1\times51+1\times1\times300+1\times8\times67$$

$$-1\times1\times300-1\times8\times51-4\times1\times67=64,$$

所以
$$\begin{cases}x_1=15,\\x_2=20,\\x_3=16,\end{cases}$$

即水稻、棉花、蔬菜的种植面积分别为 15 hm^2,20 hm^2,16 hm^2.

2. 按行或按列展开三阶行列式

三阶行列式的展开式(6.1.11) 还可通过二阶行列式表示如下:

$$\begin{vmatrix}a_{11}&a_{12}&a_{13}\\a_{21}&a_{22}&a_{23}\\a_{31}&a_{32}&a_{33}\end{vmatrix}=a_{11}(a_{22}a_{33}-a_{23}a_{32})-a_{12}(a_{21}a_{33}-a_{23}a_{31})$$

$$+a_{13}(a_{21}a_{32}-a_{22}a_{31})$$

$$=a_{11}\cdot(-1)^{1+1}\begin{vmatrix}a_{22}&a_{23}\\a_{32}&a_{33}\end{vmatrix}+a_{12}\cdot(-1)^{1+2}\begin{vmatrix}a_{21}&a_{23}\\a_{31}&a_{33}\end{vmatrix}$$

$$+a_{13}\cdot(-1)^{1+3}\begin{vmatrix}a_{21}&a_{22}\\a_{31}&a_{32}\end{vmatrix}. \tag{6.1.13}$$

据此归纳得到三阶行列式按行或按列展开的性质.

定义 3 三阶行列式

$$\begin{vmatrix}a_{11}&a_{12}&a_{13}\\a_{21}&a_{22}&a_{23}\\a_{31}&a_{32}&a_{33}\end{vmatrix}$$

中,去掉元素 $a_{ij}(i=1,2,3;j=1,2,3)$ 所在的第 i 行和第 j 列后剩下的元素按原来的位置组成的二阶行列式称为元素 a_{ij} 的**余子式**,记作 M_{ij};$A_{ij}=(-1)^{i+j}M_{ij}$ 称为元素 a_{ij} 的**代数余子式**. 例如,(6.1.13) 式中,元素

a_{11} 的余子式与代数余子式分别为

$$M_{11}=\begin{vmatrix}a_{22}&a_{23}\\a_{32}&a_{33}\end{vmatrix},\quad A_{11}=(-1)^{1+1}\begin{vmatrix}a_{22}&a_{23}\\a_{32}&a_{33}\end{vmatrix},$$

元素 a_{12} 的余子式与代数余子式分别为

$$M_{12}=\begin{vmatrix}a_{21}&a_{23}\\a_{31}&a_{33}\end{vmatrix},\quad A_{12}=(-1)^{1+2}\begin{vmatrix}a_{21}&a_{23}\\a_{31}&a_{33}\end{vmatrix}.$$

类似地,还可写出$M_{23}=\begin{vmatrix}a_{11}&a_{12}\\a_{31}&a_{32}\end{vmatrix}$,$A_{23}=(-1)^{2+3}\begin{vmatrix}a_{11}&a_{12}\\a_{31}&a_{32}\end{vmatrix}=-\begin{vmatrix}a_{11}&a_{12}\\a_{31}&a_{32}\end{vmatrix}$等.

显然,有了代数余子式的概念之后,三阶行列式的展开式(6.1.13)还可改写为

$$\begin{vmatrix}a_{11}&a_{12}&a_{13}\\a_{21}&a_{22}&a_{23}\\a_{31}&a_{32}&a_{33}\end{vmatrix}=a_{11}A_{11}+a_{12}A_{12}+a_{13}A_{13}.\qquad(6.1.14)$$

(6.1.14)式称为三阶行列式按第一行展开的展开式.三阶行列式也可按第三列展开,即

$$\begin{vmatrix}a_{11}&a_{12}&a_{13}\\a_{21}&a_{22}&a_{23}\\a_{31}&a_{32}&a_{33}\end{vmatrix}=a_{13}A_{13}+a_{23}A_{23}+a_{33}A_{33}.$$

事实上,三阶行列式可以按任何一行或一列展开,这种方法称为**拉普拉斯**(Laplace)**展开法**.

性质1(拉普拉斯展开法) 三阶行列式可按行列式的某一行或某一列展开降阶为二阶行列式进行计算.

例4 利用拉普拉斯展开法,计算例2中行列式$D=\begin{vmatrix}1&2&3\\4&0&5\\-1&0&6\end{vmatrix}$的值.

解 按第一行展开,有

$$D=1\times(-1)^{1+1}\times\begin{vmatrix}0&5\\0&6\end{vmatrix}+2\times(-1)^{1+2}\times\begin{vmatrix}4&5\\-1&6\end{vmatrix}+3\times(-1)^{1+3}\times\begin{vmatrix}4&0\\-1&0\end{vmatrix}=-58.$$

也可按第二列展开,有

$$D=2\times(-1)^{1+2}\times\begin{vmatrix}4&5\\-1&6\end{vmatrix}+0\times(-1)^{2+2}\times\begin{vmatrix}1&3\\-1&6\end{vmatrix}+0\times(-1)^{3+2}\times\begin{vmatrix}1&3\\4&5\end{vmatrix}=-58.$$

从上述两种展开法可以看出,按拉普拉斯展开法展开时应尽可能选取“0”元素比较多的行或列.

6.2 n 阶行列式

6.2.1 n 阶行列式的定义

定义 4 记号

$$D=\begin{vmatrix} a_{11} & a_{12} & \cdots & a_{1n} \\ a_{21} & a_{22} & \cdots & a_{2n} \\ \vdots & \vdots & & \vdots \\ a_{n1} & a_{n2} & \cdots & a_{nn} \end{vmatrix} \tag{6.2.1}$$

称为 n **阶行列式**. 上述记号表示一种运算,其值具有如下的按拉普拉斯展开的结果:

$$D=a_{i1}A_{i1}+a_{i2}A_{i2}+\cdots+a_{in}A_{in}\quad (i=1,2,\cdots,n)\quad (\text{按第 } i \text{ 行展开})$$

或

$$D=a_{1j}A_{1j}+a_{2j}A_{2j}+\cdots+a_{nj}A_{nj}\quad (j=1,2,\cdots,n)\quad (\text{按第 } j \text{ 列展开}).$$

例如,按第一行展开计算 n 阶行列式:

$$\begin{vmatrix} a_{11} & a_{12} & \cdots & a_{1n} \\ a_{21} & a_{22} & \cdots & a_{2n} \\ \vdots & \vdots & & \vdots \\ a_{n1} & a_{n2} & \cdots & a_{nn} \end{vmatrix}=(-1)^{1+1}a_{11}\begin{vmatrix} a_{22} & a_{23} & \cdots & a_{2n} \\ a_{32} & a_{33} & \cdots & a_{3n} \\ \vdots & \vdots & & \vdots \\ a_{n2} & a_{n3} & \cdots & a_{nn} \end{vmatrix}$$

$$+(-1)^{1+2}a_{12}\begin{vmatrix} a_{21} & a_{23} & \cdots & a_{2n} \\ a_{31} & a_{33} & \cdots & a_{3n} \\ \vdots & \vdots & & \vdots \\ a_{n1} & a_{n3} & \cdots & a_{nn} \end{vmatrix}$$

$$+\cdots+(-1)^{1+n}a_{1n}\begin{vmatrix} a_{21} & a_{22} & \cdots & a_{2,n-1} \\ a_{31} & a_{32} & \cdots & a_{3,n-1} \\ \vdots & \vdots & & \vdots \\ a_{n1} & a_{n2} & \cdots & a_{n,n-1} \end{vmatrix}.$$

上式的优势在于 n 阶行列式按行或列展开,可将 n 阶行列式降为 $n-1$ 阶行列式进行计算.

n 阶行列式中元素 $a_{ij}\,(i=1,2,\cdots,n;j=1,2,\cdots,n)$ 的含义与二阶、三阶行列式中元素的含义相同,此处不再赘述.

将行列式(6.2.1) 中的行与列对换得到的新行列式

$$\begin{vmatrix} a_{11} & a_{21} & \cdots & a_{n1} \\ a_{12} & a_{22} & \cdots & a_{n2} \\ \vdots & \vdots & & \vdots \\ a_{1n} & a_{2n} & \cdots & a_{nn} \end{vmatrix}$$

称为 D 的**转置行列式**,记作 D^{T}. 由于对转置行列式 D^{T} 按第 i 列展开即为 D

按第 i 行展开的结果,所以有如下性质.

性质 2 行列式与它的转置行列式相等,即 $D=D^{T}$.

例 1 计算四阶行列式 $D=\begin{vmatrix}2&1&3&0\\3&0&6&1\\0&1&7&8\\3&0&2&1\end{vmatrix}$ 的值.

解 因第二列的"0"元素多,为计算简便,下面按该行列式的第二列展开,得

$$D=a_{12}A_{12}+a_{22}A_{22}+a_{32}A_{32}+a_{42}A_{42},$$

其中 $a_{12}=1, a_{22}=0, a_{32}=1, a_{42}=0$,且

$$A_{12}=(-1)^{1+2}\times\begin{vmatrix}3&6&1\\0&7&8\\3&2&1\end{vmatrix}=-\begin{vmatrix}3&6&1\\0&7&8\\3&2&1\end{vmatrix}$$

$$=-7\times\begin{vmatrix}3&1\\3&1\end{vmatrix}+8\times\begin{vmatrix}3&6\\3&2\end{vmatrix}=0-96=-96,$$

$$A_{32}=(-1)^{3+2}\times\begin{vmatrix}2&3&0\\3&6&1\\3&2&1\end{vmatrix}=-\begin{vmatrix}2&3&0\\3&6&1\\3&2&1\end{vmatrix}$$

$$=1\times\begin{vmatrix}2&3\\3&2\end{vmatrix}-1\times\begin{vmatrix}2&3\\3&6\end{vmatrix}=-5-3=-8.$$

则 $D=1\times(-96)+1\times(-8)=-104$.

例 2 证明:$D=\begin{vmatrix}a_{11}&a_{12}&\cdots&a_{1n}\\0&a_{22}&\cdots&a_{2n}\\\vdots&\vdots&&\vdots\\0&0&\cdots&a_{nn}\end{vmatrix}=a_{11}a_{22}\cdots a_{nn}$.

证 因为第 n 行的元素除 a_{nn} 以外全为零,所以按第 n 行展开,得

$$D=0\times A_{n1}+0\times A_{n2}+\cdots+a_{nn}\times A_{nn}=a_{nn}A_{nn}$$

$$=a_{nn}\times(-1)^{n+n}\times\begin{vmatrix}a_{11}&a_{12}&\cdots&a_{1,n-1}\\0&a_{22}&\cdots&a_{2,n-1}\\\vdots&\vdots&&\vdots\\0&0&\cdots&a_{n-1,n-1}\end{vmatrix}$$

$$=a_{nn}\begin{vmatrix}a_{11}&a_{12}&\cdots&a_{1,n-1}\\0&a_{22}&\cdots&a_{2,n-1}\\\vdots&\vdots&&\vdots\\0&0&\cdots&a_{n-1,n-1}\end{vmatrix},$$

再依次按最后一行展开,可得

$$D = a_{nn}a_{n-1,n-1}\begin{vmatrix} a_{11} & a_{12} & \cdots & a_{1,n-2} \\ 0 & a_{22} & \cdots & a_{2,n-2} \\ \vdots & \vdots & & \vdots \\ 0 & 0 & \cdots & a_{n-2,n-2} \end{vmatrix}$$

$$= \cdots = a_{nn}a_{n-1,n-1}\cdots a_{33}\begin{vmatrix} a_{11} & a_{12} \\ 0 & a_{22} \end{vmatrix} = a_{11}a_{22}\cdots a_{nn}.$$

称例 2 中的 n 阶行列式为上三角形行列式.

注 例 2 也可用数学归纳法证明,其中在证 $n=k+1$ 时结论成立可用拉普拉斯展开法进行.

性质 3 下三角形行列式

$$\begin{vmatrix} a_{11} & 0 & \cdots & 0 \\ a_{21} & a_{22} & \cdots & 0 \\ \vdots & \vdots & & \vdots \\ a_{n1} & a_{n2} & \cdots & a_{nn} \end{vmatrix} = a_{11}a_{22}\cdots a_{nn}.$$

事实上,下三角形行列式的转置就是上三角形行列式.

性质 4 对角行列式

$$\begin{vmatrix} a_{11} & 0 & \cdots & 0 \\ 0 & a_{22} & \cdots & 0 \\ \vdots & \vdots & & \vdots \\ 0 & 0 & \cdots & a_{nn} \end{vmatrix} = a_{11}a_{22}\cdots a_{nn}.$$

6.2.2 行列式的几何意义

为了更好地理解行列式,下面来了解一下行列式的几何意义.

形如 $(a_1, a_2, \cdots, a_n)$ 的有序数组称为 n 维空间直角坐标系中的行向量,形如 $\begin{pmatrix} a_1 \\ a_2 \\ \vdots \\ a_n \end{pmatrix}$ 的有序数组称为 n 维空间直角坐标系中的列向量. 例如,以 n 阶行列式(6.2.1) 中 n 列元素为坐标可得 n 维空间直角坐标系中的 n 个列向量:

$$\boldsymbol{\alpha}_1 = \begin{pmatrix} a_{11} \\ a_{21} \\ \vdots \\ a_{n1} \end{pmatrix}, \quad \boldsymbol{\alpha}_2 = \begin{pmatrix} a_{12} \\ a_{22} \\ \vdots \\ a_{n2} \end{pmatrix}, \quad \cdots, \quad \boldsymbol{\alpha}_n = \begin{pmatrix} a_{1n} \\ a_{2n} \\ \vdots \\ a_{nn} \end{pmatrix}. \qquad (6.2.2)$$

在空间解析几何中,将证明 n 阶行列式(6.2.1) 的绝对值可以看作 n 维空间 $\mathbf{R}^n$ 中的 n 个列向量(6.2.2) 张成的 n 维形体的体积.

特别地，当 $n=1$ 时，对于一阶行列式，其值的绝对值表示一维向量的长度；当 $n=2$ 时，对于二阶行列式，其值的绝对值表示由列向量组(6.1.7) 张成的平行四边形的面积，如图 6.2.1 所示；当 $n=3$ 时，对于三阶行列式，其值的绝对值表示由列向量组(6.1.12) 张成的平行六面体的体积，如图 6.2.2 所示.

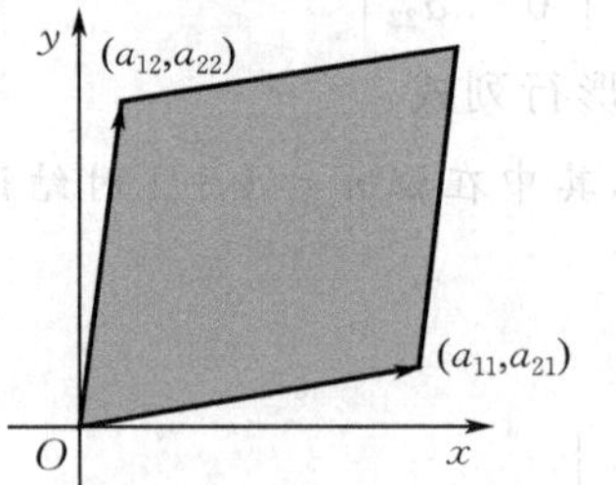

图 6.2.1

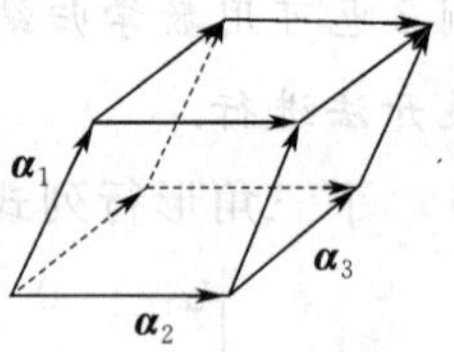

图 6.2.2

例 3 已知某四面体的顶点为 $A_k(x_k,y_k,z_k)(k=1,2,3,4)$，其中 $\overrightarrow{A_1A_2}=\begin{pmatrix}2\\1\\-1\end{pmatrix}$，$\overrightarrow{A_1A_3}=\begin{pmatrix}0\\-4\\8\end{pmatrix}$，$\overrightarrow{A_1A_4}=\begin{pmatrix}1\\-1\\3\end{pmatrix}$，求该四面体的体积.

解 以 $\overrightarrow{A_1A_2}=\begin{pmatrix}2\\1\\-1\end{pmatrix}$，$\overrightarrow{A_1A_3}=\begin{pmatrix}0\\-4\\8\end{pmatrix}$，$\overrightarrow{A_1A_4}=\begin{pmatrix}1\\-1\\3\end{pmatrix}$ 为列向量组成的三阶行列式 $D=\begin{vmatrix}2&0&1\\1&-4&-1\\-1&8&3\end{vmatrix}=-4$，而所求四面体的体积为以向量 $\overrightarrow{A_1A_2}=\begin{pmatrix}2\\1\\-1\end{pmatrix}$，$\overrightarrow{A_1A_3}=\begin{pmatrix}0\\-4\\8\end{pmatrix}$，$\overrightarrow{A_1A_4}=\begin{pmatrix}1\\-1\\3\end{pmatrix}$ 为棱的平行六面体的体积的 $\frac{1}{6}$，则所求四面体的体积 $V=\frac{1}{6}|D|=\frac{|-4|}{6}=\frac{2}{3}$.

6.3 *n* 元线性方程组

下面来推广方程组(6.1.1) 或方程组(6.1.9) 的求解方法，并给出**克拉默(Cramer) 法则**——用 n 阶行列式来表示 n 元线性方程组

$$\begin{cases}a_{11}x_1+a_{12}x_2+\cdots+a_{1n}x_n=b_1,\\ a_{21}x_1+a_{22}x_2+\cdots+a_{2n}x_n=b_2,\\ \cdots\cdots\cdots\cdots\\ a_{n1}x_1+a_{n2}x_2+\cdots+a_{nn}x_n=b_n\end{cases}\tag{6.3.1}$$

的解.

若记

$$D=\begin{vmatrix} a_{11} & a_{12} & \cdots & a_{1n} \\ a_{21} & a_{22} & \cdots & a_{2n} \\ \vdots & \vdots & & \vdots \\ a_{n1} & a_{n2} & \cdots & a_{nn} \end{vmatrix},$$

$$D_1=\begin{vmatrix} b_1 & a_{12} & \cdots & a_{1n} \\ b_2 & a_{22} & \cdots & a_{2n} \\ \vdots & \vdots & & \vdots \\ b_n & a_{n2} & \cdots & a_{nn} \end{vmatrix},\quad D_2=\begin{vmatrix} a_{11} & b_1 & \cdots & a_{1n} \\ a_{21} & b_2 & \cdots & a_{2n} \\ \vdots & \vdots & & \vdots \\ a_{n1} & b_n & \cdots & a_{nn} \end{vmatrix},\quad \cdots,$$

$$D_n=\begin{vmatrix} a_{11} & a_{12} & \cdots & b_1 \\ a_{21} & a_{22} & \cdots & b_2 \\ \vdots & \vdots & & \vdots \\ a_{n1} & a_{n2} & \cdots & b_n \end{vmatrix},$$

则当 n 元线性方程组(6.3.1)的系数行列式 $D\neq 0$ 时,方程组有唯一解

$$x_1=\frac{D_1}{D},\quad x_2=\frac{D_2}{D},\quad \cdots,\quad x_n=\frac{D_n}{D},$$

其中,D_1 是用常数列 $b_1,b_2,\cdots,b_n$ 替换 D 中第一列 $a_{11},a_{21},\cdots,a_{n1}$ 后所得的 n 阶行列式;D_2 是用常数列 $b_1,b_2,\cdots,b_n$ 替换 D 中第二列 $a_{12},a_{22},\cdots,a_{n2}$ 后所得的 n 阶行列式……D_n 是用常数列 $b_1,b_2,\cdots,b_n$ 替换 D 中第 n 列 $a_{1n},a_{2n},\cdots,a_{nn}$ 后所得的 n 阶行列式.

例 1 解四元线性方程组 $\begin{cases} x_1+2x_2+x_4=0, \\ x_2+x_4=1, \\ x_1+x_3=3, \\ x_3+2x_4=0. \end{cases}$

解 因为所给四元线性方程组的系数行列式为

$$D=\begin{vmatrix} 1 & 2 & 0 & 1 \\ 0 & 1 & 0 & 1 \\ 1 & 0 & 1 & 0 \\ 0 & 0 & 1 & 2 \end{vmatrix}=\begin{vmatrix} 1 & 0 & 1 \\ 0 & 1 & 0 \\ 0 & 1 & 2 \end{vmatrix}+\begin{vmatrix} 2 & 0 & 1 \\ 1 & 0 & 1 \\ 0 & 1 & 2 \end{vmatrix}$$

$$=\begin{vmatrix} 1 & 0 \\ 1 & 2 \end{vmatrix}-\begin{vmatrix} 2 & 1 \\ 1 & 1 \end{vmatrix}=1\neq 0,$$

所以原方程组有唯一解.而

$$D_1=\begin{vmatrix} 0 & 2 & 0 & 1 \\ 1 & 1 & 0 & 1 \\ 3 & 0 & 1 & 0 \\ 0 & 0 & 1 & 2 \end{vmatrix}=-\begin{vmatrix} 2 & 0 & 1 \\ 0 & 1 & 0 \\ 0 & 1 & 2 \end{vmatrix}+3\times\begin{vmatrix} 2 & 0 & 1 \\ 1 & 0 & 1 \\ 0 & 1 & 2 \end{vmatrix}$$

$$=-2\times\begin{vmatrix} 1 & 0 \\ 1 & 2 \end{vmatrix}-3\times\begin{vmatrix} 2 & 1 \\ 1 & 1 \end{vmatrix}=-7,$$

$$D_2=\begin{vmatrix}1&0&0&1\\0&1&0&1\\1&3&1&0\\0&0&1&2\end{vmatrix}=\begin{vmatrix}1&0&1\\3&1&0\\0&1&2\end{vmatrix}+\begin{vmatrix}0&0&1\\1&0&1\\0&1&2\end{vmatrix}$$

$$=\begin{vmatrix}1&0\\1&2\end{vmatrix}+\begin{vmatrix}3&1\\0&1\end{vmatrix}-\begin{vmatrix}0&1\\1&1\end{vmatrix}=6,$$

$$D_3=\begin{vmatrix}1&2&0&1\\0&1&1&1\\1&0&3&0\\0&0&0&2\end{vmatrix}=2\times\begin{vmatrix}1&2&0\\0&1&1\\1&0&3\end{vmatrix}=2\times\begin{vmatrix}1&1\\0&3\end{vmatrix}+2\times\begin{vmatrix}2&0\\1&1\end{vmatrix}=10,$$

$$D_4=\begin{vmatrix}1&2&0&0\\0&1&0&1\\1&0&1&3\\0&0&1&0\end{vmatrix}=-\begin{vmatrix}1&2&0\\0&1&1\\1&0&3\end{vmatrix}=-\begin{vmatrix}1&1\\0&3\end{vmatrix}-\begin{vmatrix}2&0\\1&1\end{vmatrix}=-5,$$

则原方程组的唯一解为

$$x_1=\frac{D_1}{D}=\frac{-7}{1}=-7,\quad x_2=\frac{D_2}{D}=\frac{6}{1}=6,$$

$$x_3=\frac{D_3}{D}=\frac{10}{1}=10,\quad x_4=\frac{D_4}{D}=\frac{-5}{1}=-5.$$

例 2 已知一个工厂共有 A,B,C,D 四种材料,可生产甲、乙、丙、丁四种产品.生产1单位的甲产品,需要2单位的A材料和3单位的B材料;生产1单位的乙产品,需要1单位的B材料和1单位的C材料;生产1单位的丙产品,需要3单位的C材料和4单位的D材料;生产1单位的丁产品,需要1单位的D材料和2单位的A材料.现在共有18单位的A材料、23单位的B材料、11单位的C材料和11单位的D材料,若全部用于生产甲、乙、丙、丁四种产品,则可生产这四种产品各多少单位?

解 设可分别生产甲、乙、丙、丁四种产品 x_1,x_2,x_3,x_4 单位,则由题意可得如下方程组:

$$\begin{cases}2x_1+\qquad\qquad 2x_4=18,\\3x_1+x_2\qquad\qquad=23,\\\qquad x_2+3x_3\qquad=11,\\\qquad\qquad 4x_3+x_4=11.\end{cases}$$

其系数行列式

$$D=\begin{vmatrix}2&0&0&2\\3&1&0&0\\0&1&3&0\\0&0&4&1\end{vmatrix}=2\times\begin{vmatrix}1&0&0\\1&3&0\\0&4&1\end{vmatrix}-3\times\begin{vmatrix}0&0&2\\1&3&0\\0&4&1\end{vmatrix}$$

$$=2\times\begin{vmatrix}3&0\\4&1\end{vmatrix}-3\times2\times\begin{vmatrix}1&3\\0&4\end{vmatrix}=-18\neq0,$$

所以方程组有唯一解.而

$$D_1=\begin{vmatrix}18&0&0&2\\23&1&0&0\\11&1&3&0\\11&0&4&1\end{vmatrix}=18\times\begin{vmatrix}1&0&0\\1&3&0\\0&4&1\end{vmatrix}-2\times\begin{vmatrix}23&1&0\\11&1&3\\11&0&4\end{vmatrix}$$

$$=18\times\begin{vmatrix}3&0\\4&1\end{vmatrix}-2\times23\times\begin{vmatrix}1&3\\0&4\end{vmatrix}+2\times\begin{vmatrix}11&3\\11&4\end{vmatrix}=-108,$$

$$D_2=\begin{vmatrix}2&18&0&2\\3&23&0&0\\0&11&3&0\\0&11&4&1\end{vmatrix}=2\times\begin{vmatrix}23&0&0\\11&3&0\\11&4&1\end{vmatrix}-3\times\begin{vmatrix}18&0&2\\11&3&0\\11&4&1\end{vmatrix}$$

$$=2\times23\times\begin{vmatrix}3&0\\4&1\end{vmatrix}-3\times18\times\begin{vmatrix}3&0\\4&1\end{vmatrix}-3\times2\times\begin{vmatrix}11&3\\11&4\end{vmatrix}$$

$$=-90,$$

$$D_3=\begin{vmatrix}2&0&18&2\\3&1&23&0\\0&1&11&0\\0&0&11&1\end{vmatrix}=2\times\begin{vmatrix}1&23&0\\1&11&0\\0&11&1\end{vmatrix}-3\times\begin{vmatrix}0&18&2\\1&11&0\\0&11&1\end{vmatrix}$$

$$=2\times1\times\begin{vmatrix}1&23\\1&11\end{vmatrix}+3\times\begin{vmatrix}18&2\\11&1\end{vmatrix}=-36,$$

$$D_4=\begin{vmatrix}2&0&0&18\\3&1&0&23\\0&1&3&11\\0&0&4&11\end{vmatrix}=2\times\begin{vmatrix}1&0&23\\1&3&11\\0&4&11\end{vmatrix}-3\times\begin{vmatrix}0&0&18\\1&3&11\\0&4&11\end{vmatrix}$$

$$=2\times\begin{vmatrix}3&11\\4&11\end{vmatrix}-2\times\begin{vmatrix}0&23\\4&11\end{vmatrix}-3\times18\times\begin{vmatrix}1&3\\0&4\end{vmatrix}=-54,$$

则原方程组的唯一解为

$$x_1=\frac{D_1}{D}=\frac{-108}{-18}=6,\quad x_2=\frac{D_2}{D}=\frac{-90}{-18}=5,$$

$$x_3=\frac{D_3}{D}=\frac{-36}{-18}=2,\quad x_4=\frac{D_4}{D}=\frac{-54}{-18}=3,$$

即可生产甲产品 6 单位、乙产品 5 单位、丙产品 2 单位、丁产品 3 单位.

注　行列式是由莱布尼茨(Leibniz)和日本数学家关孝和发明的.1693 年,莱布尼茨给洛必达(L'Hospital)的一系列信中使用并给出了行列式,并使用行列式来确定线性方程组的解的个数及形式;同时代的日本数学家关孝和在其著作《解伏题之法》中也提出了行列式的概念和算法.行列式经过几个世纪的发展已形成一套完备的理论,并且在许多领域都逐渐显示出其重要的意义和作用.

习题 6

1. 填空题.

(1) $\begin{vmatrix} a+1 & 1 \\ a^3 & a^2-a+1 \end{vmatrix} =$ ________.

(2) 若 $f(x)=\begin{vmatrix} 3 & -1 & x \\ x & 2 & 5 \\ 1 & 4 & x \end{vmatrix}$，则 $f(x)$ 是________次多项式，其一次项的系数是________.

(3) $\begin{vmatrix} 4 & 6 \\ 8 & 10 \end{vmatrix} + \begin{vmatrix} 12 & 14 \\ 16 & 18 \end{vmatrix} + \cdots + \begin{vmatrix} 2\,012 & 2\,014 \\ 2\,016 & 2\,018 \end{vmatrix} =$ ________.

(4) $\begin{vmatrix} 1 & 0 & 0 & 0 \\ 0 & 0 & 2 & 0 \\ 0 & 3 & 0 & 0 \\ 0 & 0 & 0 & 4 \end{vmatrix} =$ ________.

(5) 观察下面的 n 行 n 列数表的排列规律：

$$\begin{matrix} 1 & 2 & 3 & \cdots & n-2 & n-1 & n \\ 2 & 3 & 4 & \cdots & n-1 & n & 1 \\ 3 & 4 & 5 & \cdots & n & 1 & 2 \\ \vdots & \vdots & \vdots & & \vdots & \vdots & \vdots \\ n & 1 & 2 & \cdots & n-3 & n-2 & n-1 \end{matrix}$$

记位于第 i 行第 j 列的数为 $a_{ij}(i,j=1,2,\cdots,n)$. 当 $n=8$ 时，$a_{11}+a_{22}+a_{33}+\cdots+a_{nn}=$ ________；当 $n=1\,999$ 时，$a_{11}+a_{22}+a_{33}+\cdots+a_{nn}=$ ________.

2. 化简下列各行列式.

(1) $\begin{vmatrix} \sin\alpha & -\sin\beta \\ \cos\alpha & \cos\beta \end{vmatrix}$；　(2) $\begin{vmatrix} \cos\beta & \sin\alpha \\ \sin\beta & \cos\alpha \end{vmatrix}$；

(3) $\begin{vmatrix} \sin\alpha & \sin\beta \\ \cos\alpha & \cos\beta \end{vmatrix}$；　(4) $\begin{vmatrix} \cos\alpha & -\sin\alpha \\ \sin\beta & \cos\beta \end{vmatrix}$.

3. 用对角线法则计算下列行列式.

(1) $\begin{vmatrix} 1 & 2 \\ 3 & -1 \end{vmatrix}$；　(2) $\begin{vmatrix} 1 & 0 & 2 \\ 0 & 3 & 2 \\ 1 & 2 & 1 \end{vmatrix}$；　(3) $\begin{vmatrix} 1 & 2 & 0 \\ -2 & -1 & 1 \\ -1 & 1 & 3 \end{vmatrix}$；

(4) $\begin{vmatrix} 0 & -a & b \\ a & 0 & -c \\ -b & c & 0 \end{vmatrix}$；　(5) $\begin{vmatrix} 1 & x & x^2 \\ 1 & y & y^2 \\ 1 & z & z^2 \end{vmatrix}$；　(6) $\begin{vmatrix} x & y & x+y \\ y & x+y & x \\ x+y & x & y \end{vmatrix}$；

(7) $\begin{vmatrix} 1 & 1 & 1 \\ a & b & c \\ a^2 & b^2 & c^2 \end{vmatrix}$.

4.用拉普拉斯展开法计算下列行列式.

(1) $\begin{vmatrix} 1 & 0 & 2 \\ 0 & 3 & 2 \\ 1 & 2 & 1 \end{vmatrix}$；　(2) $\begin{vmatrix} 1 & 2 & 0 \\ -2 & -1 & 1 \\ -1 & 1 & 3 \end{vmatrix}$；　(3) $\begin{vmatrix} 1 & 2 & 3 & 4 \\ 1 & 0 & 0 & 2 \\ 3 & 0 & 0 & 2 \\ 1 & 0 & -1 & 5 \end{vmatrix}$；

(4) $\begin{vmatrix} 1 & 2 & 1 & 4 \\ 0 & -1 & 2 & 1 \\ 1 & 0 & 1 & 3 \\ 0 & 1 & 3 & 1 \end{vmatrix}$；　(5) $\begin{vmatrix} 5 & 3 & -1 & 2 & 0 \\ 1 & 7 & 2 & 5 & 2 \\ 0 & -2 & 3 & 1 & 0 \\ 0 & -4 & -1 & 4 & 0 \\ 0 & 2 & 3 & 5 & 0 \end{vmatrix}$；　(6) $\begin{vmatrix} x & y & 0 & \cdots & 0 & 0 \\ 0 & x & y & \cdots & 0 & 0 \\ \vdots & \vdots & \vdots & & \vdots & \vdots \\ 0 & 0 & 0 & \cdots & x & y \\ y & 0 & 0 & \cdots & 0 & x \end{vmatrix}$.

5.求解下列各题.

(1) 写出满足 $\begin{vmatrix} i & -1 \\ z & z \end{vmatrix} = 2$ 的复数 z 的三角形式；

(2) 若 $D_1 = \begin{vmatrix} 4 & 0 & 0 \\ 1 & 1 & a \\ 2 & 1 & b \end{vmatrix}$，$D_2 = \begin{vmatrix} 3 & 0 & 1 \\ 1 & 1 & 0 \\ -1 & 2 & 1 \end{vmatrix}$，$D_1 + D_2 = 10$，写出 a 与 b 的关系式；

(3) 求函数 $y = \ln\begin{vmatrix} x & 1 & x+1 \\ 1 & x+1 & x \\ x+1 & x & 1 \end{vmatrix}$ 的定义域；

(4) 求 $\triangle ABC$ 的面积，其中 $\overrightarrow{AB} = \begin{pmatrix} 2 \\ 2 \end{pmatrix}$，$\overrightarrow{AC} = \begin{pmatrix} 1 \\ 2 \end{pmatrix}$.

6.求解下列方程.

(1) $\begin{vmatrix} 1 & 2 & 5 \\ 1 & 3 & -2 \\ 2 & 5 & x \end{vmatrix} = 0$；　(2) $\begin{vmatrix} x-1 & 3 \\ 0 & x-1 \end{vmatrix} = \begin{vmatrix} 1 & x \\ x & 7 \end{vmatrix} - \begin{vmatrix} 3 & -6 \\ 1 & -4 \end{vmatrix}$；

(3) $\begin{vmatrix} 1 & 1 & x \\ c & c & c \\ 2 & x & 2 \end{vmatrix} = 0$；　(4) $\begin{vmatrix} x & 0 & 0 & 0 \\ 0 & x & 1 & 0 \\ 0 & 1 & x & 0 \\ 0 & 0 & 0 & x \end{vmatrix} = 0$.

7.用行列式法(克拉默法则)解下列方程组.

(1) $\begin{cases} 2x_1 + x_2 = 4, \\ -x_1 + 2x_2 = 3; \end{cases}$　(2) $\begin{cases} x_1 + ax_2 = a^2, \\ x_1 + bx_2 = b^2 \end{cases}$ $(a \neq b)$；

(3) $\begin{cases} 3x_1 + x_2 - x_3 = 0, \\ 2x_1 - x_2 + 2x_3 = 2, \\ x_1 + x_2 - x_3 = 1; \end{cases}$　(4) $\begin{cases} x_1 - x_2 = 2, \\ 3x_1 - 3x_3 = 4, \\ -2x_2 + x_3 = 5; \end{cases}$

(5) $\begin{cases} 2x + y - 3z = -1, \\ x - 2y + az = -3, \\ ay - z = 1; \end{cases}$　(6) $\begin{cases} x_1 + 2x_2 + x_3 + 4x_4 = 0, \\ -x_2 + 2x_3 + x_4 = 2, \\ 2x_2 - x_4 = 1, \\ x_3 + 3x_4 = 0. \end{cases}$

8. 求解下列各题.

(1) 某站有甲、乙两辆汽车，若甲车先出发 1 h 后乙车出发，则乙车出发 5 h 后追上甲车；若甲车先开出 30 km 后乙车出发，则乙车出发 4 h 后，乙车所走的路程比甲车所走的路程多 10 km. 求两车的速度.

(2) 假设小明购买铅笔 3 支、圆珠笔 2 支、橡皮擦 1 块，共花费 13 元；小红购买铅笔 4 支、圆珠笔 1 支、橡皮擦 2 块，共花费 13 元；小林购买铅笔 2 支、圆珠笔 3 支、橡皮擦 1 块，共花费 14 元. 请问铅笔、圆珠笔和橡皮擦的价格各是多少？

9. 当方程组(6.3.1)中的常数项全为零时，方程组就变为

$$\begin{cases} a_{11}x_1 + a_{12}x_2 + \cdots + a_{1n}x_n = 0, \\ a_{21}x_1 + a_{22}x_2 + \cdots + a_{2n}x_n = 0, \\ \cdots\cdots\cdots\cdots \\ a_{n1}x_1 + a_{n2}x_2 + \cdots + a_{nn}x_n = 0, \end{cases}$$

称上述方程组为**齐次线性方程组**. 试讨论齐次线性方程组的解.

习题参考答案

习　题　1

1.(1)D；　(2)A；　(3)D；　(4)C；　(5)D；　(6)B；　(7)A；　(8)D；　(9)D；　(10)A.

2.(1)$\varnothing,\{1\},\{2\},\{3\},\{1,2\},\{2,3\},\{1,3\},\{1,2,3\}$；　(2)$(-\infty,3),[-10,-5),(-\infty,+\infty),(-\infty,-10)$；　(3)$(-3,1)$；　(4)$(-\infty,0)$和$(0,+\infty)$；　(5)$R_\varphi\cap D_f=\varnothing$；(6)$\in[0,2)$；　(7)非奇非偶；　(8)是，$2\pi$；　(9)$\arcsin(1-x^2),[-\sqrt{2},\sqrt{2}]$；　(10)$y=\sqrt[3]{u}$，$u=\tan v,v=\cos w,w=\mathrm{e}^t,t=2x$.

3.$p=3,q=1,m=5,n=2$.

4.提示：(1)$[-1,0)\cup(0,1]$；　(2)$D_f=\{x\mid -1\leqslant x<3,x\neq 0\}=[-1,0)\cup(0,3)$；(3)$(-\infty,+\infty)$，其图形如图1所示；　(4)$[-1,+\infty)$，其图形如图2所示；　(5)$(-2,2)$，其图形如图3所示；　(6)$(-4,4)$，其图形如图4所示.

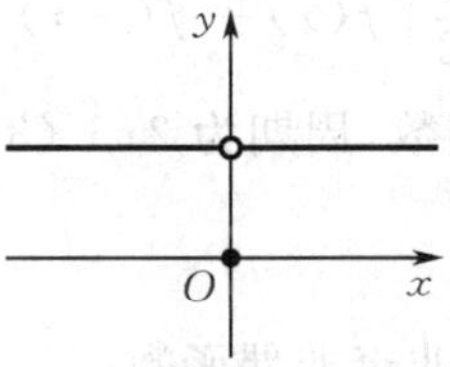

图 1

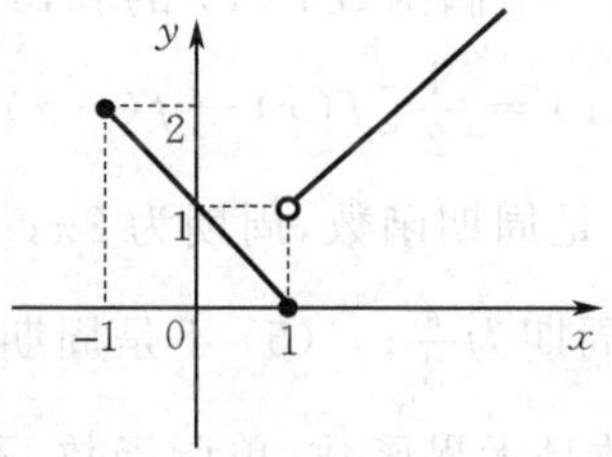

图 2

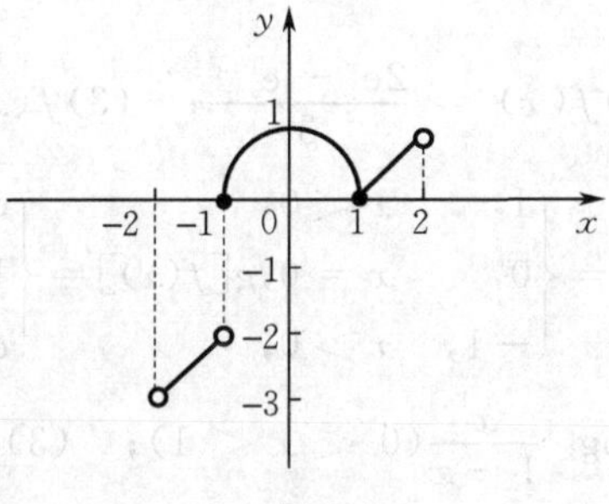

图 3

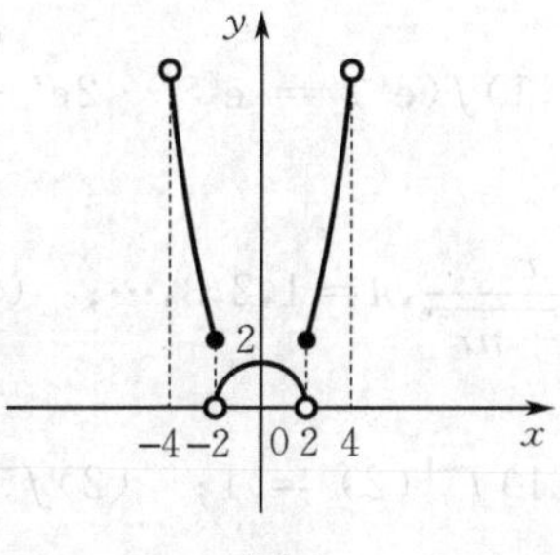

图 4

5.提示：(1)不相同.因为对应法则不同，所以不是同一函数.

(2)相同.函数的表示与变量用什么字母无关，所以是同一函数.

(3) 不相同. 因为 $f(x)=\dfrac{x^2-x}{x-1}$ 的定义域是 $x\neq 1$,而函数 $g(x)=x$ 的定义域是任意实数,两个函数的定义域不同,所以不是同一函数.

(4) 不相同. 因为函数 $f(x)=\dfrac{|x|}{x}$ 的定义域是 $x\neq 0$,而函数 $g(x)=\begin{cases}1, & x\geqslant 0,\\ -1, & x<0\end{cases}$ 的定义域是任意实数,两个函数的定义域不同,所以不是同一函数.

6. 提示:(1) 有界; (2) 无界; (3) 在 $(-\infty,-1]\cup[1,+\infty)$ 上有界,在 $(-1,0)$ 和 $(0,1)$ 内无界.

7. 提示:(1) 单调增加函数. (2) 单调增加函数. (3) 当 $a>0$ 时,为单调减少函数;当 $a<0$ 时,为单调增加函数.

8. 提示:(1) 是偶函数; (2) 是奇函数; (3) 是奇函数; (4) 是偶函数; (5) 是偶函数.

9. 提示:若 $f(x)$ 是 $(-a,a)$ 内的偶函数,且 $f(x)$ 在 $(-a,0)$ 内单调增加,则 $f(x)$ 在 $(-a,0)$ 内单调减少;若 $f(x)$ 是 $(-a,a)$ 内的偶函数,且 $f(x)$ 在 $(-a,0)$ 内单调减少,则 $f(x)$ 在 $(-a,0)$ 内单调增加. 若 $f(x)$ 是 $(-a,a)$ 内的奇函数,且 $f(x)$ 在 $(-a,0)$ 内单调增加,则 $f(x)$ 在 $(-a,0)$ 内单调增加;若 $f(x)$ 是 $(-a,a)$ 内的奇函数,且 $f(x)$ 在 $(-a,0)$ 内单调减少,则 $f(x)$ 在 $(-a,0)$ 内单调减少.

10. 提示:(1) 令 $F(x)=f_1(x)+f_2(x)$,则 $F(-x)=f(-x_1)+f(-x_2)=f_1(x)+f_2(x)=F(x)$,即两个偶函数的和是偶函数.

(2) 令 $F(x)=f_1(x)\cdot f_2(x)$,则 $F(-x)=f(-x_1)\cdot f(-x_2)=f_1(x)\cdot[-f_2(x)]=-F(x)$,即偶函数与奇函数的乘积是奇函数.

(3) 设 $f(x)$ 为定义在区间 $(-a,a)$ 内的任意函数,假设 $f(x)$ 可以写成区间 $(-a,a)$ 内一个奇函数 $g(x)$ 与一个偶函数 $h(x)$ 的和,其中

$$g(x)=\frac{1}{2}[f(x)-f(-x)],\quad h(x)=\frac{1}{2}[f(x)+f(-x)].$$

11. 提示:(1) 是周期函数,周期为 3π; (2) 是周期函数,周期为 2; (3) 不是周期函数; (4) 是周期函数,周期为 $\dfrac{\pi}{3}$; (5) 不是周期函数.

12. 提示:函数是无界函数,单调函数,不是周期函数,非奇非偶函数.

13. 提示:(1) 不能构成复合函数; (2) 能构成复合函数; (3) 能构成复合函数; (4) 能构成复合函数.

14. 提示:(1) $f(e^x)=e^{2x}-2e^x+2$; (2) $f(x)=\dfrac{2e^x-e^{1-x}}{3}$; (3) $f(x)=x^2-3$; (4) $f_n(x)=\dfrac{x}{\sqrt{1+nx^2}}, n=1,2,3,\cdots$; (5) $f[g(x)]=\begin{cases}1, & x<0,\\ 0, & x=0,\\ -1, & x>0,\end{cases}$ $g[f(x)]=\begin{cases}e, & |x|<1,\\ 1, & |x|=1,\\ e^{-1}, & |x|>1.\end{cases}$

15. 提示:(1) $f^{-1}(2)=1$; (2) $f^{-1}(x)=\log_2\dfrac{x}{1-x}(0<x<1)$; (3) 当 $x\leqslant 0$ 时,$f_1^{-1}(x)=1-\sqrt{x-1}(x\geqslant 2)$,当 $x>1$ 时,$f_2^{-1}(x)=1+\sqrt{x-1}(x>1)$; (4) $f^{-1}(4)=-3$; (5) $f^{-1}(3x-2)$ 的定义域为 $\left[-\dfrac{1}{3},\dfrac{5}{3}\right]$,值域为 $[-1,1]$; (6) $y=\dfrac{1}{3}f[2g(x)]$; (7) $f(2a)=0$;

(8) $x_1+x_2=a$； (9) $y=\begin{cases}2x, & -1<x<\dfrac{1}{2},\\ \sqrt{x}, & 1\leqslant x\leqslant 4,\\ \log_2 x, & 4<x\leqslant 16;\end{cases}$ (10) $y=\begin{cases}\dfrac{1}{2}(x+1), & -1<x\leqslant 1,\\ 2-\sqrt{2-x}, & 1<x\leqslant 2.\end{cases}$

16. 提示：选择性质 3（反函数存在定理），其余请读者自行证明.

性质 3（反函数存在定理） 若函数 $y=f(x)$ 在区间 I 上单调增加（或单调减少），则 f 必有反函数 f^{-1}，且 f^{-1} 在其定义域 $f(I)$ 上与 f 具有相同的单调性.

证 先证反函数的存在性. 不妨假设 f 在 I 上单调增加，则对于任意 $y\in f(I)$，有 $x\in I$，使 $f(x)=y$.

下面证明 x 的唯一性. 假设对于 I 内任意 $x_1(x_1\neq x)$，由 f 在 I 上单调增加知，当 $x_1<x$ 时，$f(x_1)<y$；当 $x_1>x$ 时，$f(x_1)>y$，即 $f(x_1)\neq y$. 这说明，对于任意 $y\in f(I)$，都只存在唯一的 $x\in I$，使得 $f(x)=y$，从而函数 f 存在反函数

$$x=f^{-1}(y),\quad y\in f(I).$$

再证反函数 f^{-1} 在 $f(I)$ 上也是单调增加的. 任取 $y_1,y_2\in f(I)$ 且 $y_1<y_2$，令 $x_1=f^{-1}(y_1)$，$x_2=f^{-1}(y_2)$，则 $y_1=f(x_1)$，$y_2=f(x_2)$. 由 $y_1<y_2$ 及 f 在 I 上单调增加，有 $x_1<x_2$，即 $f^{-1}(y_1)<f^{-1}(y_2)$，所以反函数 f^{-1} 也是单调增加的.

单调减少的情况也可类似证明.

17. 提示：(1) $[-1,1]$，$\left[-\dfrac{3\pi}{4},\dfrac{3\pi}{4}\right]$； (2) $2+\sqrt{3}$； (3) $\alpha+\beta=\pi+\arccos\dfrac{33}{65}$；

(4) $\arcsin\dfrac{\sqrt{5}-1}{2}$.

18. 提示：证明略.

类比上述结论，能给出以下三类关系式.

① $\operatorname{arccot}(-x)=\pi-\operatorname{arccot}x,\ x\in(-\infty,+\infty)$.

② 余角关系：$\arctan x+\operatorname{arccot}x=\dfrac{\pi}{2},\ x\in(-\infty,+\infty)$.

③ 三角函数关系. 下面给出正弦、余弦、正切与六个反三角函数复合的三角函数关系，如表 1 所示.

表 1

	$\sin\theta$	$\cos\theta$	$\tan\theta$
$\arcsin x$	$\sin(\arcsin x)=x$	$\cos(\arcsin x)=\sqrt{1-x^2}$	$\tan(\arcsin x)=\dfrac{x}{\sqrt{x^2-1}}$
$\arccos x$	$\sin(\arccos x)=\sqrt{1-x^2}$	$\cos(\arccos x)=x$	$\tan(\arccos x)=\dfrac{\sqrt{x^2-1}}{x}$
$\arctan x$	$\sin(\arctan x)=\dfrac{x}{\sqrt{1+x^2}}$	$\cos(\arctan x)=\dfrac{1}{\sqrt{1+x^2}}$	$\tan(\arctan x)=x$
$\operatorname{arccot} x$	$\sin(\operatorname{arccot} x)=\dfrac{1}{\sqrt{1+x^2}}$	$\cos(\operatorname{arccot} x)=\dfrac{x}{\sqrt{1+x^2}}$	$\tan(\operatorname{arccot} x)=\dfrac{1}{x}$
$\operatorname{arcsec} x$	$\sin(\operatorname{arcsec} x)=\dfrac{\sqrt{x^2-1}}{x}$	$\cos(\operatorname{arcsec} x)=\dfrac{1}{x}$	$\tan(\operatorname{arcsec} x)=\operatorname{sgn}(x)\sqrt{x^2-1}$
$\operatorname{arccsc} x$	$\sin(\operatorname{arccsc} x)=\dfrac{1}{x}$	$\cos(\operatorname{arccsc} x)=\dfrac{\sqrt{x^2-1}}{x}$	$\tan(\operatorname{arccsc} x)=\dfrac{\operatorname{sgn} x}{\sqrt{x^2-1}}$

19. 提示：(1) 能确定，$y=f(x)=\dfrac{1}{x+1}$；(2) 不能确定.

20. 提示：某出租车按里程数来计价，规定：当里程数不超过 3 km 时，车费价格为 10 元；当里程数超过 3 km 时，超出部分的价格按每千米 2 元计算.

设出租车所跑里程数为 x，相应的车费为 y，则 y 与 x 的函数关系式就是一个分段函数，即

$$y=\begin{cases}10, & x\leqslant 3,\\ 10+2(x-3), & x>3.\end{cases}$$

习 题 2

1. (1)B；(2)D；(3)D；(4)A；(5)C；(6)B.

2. (1)-1；(2)$4\sqrt{2}$；(3)$(-\infty,4]$；(4)$(8,+\infty)$；(5)$(-3,-2)\cup(4,+\infty)$；(6)$a^{\frac{5}{8}}$.

3. 提示：$3x<4y<6z$.

4. 提示：(1) 是初等函数；(2) 不是初等函数；(3) 是初等函数；(4) 是初等函数；(5) 是初等函数.

5. 提示：$\operatorname{sh}x\operatorname{ch}y+\operatorname{ch}x\operatorname{sh}y=\dfrac{e^x-e^{-x}}{2}\cdot\dfrac{e^y+e^{-y}}{2}+\dfrac{e^x+e^{-x}}{2}\cdot\dfrac{e^y-e^{-y}}{2}=\dfrac{e^{x+y}-e^{-(x+y)}}{2}=\operatorname{sh}(x+y)$.

在上式中，令 $x=y$，得 $\operatorname{sh}2x=2\operatorname{sh}x\operatorname{ch}x$.

类似地，可推得 $\operatorname{sh}(x-y)=\operatorname{sh}x\operatorname{ch}y-\operatorname{ch}x\operatorname{sh}y$，$\operatorname{ch}(x\pm y)=\operatorname{ch}x\operatorname{ch}y\pm\operatorname{sh}x\operatorname{sh}y$.

在 $\operatorname{ch}(x+y)=\operatorname{ch}x\operatorname{ch}y+\operatorname{sh}x\operatorname{sh}y$ 中，令 $x=y$，得 $\operatorname{ch}2x=\operatorname{ch}^2x+\operatorname{sh}^2x$.

在 $\operatorname{ch}(x-y)=\operatorname{ch}x\operatorname{ch}y-\operatorname{sh}x\operatorname{sh}y$ 中，令 $x=y$，且 $\operatorname{ch}0=1$，得 $\operatorname{ch}^2x-\operatorname{sh}^2x=1$.

6. 提示：均衡价格为 5 单位，均衡数量为 20.

7. 提示：(1) 总成本函数为 $C(Q)=100+3Q$，固定成本为 100 元.

(2) 产量为 200 时的总成本为 700 元，平均成本为 3.5 元.

8. 提示：设销售总收益为 y，总销售量为 x，则

$$y=\begin{cases}130x, & 0\leqslant x\leqslant 700,\\ 91\,000+117(x-700), & 700<x\leqslant 1\,000.\end{cases}$$

9. 提示：(1) 总利润函数 $\pi(Q)=(Q-2)(6-Q)$.

(2) 盈亏平衡点分别为 $Q_1=2$，$Q_2=6$. 当 $Q<2$ 时亏损，当 $2<Q<6$ 时盈利，当 $Q>6$ 时又转为亏损.

(3) -32.

10. 提示：400 只.

11. 提示：30 元.

12. 提示：(1)$P(x)=\begin{cases}90, & 0\leqslant x\leqslant 100,\\ 90-(x-100)\times 0.01, & 100<x<1\,600,\\ 75, & x\geqslant 1\,600;\end{cases}$

$$(2)\pi(x)=[P(x)-60]x=\begin{cases}30x, & 0\leqslant x\leqslant 100,\\ 31x-0.01x^2, & 100<x<1\,600,\\ 15x, & x\geqslant 1\,600;\end{cases}$$

(3)$\pi(1\,000)=21\,000$(元).

13.提示:当批量为 2×10^5 万件时,才能使采购费与库存费之和达到最小(10^4 元).此时,采购费与库存费各是 5×10^3 元.

14.提示:(1)$\{x\mid x\geqslant 0\}$; (2)$\left\{x\,\middle|\,\log_2\frac{5}{4}<x<\log_2 3\right\}$; (3)$9\leqslant x\leqslant 729$;

(4)$\left\{x\,\middle|\,k\pi-\frac{1}{4}\pi<x<k\pi+\frac{\pi}{4},k\in\mathbf{Z}\right\}$; (5)$\{x\mid -1<x<0$ 或 $x>1$ 且 $x\neq 2\}$;

(6)$x\leqslant -2$ 或 $0\leqslant x\leqslant 5$.

15.提示:(1)$k<2\sqrt{2}-1$; (2)3; (3)160 元; (4)该厂应考虑接受此优惠条件.

16.提示:(1)$\cos B=\frac{a^2+c^2-b^2}{2ac}\geqslant\frac{2ac-b^2}{2ac}=1-\frac{b^2}{2ac}=1-\frac{b^2}{b(a+c)}=1-\frac{b}{a+c}>0$;

(2)$1+\frac{1}{3^2}+\frac{1}{5^2}+\cdots+\frac{1}{(2n-1)^2}>1+\frac{1}{2}\left(\frac{1}{3}-\frac{1}{5}+\frac{1}{5}-\frac{1}{7}+\cdots+\frac{1}{2n-1}-\frac{1}{2n+1}\right)$;

(3)
$$\frac{1}{n}\left(1+\frac{1}{2}+\cdots+\frac{1}{n}\right)=\frac{1}{n}\left[\left(\frac{2}{1}-1\right)+\left(\frac{3}{2}-1\right)+\cdots+\left(\frac{n}{n-1}-1\right)+\left(\frac{n+1}{n}-1\right)\right]$$
$$=\frac{1}{n}\left(\frac{2}{1}+\frac{3}{2}+\cdots+\frac{n}{n-1}+\frac{n+1}{n}\right)-1;$$

(4) $\sqrt{x^2+xy+y^2}=\sqrt{\left(x+\frac{y}{2}\right)^2+\frac{3}{4}y^2}>x+\frac{y}{2}$;

(5) 由均值不等式有 $(n-k+1)\cdot k<\left(\frac{n-k+1+k}{2}\right)^2=\left(\frac{n+1}{2}\right)^2$;

(6) 对任意 $a,b\in\mathbf{R}$,

$$-|a|\leqslant a\leqslant|a|, \quad ①$$
$$-|b|\leqslant b\leqslant|b|, \quad ②$$
$$-|b|\leqslant -b\leqslant|b|, \quad ③$$

将 ① 式与 ② 式相加,将 ① 式与 ③ 式相加;

(7) 构造一元二次函数如下:

$$f(x)=(a_1^2+a_2^2+\cdots+a_n^2)x^2-2(a_1b_1+a_2b_2+\cdots+a_nb_n)x+(b_1^2+b_2^2+\cdots+b_n^2),$$

于是首项系数为正的一元二次方程 $f(x)=0$ 至多有一个实根,则由其判别式可得要证的结论;

(8) 不等式两端同除以 $\sin x(\sin x>0)$,得 $1<\frac{x}{\sin x}<\frac{1}{\cos x}$;

(9) 由均值不等式 $\left(\frac{a_1+a_2+\cdots+a_n}{n}\right)^n\geqslant a_1a_2\cdots a_n$,有

$$\left(1+\frac{1}{n}\right)^n<\left(1+\frac{1}{n}\right)^{n+1}=\frac{1}{\left(\frac{n}{n+1}\right)^{n+1}}$$
$$=\frac{1}{\left(\frac{\frac{1}{2}+\frac{1}{2}+\underbrace{1+\cdots+1}_{n-1\text{个}1}}{n+1}\right)^{n+1}}\leqslant\frac{1}{\frac{1}{2}\times\frac{1}{2}\times1\times\cdots\times1}=4;$$

(10) 由取整函数的定义可知,对任意 $x \in \mathbf{R}_+$,有 $[x] \leqslant x \leqslant [x]+1$. 取 $n=[x]$,则 $n \leqslant x \leqslant n+1(n \in \mathbf{N}_+)$,依据函数的单调性,有

$$\left(1+\frac{1}{n+1}\right)^n \leqslant \left(1+\frac{1}{x}\right)^n \leqslant \left(1+\frac{1}{x}\right)^x \leqslant \left(1+\frac{1}{n}\right)^x \leqslant \left(1+\frac{1}{n}\right)^{n+1}.$$

17. 不一定. 例如,狄利克雷函数 $D(x)$ 和符号函数 $\operatorname{sgn} x$ 都不是初等函数,但其复合函数 $D(\operatorname{sgn} x)=1$ 却是初等函数.

18. 初等函数
- 代数函数
  - 有理函数
    - 有理整式
    - 有理分式
  - 无理函数
- 超越函数

习 题 3

1. (1) 有四条边,两组对边互相平行;有四条边,两组对边互相平行,四条边相等.

(2)“若 $x^2+y^2=0$,则 x,y 不全为零”,“若 $x^2+y^2 \neq 0$,则 x,y 不全为零”,“若 $xy=0$,则 x,y 中至少有一个为零”.

(3) 假,举反例:取 $a=-1,b=2$,则 $ab=-2<0$,但 $a+b=1>0$.

(4) 选言推理,假言推理. (5) 归纳推理. (6) 自然数. (7) q^{2k},$\pm\sqrt{AB}$. (8) 62.

(9) ② 和 ③,理由略. (10) 255.

2. (1) 要判定全称量词命题是真命题,就需要对集合 M 中的每个元素 x,证明 $p(x)$ 成立;但若要判定其是假命题,只需举出一个反例,即在集合 M 中找到一个特殊元素 x_0,使得 $p(x_0)$ 不成立即可. 要判定存在量词命题是真命题,只需举例说明,即在集合 M 中找到一个特殊元素 x_0,使得 $p(x_0)$ 成立即可;但若要判定其是假命题,需要说明集合 M 中的每个元素 x,都使得 $p(x)$ 不成立.

(2) 一个全称量词命题的否定是一个存在量词命题,一个存在量词命题的否定是一个全称量词命题. s 和 $\neg s$ 不能同时为真命题,也不能同时为假命题,只能一真一假. 例如,记 s:“每一个素数都是奇数”. 若用 A 表示所有素数组成的集合,B 表示所有奇数组成的集合,则

$$s: \forall x \in A, x \in B; \quad \neg s: \exists x \in A, x \notin B.$$

由于 2 是素数且不是奇数,所以 s 是假命题,$\neg s$ 是真命题.

(3) [从具体问题出发] —抽象问题→ [类比] → [联想] → [预见] → [形成猜想的命题] → [证明猜想]

3. 提示:(1) A 为 B 的充要条件;

(2) A 为 B 的既不充分也不必要的条件;

(3) A 为 B 的充分不必要条件;

(4) A 为 B 的必要不充分条件;

(5) A 为 B 的必要不充分条件.

4. 提示:(1) 必要性:设互不共线的三向量 $\boldsymbol{a},\boldsymbol{b},\boldsymbol{c}$ 构成的三角形为 $\triangle ABC$,其中 $\overrightarrow{AB}=\boldsymbol{a}$,

$\overrightarrow{BC}=\boldsymbol{b},\overrightarrow{CA}=\boldsymbol{c}$,那么$\overrightarrow{AB}+\overrightarrow{BC}+\overrightarrow{CA}=\overrightarrow{AA}=\boldsymbol{0}$,即$\boldsymbol{a}+\boldsymbol{b}+\boldsymbol{c}=\boldsymbol{0}$.

充分性:如果互不共线的三向量$\boldsymbol{a},\boldsymbol{b}$与$\boldsymbol{c}$满足$\boldsymbol{a}+\boldsymbol{b}+\boldsymbol{c}=\boldsymbol{0}$,作$\overrightarrow{AB}=\boldsymbol{a},\overrightarrow{BC}=\boldsymbol{b}$,那么$\overrightarrow{AC}=\boldsymbol{a}+\boldsymbol{b}$,所以$\overrightarrow{AC}+\boldsymbol{c}=\boldsymbol{0}$,从而$\boldsymbol{c}$是$\overrightarrow{AC}$的反向量,因此$\overrightarrow{CA}=\boldsymbol{c}$,于是$\boldsymbol{a},\boldsymbol{b},\boldsymbol{c}$可构成$\triangle ABC$.

(2) 数列$\{a_n\}$是等比数列的充要条件是$q=-1$.

5. 提示:因为任意三角形的三个内角之和为180°(大前提);

而直角三角形是三角形(小前提);

所以直角三角形的三个内角之和为180°(结论).

6. 提示:(答案不唯一)运用类比推理得推广后的一个命题为

椭圆$\dfrac{x^2}{a^2}+\dfrac{y^2}{a^2-16}=1(a^2>16)$与双曲线$\dfrac{x^2}{b^2}-\dfrac{y^2}{16-b^2}=1(0<b^2<16)$的焦距相等.

7. 提示:(1)$A-B=\dfrac{1}{4}$; (2)$a^{10}+b^{10}=123$.

8. 提示:(1)$P<Q$;

(2)$a(b^2+c^2)\geqslant 2abc,b(c^2+a^2)\geqslant 2abc$.可以推广为

若$a,b,c>0$且不全相等,有$a(b^2+c^2)+b(c^2+a^2)+c(a^2+b^2)>6abc$.

9. 提示:(1) 将整数K记作$K=2n+1$(n为整数),从而$K^2=(2n+1)^2=4n(n+1)+1$;

(2) 假设$\sqrt{2}$是有理数,则可设$\sqrt{2}=\dfrac{q}{p}$,其中p,q为互质的正整数;

(3) 假设三个方程均没有两个相异实根,则它们对应的判别式分别满足

$$\Delta_1=4b^2-4ac\leqslant 0,\quad \Delta_2=4c^2-4ab\leqslant 0,\quad \Delta_3=4a^2-4bc\leqslant 0;$$

(4) 此题采用反证法中的穷举法来证明,即假设$\sqrt{a}>\sqrt{b}$不成立,则$\sqrt{a}\leqslant\sqrt{b}$;

(5) 假设存在两个不同的整数m_1和m_2都与n互为相反数,那么依据相反数的定义,有$n+m_1=0,n+m_2=0$;

(6) 此题采用反证法中的归谬法来证明,即假设$\triangle ABC$的三条边有关系$a^2+b^2=c^2$成立,则应用勾股定理的逆定理,得$\angle C=90^\circ$.

10. 提示:(1) 作$\triangle ABC,AB=AC,D$为底边BC的中点,连接AD,得$\angle ADB+\angle ADC=180^\circ$,则$\angle ADB=\angle ADC=90^\circ$;

(2) 以BC为一边,在正方形内作等边三角形FBC,连接FA,FD,如图1所示,则$BF=BC,\angle FBC=60^\circ$.证明线段$AE,AF$重合,线段$DE,DF$也重合即可.

11. 提示:(1) 当$n=k+1$时,有

$$1+\frac{1}{2^2}+\frac{1}{3^2}+\cdots+\frac{1}{k^2}+\frac{1}{(k+1)^2}<2-\frac{1}{k}+\frac{1}{(k+1)^2}$$
$$<2-\frac{1}{k}+\frac{1}{k(k+1)}$$
$$=2-\frac{1}{k}+\left(\frac{1}{k}-\frac{1}{k+1}\right)$$
$$=2-\frac{1}{k+1}.$$

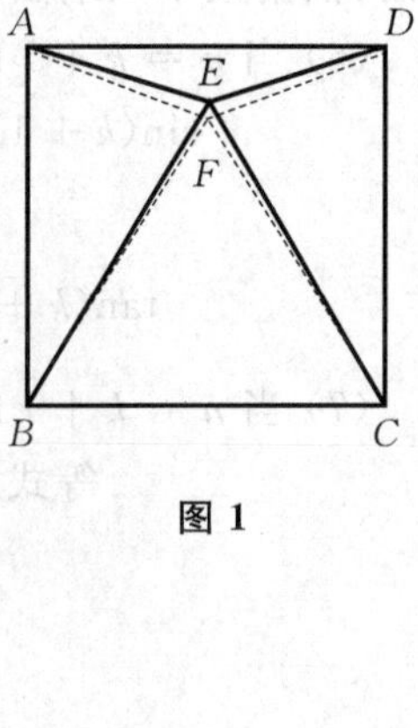

图 1

(2) 当$n=k+1$时,

$$1\times4+2\times7+3\times10+\cdots+k(3k+1)+(k+1)[3(k+1)+1]$$
$$=k(k+1)^2+(k+1)[3(k+1)+1]$$
$$=(k+1)[k(k+1)+3(k+1)+1]$$
$$=(k+1)(k+2)^2.$$

(3) 当 $n=k+1$ 时，有

$$1^2+2^2+3^2+\cdots+k^2+(k+1)^2=\frac{k(k+1)(2k+1)}{6}+(k+1)^2$$
$$=\frac{k(k+1)(2k+1)+6(k+1)^2}{6}$$
$$=\frac{(k+1)(2k^2+7k+6)}{6}$$
$$=\frac{(k+1)(k+2)(2k+3)}{6}$$
$$=\frac{(k+1)[(k+1)+1][2(k+1)+1]}{6}.$$

(4) 归纳可得

$$1^3+2^3+3^3+\cdots+n^3=(1+2+3+\cdots+n)^2=\left[\frac{n(n+1)}{2}\right]^2=\frac{n^2(n+1)^2}{4}.$$

用数学归纳法证明上式. 当 $n=k+1$ 时，

$$\text{等式左端}=1^3+2^3+3^3+\cdots+k^3+(k+1)^3=\frac{k^2(k+1)^2}{4}+(k+1)^3$$
$$=(k+1)^2\left(\frac{k^2}{4}+k+1\right)=\frac{(k+1)^2(k+2)^2}{4}$$
$$=[1+2+3+\cdots+k+(k+1)]^2=\text{等式右端}.$$

(5) 假设两堆棋子的颗数均为 n. 当 $n=1$ 时，先取者只能在一堆里取 1 颗，这样另一堆里留下的 1 颗就被后者取得，结论正确；

假设 $n\leqslant k$ 时结论正确；下面证明当 $n=k+1$ 时，结论依然正确.

事实上，若先取者可以从一堆里取棋子 $l(1\leqslant l\leqslant k+1)$ 颗，这时剩下的两堆棋子，其中一堆有棋子 $(k+1)$ 颗，另一堆有棋子 $(k+1-l)$ 颗，那么后取者可以在较多的一堆里取棋子 l 颗，使两堆棋子都剩下 $(k+1-l)$ 颗. 这样就变成 $n=k+1-l\leqslant k$ 的问题了，依照假设，后者取胜. 从而，依据数学归纳法原理，就证明了对于所有的正整数 n，后取者必胜.

(6) 当 $n=k+1$ 时，有

$$\sin(k+1)t=\sin kt\cos t+\cos kt\sin t<\sin kt+\sin t<(k+1)t,$$

且

$$\tan(k+1)t=\frac{\tan kt+\tan t}{1-\tan t\tan kt}>\tan kt+\tan t>(k+1)\tan t.$$

(7) 当 $n=k+1$ 时，

$$\text{等式左端}=k+1+f(1)+f(2)+\cdots+f(k-1)+f(k)$$
$$=[k+f(1)+f(2)+\cdots+f(k-1)]+1+f(k)$$
$$=kf(k)+1+f(k)$$
$$=(k+1)f(k)+1,$$

然后只需证$(k+1)f(k)+1=(k+1)f(k+1)$即可.

12. 提示：(1)$A_{16}^2=16\times15=240$.　(2)648.　(3)①161 700；　②9 506；　③9 604.

(4)20，表示方法略.

(5)$1+10x+40x^2+80x^3+80x^4+32x^5$.

(6)$T_3=(-2)^2C_6^2x^3=60x^3$. 常数项的值为 240，其对应的二项式系数为$C_6^4=15$.

(7) 含x^6的项为$T_8=(-1)^7C_{10}^7x^6=-120x^6$.

(8) $(100+1)^{10}=C_{10}^0\,100^{10}+C_{10}^1\,100^9\cdot1+C_{10}^2\,100^8\cdot1^2+\cdots+C_{10}^9\,100^1\cdot1^9+C_{10}^{10}\,100^0\cdot1^{10}$.

(9)166 650.　(10)1 024.

13. 提示：(1) 要完成"从n个元素中取出m个元素的排列"这个事件，可把这m个元素所排列的位置划分为第 1 位、第 2 位……第m位(见图 2)，分m步完成；

n种方法	$n-1$种方法	$n-2$种方法	……	$n-m+1$种方法
第 1 位	第 2 位	第 3 位	……	第m位

图 2

(2)$C_n^{m+1}=\dfrac{n(n-1)(n-2)\cdot\cdots\cdot(n-m)}{(m+1)m(m-1)\cdot\cdots\cdot1}$，$C_n^m=\dfrac{n(n-1)(n-2)\cdot\cdots\cdot(n-m+1)}{m(m-1)\cdot\cdots\cdot1}$；

(3)$C_n^{k+1}=\dfrac{n(n-1)\cdot\cdots\cdot(n-k+1)(n-k)}{(k+1)!}=\dfrac{n!}{k!(n-k)!}\cdot\dfrac{n-k}{k+1}=\dfrac{n!}{(k+1)![n-(k+1)]!}$.

习　题　4

1. (1)A；　(2)A；　(3)B；　(4)D；　(5)A；　(6)B；　(7)C；　(8)D.

2. 提示：$(\sqrt{2},\sqrt{2})$，$\left(\dfrac{3\sqrt{3}}{2},\dfrac{3}{2}\right)$，$(0,2)$，$(-\sqrt{5},0)$.

3. 提示：$\left(2,\dfrac{\pi}{3}\right)$，$\left(\dfrac{\sqrt{2}}{2},\dfrac{3\pi}{2}\right)$或$\left(\dfrac{\sqrt{2}}{2},-\dfrac{\pi}{2}\right)$，$(2,0)$，$\left(4,\dfrac{7\pi}{6}\right)$或$\left(4,-\dfrac{5\pi}{6}\right)$.

4. 提示：(1)$\rho\cos\theta=2,\theta\in\left(-\dfrac{\pi}{2},\dfrac{\pi}{2}\right)$.　(2)$\rho\sin\theta=2,\theta\in(-\pi,0)$.

(3)$\rho(\cos\theta-\sin\theta)=1,\theta\in\left(-\dfrac{3\pi}{4},\dfrac{\pi}{4}\right)$.　(4)$\rho^2\cos2\theta=16,\theta\in[0,2\pi]$.

(5)$\rho^2=\dfrac{1}{a}(\tan\theta+\tan^3\theta),\theta\in\left[-\pi,-\dfrac{\pi}{2}\right)\cup\left[0,\dfrac{\pi}{2}\right)$.

(6)$\rho=\dfrac{c}{a\sin\theta+b\cos\theta}$.

当$c=0$时，$\theta=\arctan\left(-\dfrac{b}{a}\right)(\rho\geqslant0)$或$\theta=\arctan\left(-\dfrac{b}{a}\right)+\pi(\rho\geqslant0)$.

当$c\neq0$时，对直线斜率$k=-\dfrac{b}{a}$分情况讨论如下：

① 当$-\dfrac{b}{a}>0$且$\dfrac{c}{a}>0$时，$\theta\in\left(\arctan\left(-\dfrac{b}{a}\right),\pi+\arctan\left(-\dfrac{b}{a}\right)\right)$；

② 当 $-\dfrac{b}{a}>0$ 且 $\dfrac{c}{a}<0$ 时，$\theta\in\left(-\pi+\arctan\left(-\dfrac{b}{a}\right),\arctan\left(-\dfrac{b}{a}\right)\right)$；

③ 当 $-\dfrac{b}{a}<0$ 且 $\dfrac{c}{a}>0$ 时，$\theta\in\left(\arctan\left(-\dfrac{b}{a}\right),\pi+\arctan\left(-\dfrac{b}{a}\right)\right)$；

④ 当 $-\dfrac{b}{a}<0$ 且 $\dfrac{c}{a}<0$ 时，$\theta\in\left(-\pi+\arctan\left(-\dfrac{b}{a}\right),\arctan\left(-\dfrac{b}{a}\right)\right)$.

5. 提示：(1) 圆心在原点、半径为 1 的圆周曲线； (2) y 轴正半轴； (3) 圆心为点 $(0,2)$、半径为 2 的圆周曲线； (4) 经过点 $\left(0,\dfrac{4}{5}\right)$、斜率为 $-\dfrac{2}{5}$ 的直线； (5) 以 $(-5,0)$ 为圆心、5 为半径的圆； (6) 以 $\left(\dfrac{1}{2},\dfrac{1}{2}\right)$ 为圆心、$\dfrac{\sqrt{2}}{2}$ 为半径的圆； (7) 经过点 $(0,1)$ 且垂直于 x 轴的直线；

(8) 以 $\left(\dfrac{\sqrt{2}}{4},\dfrac{\sqrt{2}}{4}\right)$ 为圆心、$\dfrac{1}{2}$ 为半径的圆； (9) 两条相交的直线 $y=\pm x$； (10) 双曲线.

6. 提示：(1) $\begin{cases}x=t^3+3t^2+3t,\\ y=t+1\end{cases}$ (t 为参数)； (2) $\begin{cases}x=a\cos^6\varphi,\\ y=a\sin^6\varphi\end{cases}$ (φ 为参数)；

(3) $\begin{cases}x=\dfrac{a+t^2}{1+t},\\ y=\dfrac{at+t^3}{1+t}\end{cases}$ (t 参数).

7. 提示：(1) $y=\dfrac{1}{3}x-\dfrac{2}{3}(x\geqslant-1)$，经过点 $(-1,-1)$、斜率为 $\dfrac{1}{3}$ 的一条射线；

(2) $x^2+(y-1)^2=4(0\leqslant x\leqslant2,-1\leqslant y\leqslant3)$，以 $(0,1)$ 为圆心、半径为 2 的在 y 轴右边的半圆.

8. 提示：$\dfrac{12\sqrt{5}}{5}$.

9. 提示：(1) $A(1,\sqrt{3})$，$B(-\sqrt{3},1)$，$C(-1,-\sqrt{3})$，$D(\sqrt{3},-1)$；

(2) $[32,52]$.

10. 提示：$\begin{cases}x=v_0t\cos\alpha,\\ y=v_0t\sin\alpha-\dfrac{1}{2}gt^2\end{cases}(0\leqslant t\leqslant t_1)$.

11. 提示：假设 $a>0$，下面列表给出几类特殊的直线与圆的直角坐标方程和极坐标方程，如表 1 所示.

表 1

曲线轨迹	直角坐标方程	极坐标方程	图形
过极点的直线	$y=ax$	$\theta=\arctan a$ 或 $\theta=\arctan a+\pi$ $(\rho\geqslant0)$	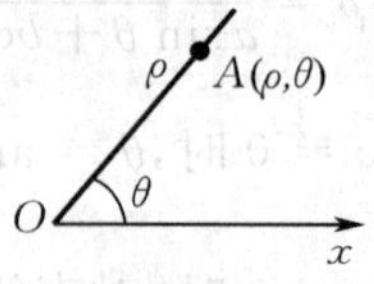

续表

曲线轨迹	直角坐标方程	极坐标方程	图形
过点$(a,0)$且垂直于极轴的直线	$x=a$	$\rho=\dfrac{a}{\cos\theta}$, $\theta\in\left(-\dfrac{\pi}{2},\dfrac{\pi}{2}\right)$	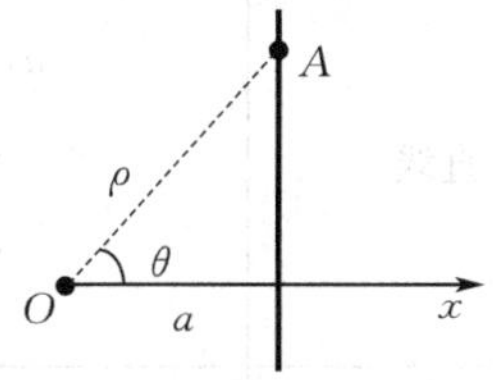
过点$\left(a,-\dfrac{\pi}{2}\right)$且平行于极轴的直线	$y=-a$	$\rho=-\dfrac{a}{\sin\theta}$, $\theta\in(-\pi,0)$	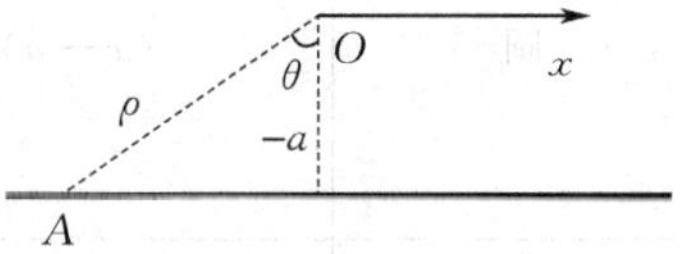
圆心在极点、半径为a的圆	$x^2+y^2=a^2$	$\rho=a,\theta\in[0,2\pi)$	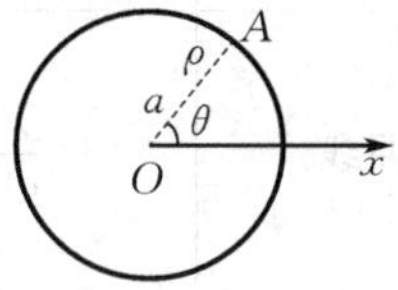
圆心在极轴上且过极点、半径为a的圆	$x^2+y^2=2ax$	$\rho=2a\cos\theta$, $\theta\in\left[-\dfrac{\pi}{2},\dfrac{\pi}{2}\right)$	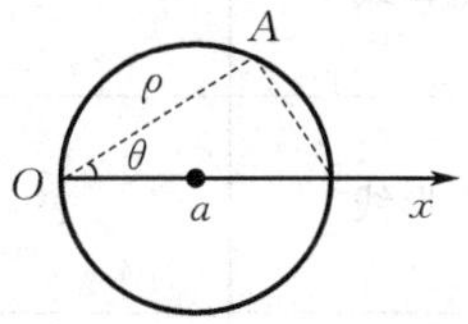
圆心在点$\left(a,\dfrac{\pi}{2}\right)$处且过极点的圆	$x^2+y^2=2ay$	$\rho=2a\sin\theta,\theta\in[0,\pi)$	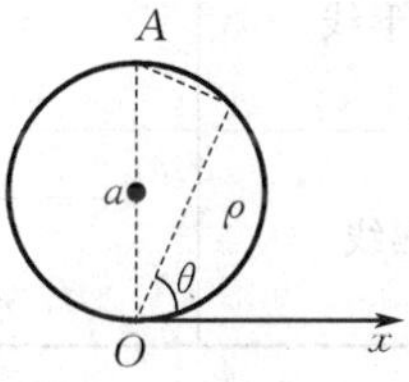
圆心在点(a,α)、半径为r的圆	$r^2=(x-a\cos\alpha)^2+(y-a\sin\alpha)^2$	$r^2=\rho^2+a^2-2a\rho\cos(\alpha-\theta)$, θ的取值范围随半径r变化	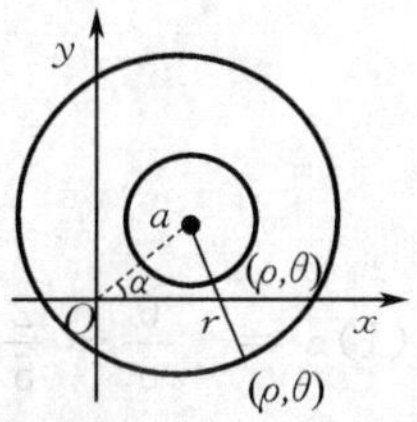

12. 提示：假设$a>0$，下面列表给出直线、圆锥曲线、心形线、星形线、摆线等常用曲线的参数方程，如表2所示.

表 2

曲线名称	普通方程	参数方程
直线	$ax+by=c(b\neq 0)$ 或 $y-y_0=\tan\alpha\cdot(x-x_0)$，$\alpha\in[0,\pi),\alpha\neq\frac{\pi}{2}$	$\begin{cases}x=bt,\\ y=-at+\frac{1}{b}\end{cases}$（$t$ 为参数）或 $\begin{cases}x=x_0+t\cos\alpha,\\ y=y_0+t\sin\alpha\end{cases}(t\in\mathbf{R})$
圆	$(x-a)^2+(y-b)^2=r^2$	$\begin{cases}x=a+r\cos\theta,\\ y=b+r\sin\theta\end{cases}(\theta\in[0,2\pi))$ 或 $\begin{cases}x=a+r\cos\omega t,\\ y=b+r\sin\omega t\end{cases}$（$t$ 为参数）
椭圆	$\frac{x^2}{a^2}+\frac{y^2}{b^2}=1(a>b>0)$	$\begin{cases}x=a\cos t,\\ y=b\sin t\end{cases}(t\in[0,2\pi))$
双曲线	$\frac{x^2}{a^2}-\frac{y^2}{b^2}=1(a>0,b>0)$	$\begin{cases}x=a\sec t,\\ y=b\tan t\end{cases}\left(t\in[0,2\pi),t\neq\frac{\pi}{2},t\neq\frac{3}{2}\pi\right)$
抛物线	$y^2=2px$	$\begin{cases}x=2pt^2,\\ y=2pt\end{cases}(t\in\mathbf{R})$
心形线	$x^2+y^2+ax=a\sqrt{x^2+y^2}$	$\begin{cases}x=a(2\cos\theta-\cos 2\theta),\\ y=a(2\sin\theta-\sin 2\theta)\end{cases}(\theta\in[0,2\pi))$
星形线	$x^{\frac{1}{3}}+y^{\frac{1}{3}}=a^{\frac{1}{3}}$	$\begin{cases}x=a\cos^3\theta,\\ y=a\sin^3\theta\end{cases}(\theta\in[0,2\pi))$
摆线	$x=r\sec\left(1-\frac{y}{r}\right)-\sqrt{y(2r-y)}$，$r$ 为过原点的滚动圆半径	$\begin{cases}x=r(\varphi-\sin\varphi),\\ y=r(1-\cos\varphi)\end{cases}(\varphi\in[0,+\infty))$

习 题 5

1. (1) $z=-\frac{6}{5}-\frac{2}{5}\mathrm{i},\frac{2\sqrt{10}}{5},z=-\frac{6}{5}+\frac{2}{5}\mathrm{i}$.　(2) 充分不必要.　(3)①④.　(4) -6.

(5) $\cot 4\alpha$.　(6) $\frac{7}{5}$.　(7) 二.　(8) $1,\cos\frac{2\pi}{3}+\mathrm{i}\sin\frac{2\pi}{3},-\frac{1}{2}-\frac{\sqrt{3}}{2}\mathrm{i}$.

$$(9)\mathrm{i}^n (n \in \mathbf{N}) = \begin{cases} \mathrm{i}, & n = 4k+1, \\ -1, & n = 4k+2, \\ -\mathrm{i}, & n = 4k+3, \\ 1, & n = 4k+4 \end{cases} (k \in \mathbf{N}). \quad (10)\ \frac{5}{4}.$$

2. 提示：(1)$a=-2$ 或 $a=-1$；(2)$a \neq -2$ 且 $a \neq -1$；(3)$a=3$.

3. 提示：(1)$x=\sqrt{2}\mathrm{i}$ 或 $x=-\sqrt{2}\mathrm{i}$.　(2)$x=-1+\sqrt{2}\mathrm{i}$ 或 $x=-1-\sqrt{2}\mathrm{i}$.

(3)① 当 $c<\frac{1}{4}$ 时，方程的解为 $x_{1,2}=\frac{-1\pm\sqrt{1-4c}}{2}$；

② 当 $c=\frac{1}{4}$ 时，方程的解为 $x_{1,2}=-\frac{1}{2}$；

③ 当 $c>\frac{1}{4}$ 时，方程的解为 $x_{1,2}=\frac{-1\pm\sqrt{4c-1}\,\mathrm{i}}{2}$.

4. 提示：(1)$x=2, y=0$；(2)$x=-3$ 或 $1, y=-1$；(3)$b=\sqrt{11}$ 或 $-\sqrt{11}$；(4)$a=\frac{x^2-y^2}{x^2+y^2}, b=\frac{-2xy}{x^2+y^2}$；(5) 提示：如图 1 所示，$\alpha,\beta,\gamma$ 分别为复数 $3+\mathrm{i}, 2+\mathrm{i}, 1+\mathrm{i}$ 的辐角主值，从而 $\alpha+\beta+\gamma$ 为复数 $(3+\mathrm{i})(2+\mathrm{i})(1+\mathrm{i})=(5+5\mathrm{i})(1+\mathrm{i})=10\mathrm{i}$ 的一个辐角.

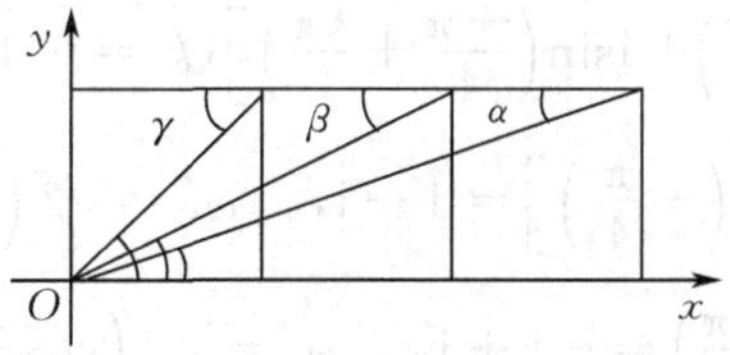

图 1

5. 提示：(1)$z=\cos\left(-\frac{\pi}{4}\right)+\mathrm{i}\sin\left(-\frac{\pi}{4}\right)$ 或 $z=\cos\frac{7\pi}{4}+\mathrm{i}\sin\frac{7\pi}{4}$.

(2)$z=\cos\frac{4\pi}{3}+\mathrm{i}\sin\frac{4\pi}{3}$ 或 $z=\cos\left(-\frac{2\pi}{3}\right)+\mathrm{i}\sin\left(-\frac{2\pi}{3}\right)$.

(3)$z=\cos\frac{5\pi}{4}+\mathrm{i}\sin\frac{5\pi}{4}$ 或 $z=\cos\left(-\frac{\pi}{4}\right)+\mathrm{i}\sin\left(-\frac{\pi}{4}\right)$.

(4)$z=\sqrt{2+2\cos\alpha}(\cos\theta+\mathrm{i}\sin\theta)$，其中辐角 θ 由下列方式确定：

① 当 $1+\cos\alpha=0$ 时，复数 $z=1+\cos\alpha+\mathrm{i}\sin\alpha=0$，则辐角 θ 可取任意值；

② 当 $1+\cos\alpha\neq 0$ 时，有 $1+\cos\alpha>0$，则辐角 $\theta=\arctan\frac{\sin\alpha}{1+\cos\alpha}$.

6. 提示：(1)$6+10\mathrm{i}$；(2)$-\frac{1}{5}+\frac{2}{5}\mathrm{i}$；(3)$-2^{49}-2^{49}\sqrt{3}\mathrm{i}$；(4)$2+2\mathrm{i}$；(5)$\frac{1}{2}+\frac{\sqrt{3}}{2}\mathrm{i}$.

7. 提示：将所给三角形放在复平面内，如图 2 所示. 假设所给三角形的三个顶点 A,B,C 分别对应的三个复数记作 z_1, z_2, z_3，对应的三个顶角分别记作 α,β,γ，且

$$\alpha=\arg\overrightarrow{AB}-\arg\overrightarrow{AC}=\arg\frac{\overrightarrow{AB}}{\overrightarrow{AC}}=\arg\frac{z_2-z_1}{z_3-z_1},$$

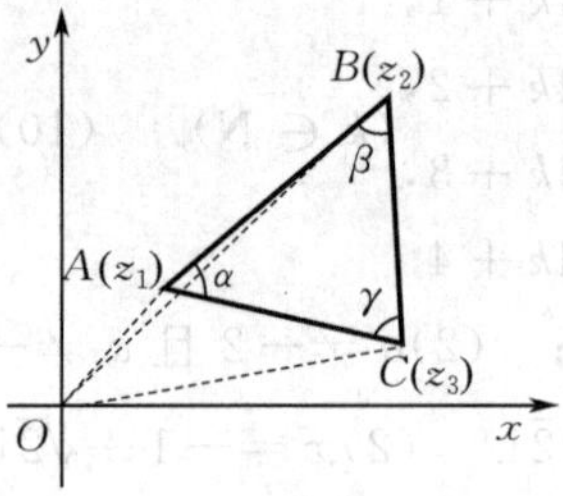

图 2

$$\beta = \arg \overrightarrow{BC} - \arg \overrightarrow{BA} = \arg \frac{\overrightarrow{BC}}{\overrightarrow{BA}} = \arg \frac{z_3 - z_2}{z_1 - z_2},$$

$$\gamma = \arg \overrightarrow{CA} - \arg \overrightarrow{CB} = \arg \frac{\overrightarrow{CA}}{\overrightarrow{CB}} = \arg \frac{z_1 - z_3}{z_2 - z_3}.$$

8. 提示：(1) $\omega_k = \sqrt{2}\left[\cos\left(\frac{-\pi}{4} + \frac{k\pi}{2}\right) + \mathrm{i}\sin\left(\frac{-\pi}{4} + \frac{k\pi}{2}\right)\right](k = 0,1)$，即

$$\omega_0 = \cos\frac{\pi}{4} + \mathrm{i}\sin\frac{\pi}{4} = \frac{\sqrt{2}}{2} + \frac{\sqrt{2}}{2}\mathrm{i},\quad \omega_1 = \cos\frac{5\pi}{4} + \mathrm{i}\sin\frac{5\pi}{4} = -\frac{\sqrt{2}}{2} - \frac{\sqrt{2}}{2}\mathrm{i};$$

(2) $\omega_k = \sqrt{2}\left[\cos\left(\frac{-\pi}{4} + \frac{k\pi}{2}\right) + \mathrm{i}\sin\left(\frac{-\pi}{4} + \frac{k\pi}{2}\right)\right](k = 0,1,2,3)$，即

$$\omega_0 = \sqrt{2}\left[\cos\left(-\frac{\pi}{4}\right) + \mathrm{i}\sin\left(-\frac{\pi}{4}\right)\right] = 1 - \mathrm{i},\quad \omega_1 = \sqrt{2}\left(\cos\frac{\pi}{4} + \mathrm{i}\sin\frac{\pi}{4}\right) = 1 + \mathrm{i},$$

$$\omega_2 = \sqrt{2}\left(\cos\frac{3\pi}{4} + \mathrm{i}\sin\frac{3\pi}{4}\right) = -1 + \mathrm{i},\quad \omega_3 = \sqrt{2}\left(\cos\frac{5\pi}{4} + \mathrm{i}\sin\frac{5\pi}{4}\right) = -1 - \mathrm{i};$$

(3) $\omega_k = \sqrt[10]{2}\left[\cos\left(-\frac{\pi}{20} + \frac{2k\pi}{5}\right) + \mathrm{i}\sin\left(-\frac{\pi}{20} + \frac{2k\pi}{5}\right)\right](k = 0,1,2,3,4)$，即

$$\omega_0 = \sqrt[10]{2}\left(\cos\frac{\pi}{20} - \mathrm{i}\sin\frac{\pi}{20}\right),\quad \omega_1 = \sqrt[10]{2}\left(\cos\frac{7\pi}{20} + \mathrm{i}\sin\frac{7\pi}{20}\right),$$

$$\omega_2 = \sqrt[10]{2}\left(\cos\frac{3\pi}{4} + \mathrm{i}\sin\frac{3\pi}{4}\right),\quad \omega_3 = \sqrt[10]{2}\left(\cos\frac{23\pi}{20} + \mathrm{i}\sin\frac{23\pi}{20}\right),$$

$$\omega_4 = \sqrt[10]{2}\left(\cos\frac{31\pi}{20} + \mathrm{i}\sin\frac{31\pi}{20}\right).$$

9. 提示：(1)1；　(2) $-\sin\frac{\alpha}{2} + \cos\frac{\alpha}{2}$；　(3) $2\cos\frac{\theta}{2}$.

10. 提示：(1)2；　(2) $\frac{2\sqrt{5}}{5}$；　(3) $\sin 2\theta = \frac{2\sqrt{2}}{3}$；　(4) 不具有奇偶性；　(5) $\frac{1}{8}$；　(6) $\frac{11}{18}$；

(7) $-\frac{24}{25}, -\frac{7}{25}, \frac{\sqrt{20}}{10}, 2$；　(8)0；　(9) $-\frac{1}{2}$.

11. 提示：(1) $\cos^8 A - \sin^8 A = (\cos^4 A - \sin^4 A)(\cos^4 A + \sin^4 A)$；

(2) $\cos A + \cos B + \cos C = 2\cos\frac{A+B}{2}\cos\frac{A-B}{2} + 1 - 2\sin^2\frac{C}{2}$；

(3) $\tan C = \tan(\pi - A - B) = -\tan(A+B) = -\frac{\tan A + \tan B}{1 - \tan A\tan B}$.

12. 提示：(1) $5+\sqrt{13}, 5-\sqrt{13}$； (2) $\sqrt{58}$.

13. 提示：由二项展开式和棣莫弗公式有

$$(\cos\theta+\mathrm{i}\sin\theta)^n=(\mathrm{C}_n^0\cos^n\theta-\mathrm{C}_n^2\cos^{n-2}\theta\sin^2\theta+\cdots)$$
$$+\mathrm{i}(\mathrm{C}_n^1\cos^{n-1}\theta\sin\theta-\mathrm{C}_n^3\cos^{n-3}\theta\sin^3\theta+\cdots).$$

14. 提示：在"高等数学"的级数部分，将分别用下面的多项式 ①，②，③ 去逼近函数 e^x，$\cos x$，$\sin x$，并将它们分别称为 e^x，$\cos x$，$\sin x$ 的泰勒级数.

$$\mathrm{e}^x=1+\frac{x}{1!}+\frac{x^2}{2!}+\cdots+\frac{x^n}{n!}+\cdots, \qquad ①$$

$$\cos x=1-\frac{x^2}{2!}+\frac{x^4}{4!}-\frac{x^6}{6!}+\cdots+\frac{x^{4n-4}}{(4n-4)!}-\frac{x^{4n-2}}{(4n-2)!}+\cdots, \qquad ②$$

$$\sin x=x-\frac{x^3}{3!}+\frac{x^5}{5!}-\frac{x^7}{7!}+\cdots+\frac{x^{4n-3}}{(4n-3)!}-\frac{x^{4n-1}}{(4n-1)!}+\cdots. \qquad ③$$

将 $x=\mathrm{i}\theta$ 代入 ① 式，并利用 ② 式、③ 式的结论即可得证.

习 题 6

1. 提示：(1) 1； (2) 2, 4； (3) $-2\ 016$； (4) -24； (5) 64, 1 999 000.

2. 提示：(1) $\sin(\alpha+\beta)$； (2) $\cos(\alpha+\beta)$； (3) $\sin(\alpha-\beta)$； (4) $\cos(\alpha-\beta)$.

3. 提示：(1) -7； (2) -7； (3) 6； (4) 0； (5) $yz^2+zx^2+xy^2-yx^2-xz^2-zy^2$；

(6) $x(x+y)y+yx(x+y)+(x+y)xy-(x+y)^3-y^3-x^3$；

(7) $bc^2+ab^2+a^2c-a^2b-ac^2-b^2c$.

4. 提示：(1) -7； (2) 6； (3) 8； (4) -7； (5) $-1\ 080$； (6) $(-1)^{n+1}y^n+x^n$.

5. 提示：(1) $z=\sqrt{2}\left(\cos\frac{\pi}{4}-\mathrm{i}\sin\frac{\pi}{4}\right)$； (2) $b-a=1$； (3) $(-\infty,-1)$； (4) 1.

6. 提示：(1) $x=3$； (2) $x_1=3, x_2=-2$； (3) $x_1=1, x_2=2$； (4) $x_1=-1, x_2=x_3=0, x_4=1$.

7. 提示：(1) $x_1=1, x_2=2$.

(2) $x_1=-ab, x_2=a+b$.

(3) $x_1=\frac{D_1}{D}=-\frac{1}{2}, x_2=\frac{D_2}{D}=6, x_3=\frac{D_3}{D}=\frac{9}{2}$.

(4) $x_1=\frac{D_1}{D}=\frac{7}{3}, x_2=\frac{D_2}{D}=-\frac{13}{3}, x_3=\frac{D_3}{D}=-\frac{11}{3}$.

(5) 当 $a\neq 0$ 且 $a\neq-\frac{5}{2}$ 时，原方程组有唯一解 $\begin{cases}x=-\dfrac{a+11}{2a+5},\\ y=\dfrac{2}{2a+5},\\ z=\dfrac{5}{2a+5};\end{cases}$ 当 $a=-\frac{5}{2}$ 时，原方程组无解；当 $a=1$ 时，原方程组有无穷多个解.

(6)$x_1=\dfrac{D_1}{D}=\dfrac{-20}{-5}=4$，$x_2=\dfrac{D_2}{D}=\dfrac{5}{-5}=-1$，$x_3=\dfrac{D_3}{D}=\dfrac{-3}{-5}=\dfrac{3}{5}$，$x_4=\dfrac{D_4}{D}=-\dfrac{1}{5}$.

8. 提示：(1) 甲车的速度为 50 km/h，乙车的速度为 60 km/h.

(2) 铅笔、圆珠笔和橡皮擦的价格各是 2 元、3 元和 1 元.

9. 提示：当齐次线性方程组的系数行列式为 $D\neq 0$ 时，它只有零解. 它的逆否命题为"如果齐次线性方程组有非零解，那么必有 $D=0$".

以二元齐次线性方程组$\begin{cases}\lambda x_1+x_2=0,\\ x_1+\lambda x_2=0\end{cases}$为例给予说明：当 $\lambda\neq\pm 1$ 时，$D\neq 0$，易验证方程组只有零解 $x_1=0$，$x_2=0$；要想方程组有非零解，就必须满足 $D=\lambda^2-1=0$，解得 $\lambda=\pm 1$.

参考文献

[1] 华罗庚. 数学归纳法[M]// 华罗庚. 华罗庚科普著作选集. 上海：上海教育出版社，1984.
[2] 赵霖. 极坐标与参数方程[M]. 南京：江苏人民出版社，1979.
[3] 钱定边，谢惠民. 高等数学学习必备基础[M]. 北京：高等教育出版社，2021.
[4] 人民教育出版社、课程教材研究所、中学数学教材实验研究组. 普通高中教科书：数学(B版)：必修：第一册[M]. 北京：人民教育出版社，2019.
[5] 人民教育出版社、课程教材研究所、中学数学教材实验研究组. 普通高中教科书：数学(B版)：必修：第二册[M]. 北京：人民教育出版社，2019.
[6] 人民教育出版社、课程教材研究所、中学数学教材实验研究组. 普通高中教科书：数学(B版)：必修：第三册[M]. 北京：人民教育出版社，2019.
[7] 人民教育出版社、课程教材研究所、中学数学教材实验研究组. 普通高中教科书：数学(B版)：必修：第四册[M]. 北京：人民教育出版社，2019.
[8] 人民教育出版社、课程教材研究所、中学数学教材实验研究组. 普通高中教科书：数学(B版)：选择性必修：第二册[M]. 北京：人民教育出版社，2019.
[9] 诺渥塞洛夫. 代数与初等函数[M]. 张禾瑞，等，译. 北京：高等教育出版社，1954.